化工总控工

郑蒸蒸　主编

薛利平　主审

化学工业出版社

·北京·

本书根据化工总控工职业标准要求，选择必须掌握的理论知识，采用模块项目式编排方式，与试题库相结合，便于读者及时巩固。主要内容包括十个模块：基础化学，化工单元操作，分析检验，识图，电工、电器、仪表，催化剂，化工安全与环保，仿真操作，复习试题和技能复习试题。每个知识模块中包括若干个项目。通过本书，取证人员可在理论与职业技能上得到系统的训练，达到化工总控工职业技能的鉴定要求，具备从事化工操作所需的基本技能和基本素养，能提高分析问题、解决问题的能力，养成良好的职业道德意识，全面提高素质。本书主要作为职业院校学生和化工企业职工进行化工总控工技能鉴定培训教材，也可作为相关从业人员系统学习的参考书。

图书在版编目（CIP）数据

化工总控工/郑蒸蒸主编 . —北京：化学工业出版社，2016.5 （2025.3重印）
ISBN 978-7-122-26659-0

Ⅰ.①化… Ⅱ.①郑… Ⅲ.①化工过程-过程控制
Ⅳ.①TQ02

中国版本图书馆 CIP 数据核字（2016）第 065914 号

责任编辑：王　可　蔡洪伟　于　卉　　　　　　　　文字编辑：颜克俭
责任校对：宋　玮　　　　　　　　　　　　　　　　装帧设计：关　飞

出版发行：化学工业出版社（北京市东城区青年湖南街 13 号　邮政编码 100011）
印　　装：河北延风印务有限公司
787mm×1092mm　1/16　印张 16　字数 408 千字　2025 年 3 月北京第 1 版第 11 次印刷

购书咨询：010-64518888　　　　　　　　　售后服务：010-64518899
网　　址：http://www.cip.com.cn
凡购买本书，如有缺损质量问题，本社销售中心负责调换。

定　　价：36.00 元　　　　　　　　　　　　　　　版权所有　违者必究

前　言

本书是为了积极推行国家职业教育的"双证书"制度，适应化工行业快速发展对高技能人才的要求，满足化工企业对职工技能培训鉴定的需要，针对参加化工总控工职业技能培训和鉴定的学生、企业职工，根据化工总控工国家职业标准编写而成。

本书采用模块项目化编写方式，任务清晰明了，语言通俗易懂，理论知识精炼，理论实践相结合，针对性和实用性强。

本书主要内容包括基础理论知识，仿真技能操作以及复习试题。共分为十个模块：基础化学，化工单元操作，分析检验，识图，电工、电器、仪表，催化剂，化工安全与环保，仿真操作，复习试题和技能复习试题。其中前七个模块为基础理论知识。基础理论知识紧贴化工总控工国家职业标准，并对初级工、中级工和高级工三个层次所需的相关基础理论知识进行了提炼、合理整合。仿真操作模块内容为精馏单元、吸收和解吸单元的正常开车、正常停车以及事故处理操作。第九、第十模块根据考证等级不同编写有相应的复习试题，题型有选择题、判断题、简答题、作图题和计算题，为了便于参加技能培训鉴定的人员更好地自我学习，每套复习试题均配有参考答案。

本书由郑蒸蒸担任主编（编写模块二中项目一、项目二、项目三、项目四、项目七、项目八，模块三，模块四，模块九中项目一，模块十），参加编写人员有：郗向前（编写模块一，模块九中项目四）、李聪敏（编写模块二中项目五，模块六，模块七，模块九中项目三）、李利全（编写模块二中项目六，模块五，模块八，模块九中项目二）。全书由郑蒸蒸统稿，薛利平主审，史锦春参与审稿。

本书主要作为职业院校学生和化工企业职工进行化工总控工技能鉴定培训教材，也可作为相关从业人员系统学习的参考书。

本书在编写过程中得到化学工业出版社、山西省工贸学校领导和山西化工国家职业技能鉴定所的大力支持，在此一并表示感谢！

由于水平有限，时间仓促，难免有不足之处，希望读者提出宝贵意见。

编　者
2016 年 3 月

目录

项目一　无机化学

■■■ 任务一　认识元素周期表 ■■■

元素周期表是元素周期律的表格形式，反映了元素的个性与共性的关系。元素周期律：元素的性质随着原子序数的递增而呈现周期性的变化。根据元素周期律，我们把现在已发现的 118 种元素，按电子层数相同的元素由左到右排成同一横行，把不同横行中最外层（有时还需要考虑次外层）的电子数相同的元素由上而下排成纵列，按照核电荷数的增加，依次按一定的方式排成一个表，叫做元素周期表。元素周期表有多种形式，广泛使用的是长式元素周期表。

一、周期

元素周期表有 7 个横行，每个横行为一周期，共 7 个周期。周期序数＝电子层数。

二、族

周期表共有 18 个纵列，除了 8、9、10 三个纵列统称为第Ⅷ族外，其余每一纵列为一族，共 16 个族。族分为主族和副族、第Ⅷ族、零族。

周期表中共 7 个主族，分别用ⅠA～ⅦA 表示，是由短周期元素和长周期元素共同组成的。主族元素的族序数＝元素的最外层电子数。对于主族元素：元素的最高正化合价＝主族的序数；非金属元素的副化合价＝最高正化合价－8。

周期表中共 7 个副族，分别用ⅠB～ⅦB 表示，完全由长周期元素组成。位于周期表的中间。最右边一族是零族元素，是惰性气体元素或稀有气体元素，化学性质很不活泼。

■■■ 任务二　认识非金属元素及化合物 ■■■

一、卤族元素

氟、氯、溴、碘、砹五种元素统称为卤素，是活泼的非金属元素。非金属性在同周期元素中最强。常用卤素氧化性比较：$F_2 > Cl_2 > Br_2 > I_2$。

　　氯气的化学性质很活泼。氯化氢的水溶液叫氢氯酸，俗称盐酸。盐酸是挥发性酸。次氯酸是弱酸，次氯酸盐具有氧化性和漂白性。漂白粉是次氯酸钙。氯酸是强酸，酸性接近于盐酸和硝酸，氯酸仅存在于水溶液中，且浓度不能超过 40%，更浓的氯酸则不稳定，会剧烈分解爆炸。氯酸也是强氧化剂，但氧化性不如次氯酸和亚氯酸。高氯酸是最强无机酸，在冷的稀溶液中氧化性很强，但浓的高氯酸不稳定，受热易分解。无水高氯酸是无色液体，具有较强的氧化性，与有机物接触会发生爆炸，并有极强的腐蚀性。酸性、热稳定性比较：$HClO_4 > HClO_3 > HClO_2 > HClO$，氧化性：$HClO_4 < HClO_3 < HClO_2 < HClO$。

　　溴、碘在自然界中均以化合态存在。碘具有升华的性质。溴、碘均有毒，溴的毒性、腐蚀性更强，可与金属、氢气、其他非金属、水、碱反应。碘与淀粉生成蓝色物质。

　　氢氟酸是酸性较弱的酸，而其他氢卤酸均属强酸，氢卤酸酸性比较：$HF < HCl < HBr < HI$。卤化氢的热稳定性比较：$HF > HCl > HBr > HI$。氢卤酸的还原性比较：$F^- < Cl^- < Br^- < I^-$。

二、硫

　　硫单质俗称硫黄，不溶于水，微溶于酒精，易溶于二硫化碳。化学性质较活泼，能与金、铂以外的各种金属直接化合。主要有硫化物如黄铁矿 FeS_2 以及铜、镍、铅、锌、钴的硫化物矿等，硫酸盐如石膏 $CaSO_4 \cdot H_2O$、芒硝 $Na_2SO_4 \cdot H_2O$ 等硫酸盐矿。

　　二氧化硫易液化、易溶于水，有毒，是造成大气污染的重要污染物，形成的酸雨 $pH < 5.6$，导致农作物大面积减产、毁坏森林、腐蚀建筑物。二氧化硫具有漂白性。

　　三氧化硫具有很强的氧化性。三氧化硫是强吸水剂，遇水生成硫酸。硫酸是三大强酸之一。98%浓硫酸沸点为 $338℃$，是常用的高沸点酸。浓硫酸具有强烈的吸水性、脱水性、氧化性。

　　亚硫酸是中强酸，不稳定，常用作还原剂。亚硫酸盐是常用的化学试剂。

　　硫化氢是臭鸡蛋气味的气体，剧毒，可燃，具有还原性、弱酸性，能与许多金属离子发生沉淀反应。

三、氮、磷

　　氮气可生产氨、硝酸和氮肥。氨有强烈刺激性臭味，极易溶于水。

　　一氧化氮是无色、有毒的气体。二氧化氮是具有特殊臭味且有毒的红棕色气体，是强氧化剂，易溶于水，和水反应生成硝酸和一氧化氮。

　　硝酸是三大强酸之一，硝酸具有不稳定性、氧化性。亚硝酸是弱酸，亚硝酸不稳定，但亚硝酸盐相当稳定。

　　磷有多种同素异形体，常见的是白磷和红磷。白磷是蜡状、透明的固体，见光逐渐变黄，故又称黄磷。白磷化学性质活泼，易被氧化，在空气中能自燃，所以必须将其保存在水中。白磷是剧毒物质，$0.1g$ 即可使人致死。红磷无毒而稳定，室温下不与氧反应，$400℃$ 以上才会燃烧。可将白磷在隔绝空气的条件下加热到 $400℃$ 时制得红磷。工业上白磷可生产 P_4O_{10} 级 H_3PO_4 等化合物。白磷可生产燃烧弹和烟雾弹。红磷可生产安全火柴和杀虫剂。

　　磷酸无挥发性、无氧化性，易溶于水，是三元中强酸。

　　Na_3PO_4 溶液具有强碱性，Na_2HPO_4 溶液呈弱碱性，NaH_2PO_4 溶液呈弱酸性。PO_4^{3-} 与过量的钼酸铵混合于有硝酸存在的水溶液中，当加热时，有黄色的磷钼酸铵慢慢析出，由此可鉴定 PO_4^{3-}。磷酸钙难溶于水；磷酸氢钙微溶于水；磷酸二氢钙易溶于水。

任务三 认识金属元素及化合物

一、钠与钾

钾、钠都是银白色的金属，在空气中易氧化而使颜色变暗。硬度很低，几乎像蜡一样软，可以用小刀切割或用刀挤压成任意形状。

大量的钠、钾要密封在钢桶中，单独存放。少量的钾、钠一般浸泡在煤油中贮存。使用钠、钾时，要配戴防护眼镜。发生火灾时只能用砂子、砂土或干粉灭火，绝不能用水。

钾、钠的化学性质基本相同，且钾的性质比钠更猛烈一些。

钾、钠与氧反应生成氧化物或过氧化物。钾、钠在空气中燃烧时，主要生成超氧化物（KO_2）、过氧化物（Na_2O_2 淡黄色粉末或粒状物），尽管在缺氧的空气中也可以得到普通的氧化物，但反应条件不易控制。超氧化物如 KO_2 可作供氧剂和氧化剂。过氧化物如 Na_2O_2 工业上列为强氧化剂，也可作氧气发生剂、消毒剂等。制取钾、钠的一般氧化物，均是用其过氧化物与相应的碱金属发生还原反应或用硝酸盐、亚硝酸盐来获得。

钾、钠与水反应生成氢氧化物并放出氢气。钾、钠的氢氧化物都是强碱，具有强碱的一切通性。氢氧化钠具有很强的腐蚀性。铁、银、镍对其具有较强的抗腐蚀作用。KOH 与 NaOH 性质相似，但价格比 NaOH 贵，除了特殊需要外，一般都用便宜的 NaOH。

钾、钠与氢反应生成氢化物，是重要的还原剂，特别是 NaH，由于价格低廉，常应用在稀有金属的生产。如金属钛的生产中，多用 NaH 作还原剂将 $TiCl_4$ 还原为金属钛。还可将醛、酮、羧酸还原为醇，将硝基还原为氨基等。

高温火焰中，钠离子呈黄色、钾离子呈紫色。由此可鉴定钾、钠离子的存在。

二、钙

钙是一种银白色的轻金属，性质比较活泼，在空气中极易被氧化，能和很多非金属元素相化合，生成相应的化合物。

工业上钙由电解熔融的氯化钙制取。钙是高质量金属的还原剂。

钙的重要化合物有氧化钙（生石灰）、氢氧化钙（消石灰）、氯化钙、硫酸钙（石膏）等。

氧化钙的主要用途是制取氢氧化钙，它是重要的建筑材料。

氢氧化钙的碱性很强，具有碱的一切通性，是生产漂白粉的原料，用得最多的是建筑材料。

无水氯化钙是干燥剂。但不能用它干燥乙醇和氨。氯化钙与冰以 1.44：1 比例混合，可获得 $-54.9℃$ 的低温，是一种很好的制冷剂，在建筑工程上作防冻剂。生产中电解无水氯化钙可以制取金属钙。

熟石膏可以制造各种模型、塑像、粉笔和医疗用的石膏绷带。

三、镁

镁是一种银白色的轻金属，由于镁在空气中很稳定，在工业上被广泛应用，特别是它的合金用途更为广泛。在镁中加入少量的铝、锌、锰等，是有名的电子合金。

电解无水氯化镁或去结晶水的光卤石可制取镁。镁的重要化合物有以下几种：氧化镁、氢氧化镁、氯化镁、硫酸镁等。

氧化镁是一种白色粉末，俗称苦土，不溶于水，熔点为 2900℃，可用来制造耐火材料。

氢氧化镁是中强碱，具有碱的一切通性，能与铵盐反应。是一种微溶于水的白色粉末，用做造纸及其他工业的白色添加剂。

氯化镁是生产金属镁的主要原料。全世界生产的金属镁有 65％ 是来自海水中的氯化镁。

硫酸镁 $MgSO_4 \cdot 7H_2O$ 是一种无色的晶体，易溶于水，有苦味。在医药上常用作泻药，硫酸镁在造纸和纺织工业中应用也很多。

碱金属、碱土金属氢氧化物的碱性和溶解度递变规律如下。

同主族元素的氢氧化物溶解度、碱性比较：$LiOH < NaOH < KOH < RbOH < CsOH$；$Be(OH)_2 < Mg(OH)_2 < Ca(OH)_2 < Sr(OH)_2 < Ba(OH)_2$。

同周期元素的氢氧化物溶解度、碱性的比较：$Be(OH)_2 < LiOH$；$Mg(OH)_2 < NaOH$；$Ca(OH)_2 < KOH$；$Sr(OH)_2 < RbOH$；$Ba(OH)_2 < CsOH$。

▦▦▦ 任务四　化学反应速率和化学平衡 ▦▦▦

一、化学反应速率

用单位时间内任一反应物或生成物浓度的变化来表示化学反应速率。影响化学反应速率的因素有：反应物的本性、温度、浓度、压力、催化剂等。

增加反应物浓度，反应速率增大；增大压力，有气态物质参加的反应速率增大；升高温度，反应速率常数增大，反应速率增大，但吸热反应速率增加的倍数大些，放热反应速率增加的倍数小些；使用催化剂，成亿万倍地增大反应速率常数，反应速率相应增大。

二、化学平衡

1. 可逆反应

即在同一条件下能同时向相反方向进行的反应。

2. 化学平衡

即当可逆反应进行到速率相等的状态。化学平衡的特征是：外界条件不变时，反应体系中各物质的浓度不再随时间改变。影响化学平衡的因素有浓度、压力、温度。

3. 平衡状态

即一定条件下可逆反应进行的最大限度。化学平衡是有条件的动态平衡。

4. 化学平衡移动

因外界条件的改变，使可逆反应由原来的平衡状态转变到新的平衡状态的过程称为化学平衡移动。

化学平衡移动的规律如下。

① 增加反应物浓度，平衡向减少反应物浓度即增大生成物方向移动。

② 增大压力，平衡向降低压力即向气体分子总数减少的方向移动。

③ 升高温度，平衡向降低温度即吸热方向移动。

④ 催化剂能同等程度的改变正逆反应的速率，不影响化学平衡，但它能缩短化学反应达到平衡的时间。

项目二 有机化学

▦▦▦ 任务一 认识烃 ▦▦▦

分子中只含有碳和氢两种元素的有机化合物叫做碳氢化合物,简称烃。烃可分为两大类:开链烃和闭链烃。开链烃又叫脂肪烃,有烷烃、烯烃、二烯烃、炔烃等。闭环烃又称为环烃,可分为脂环烃和芳香烃类。相同碳原子数的烃的相对密度为:炔烃>烯烃>烷烃。

一、烷烃

在脂肪烃分子中,只有 C—C 单键和 C—H 单键的叫做烷烃或石蜡烃,直链烷烃的通式为:C_nH_{2n+2}($n \geqslant 1$),烷烃又叫饱和烃。常见的烷烃有甲烷、乙烷、丙烷、丁烷、戊烷等。

在室温和一个大气压下,$C_1 \sim C_4$ 的直链烷烃是气体;$C_5 \sim C_{16}$ 的直链烷烃是液体;C_{17} 以上的直链烷烃是固体。烷烃的相对分子质量越大,沸点越高。烷烃几乎不溶于水而易溶于有机溶剂,具有同分异构现象。烷烃的化学性质有氧化反应、异构化反应、裂化反应、取代反应等。甲烷具有正四面体构型,是第二大温室气体,人类活动使大气层中甲烷含量已经超过其原本自然含量的 145%。烷烃主要来源于天然气和石油中。

二、烯烃

分子中具有一个碳碳双键的开链不饱和烃叫做烯烃,其通式是 C_nH_{2n}($n \geqslant 2$)。在常温常压下 $C_2 \sim C_4$ 的烯烃是气体,$C_5 \sim C_{18}$ 的烯烃是液体,C_{19} 以上的烯烃是固体。烯烃难溶于水,易溶于有机溶剂,纯烯烃是无色的,乙烯略带甜味,液态烯烃具有汽油的气味。烯烃的化学性质有催化加氢、亲电加成反应、自由基加成反应、硼氢化反应、氧化反应、聚合反应、臭氧化反应等。聚合反应可获得聚乙烯、聚丙烯等高分子材料。烯烃主要来源于石油裂解气和炼厂气,实验室中少量烯烃由醇脱水制取。

三、炔烃

分子中含有碳碳三键的开链不饱和烃叫做炔烃,它的通式是 C_nH_{2n-2}($n \geqslant 2$),与二烯烃互为同分异构体。乙炔是最简单和最重要的炔烃。$C_2 \sim C_4$ 的炔烃是气体,$C_5 \sim C_{15}$ 的炔烃是液体,C_{15} 以上的炔烃是固体。炔烃难溶于水但易溶于极性小的有机溶剂,比如,石油醚、苯、乙醚、四氯化碳等。炔烃的主要化学性质是三键的加成反应和三键碳上氢原子的活泼性(酸性)、氧化反应、聚合反应、炔氢的反应等。聚合反应获得聚乙炔材料,又称为"合成金属"。工业上多由电石法和甲烷裂解法制取。

四、芳香烃

芳香烃是芳香族碳氢化合物的简称,简称为芳烃,可分为单环芳烃、多环芳烃、稠环芳烃三大类。芳烃来源于煤的干馏或石油加工等。苯是芳香烃中最简单最重要的化合物。在常温下，苯及苯的同系物大多是无色具有芳香气味的液体，其蒸气有毒，其中苯的毒性较大，长期吸入蒸气有害健康。

单环芳烃不溶于水，溶于汽油、乙醇、乙醚、四氯化碳等有机溶剂中，易溶于二甘醇、环丁砜、N,N-二甲基甲酰胺等特殊溶剂中。单环芳烃的化学性质有氧化反应、取代反应、加成反应等。

苯是无色易挥发和易燃的液体，有芳香味，不溶于水，易溶于四氯化碳、乙醇、乙醚等有机溶剂中。甲苯、二甲苯均是无色可燃液体，不溶于水，溶于乙醇、乙醚等有机溶剂。

萘是最简单最重要的稠环芳烃，易升华，易溶于乙醇、乙醚及苯中。萘的很多衍生物是合成染料、农药的重要中间体。萘能发生取代反应、加成反应、氧化反应，且比苯容易进行。蒽和菲互为同分异构体，均是由煤焦油中提取的，二者的化学性质相似，均可发生取代反应、加成反应和氧化反应。此外还有苊、芴、芘等，3,4-苯并芘是致癌烃。

▓▓▓ 任务二　认识醇和酚 ▓▓▓

一、醇

脂肪烃或脂环烃分子中氢原子被羟基取代的衍生物叫做醇，它的通式为 R—OH。饱和一元醇的通式是 $C_nH_{2n+1}OH$，或简写为 ROH。可分为饱和醇、不饱和醇、芳香醇或一元醇、二元醇、三元醇等或伯醇、仲醇、叔醇。直链饱和一元醇中含 C_4 以上的醇是酒精味的液体，含 $C_5 \sim C_{11}$ 的醇是具有不愉快气味的油状液体，含 C_{12} 以上的醇为无色无味的蜡状固体。二元醇、三元醇是具有甜味的无色液体或固体。甲醇、乙醇、丙醇易溶于水，从正丁醇起，在水中的溶解度显著降低，到癸醇以上则不溶于水而溶于有机溶剂中。醇的化学活泼性较大，有与活泼金属的反应、与氢卤酸的反应、与含氧无机酸的反应、脱水反应、氧化脱氢反应等。甲醇用一氧化碳和氢气合成。乙醇由乙烯为原料生产，但发酵法仍是工业生产乙醇的方法之一。另外乙二醇又叫甘醇，丙三醇俗称甘油。苯甲醇等都是重要的醇类。

二、酚

芳香烃分子中氢原子被羟基取代的衍生物叫做酚，或羟基直接连在芳烃的环上的化合物叫做酚，它的通式为 Ar—OH。可分为一元酚、二元酚和多元酚。除少数烷基酚是高沸点的液体外，多数酚均是固体。苯酚在室温下微溶于水，其余的一元酚不溶于水，而溶于乙醇、乙醚等有机溶剂中。酚类具有腐蚀性和一定的毒性，使用时要注意安全。酚的化学性质有酚羟基的反应和芳环上的反应，前者包括酸性、醚的生成、酯的生成，后者包括卤化、硝化、磺化、缩合。另外还有氧化、与氯化铁的显色反应。

重要的酚有苯酚（石炭酸）、甲苯酚、对苯二酚等。苯酚是具有特殊气味的无色结晶，微溶于冷水，65℃以上时可与水混溶，易溶于乙醇、乙醚等有机溶剂，有毒性，在医药上可做防腐剂和消毒剂。苯酚主要来源于煤焦油，苯酚是重要的化工原料。商品"来苏尔"消毒药水是粗甲酚的肥皂溶液。对苯二酚是一种强还原剂，因而可用作显影剂，也可作阻聚剂。

■■ 任务三 认识醛、酮和羧酸 ■■■

一、醛、酮

醛酮是分子中含有羰基官能团的有机化合物，羰基与一个烃基相连的化合物为醛（通式是 RCHO），与两个烃基相连的称为酮（RCOR'）。室温下除甲醛是气体外，十二个碳原子以下的醛酮都是液体，高级醛酮是固体。低级醛带刺鼻气味，中级醛（$C_8 \sim C_{13}$）具有果香味，常用于香料工业，中级酮有花香气味。低级醛酮易溶于水，其他醛酮在水中的溶解度随碳原子增加而递减，C_6 以上的醛酮基本上不溶于水。醛酮都溶于苯、醚、四氯化碳等有机溶剂中。醛比酮更活泼，可以发生羰基的加成反应（与氢氰酸、与亚硫酸氢钠、与醇、与格利雅试剂），与氨的衍生物的加成-缩合反应，α-氢原子的反应，氧化反应（银镜反应、与斐林试剂、与品红试剂），还原反应，坎尼扎罗反应等。

常见的重要的醛酮有甲醛、乙醛、丙酮、环己酮、乙烯酮、苯甲醛（杏仁油）等。

醛的制法：醇的氧化和脱氢、烯烃的羰基化、炔烃的水合。甲醛可由甲醇氧化法获得。甲醛与氨生成环六亚甲基四胺，即乌洛托品。含 37%～40% 的甲醛、8%甲醇的水溶液叫做"福尔马林"，常用作杀菌剂和生物标本的防腐剂。工业上用乙炔水合法、乙醇氧化法、乙烯直接氧化法生成乙醛。乙醛可以用来合成乙酸等。

丙酮是无色易燃液体，是良好的溶剂。

二、羧酸

分子中含有羧基官能团的有机物叫做羧酸，常用的通式是：RCOOH。甲酸又叫蚁酸，乙酸又叫醋酸。$C_1 \sim C_3$ 的饱和一元羧酸是具有酸味的刺激性液体，$C_4 \sim C_9$ 的羧酸是具有腐败臭味的油状液体，C_{10} 以上为白色蜡状固体。脂肪族二元羧酸以及芳香羧酸都是固体。一元低级羧酸可与水混溶，二元羧酸比一元羧酸溶解性大，芳香族羧酸一般不溶于水。

羧酸的化学性质有：酸性、羟基的取代反应（生成酰卤、酸酐、酯、酰胺）、脱羧反应、α-H 的取代反应、还原反应等。

制造羧酸的方法有烃的氧化、伯醇或醛的氧化、甲基酮的氧化、腈的水解和由格利雅试剂制备等。

重要的羧酸是甲酸、乙酸、苯甲酸、乙二酸（草酸）。常见的羧酸衍生物有酰卤、酸酐、酯酰胺等。重要的羧酸的衍生物有乙酰氯、苯甲酰氯、乙酸酐、顺丁烯二酸酐、乙酸乙酯、2-甲基丙烯酸甲酯、N,N-二甲基甲酰胺、ε-己内酰胺等。

项目三 分析化学

任务一 滴定分析

一、滴定分析概念

滴定分析是将已知准确浓度的标准溶液（滴定剂）通过滴定管滴加到待测试样溶液中，与待测组分进行定量的化学反应，达到化学计量点时，根据消耗标准溶液的体积和浓度计算待测组分的含量的方法。

为了确定化学计量点，常在试剂溶液中加入少量指示剂，借助溶液的颜色变化作为化学计量点到达的信号。指示剂发生颜色变化而终止滴定时，称为滴定终点。

二、滴定分析的基本条件

适合滴定分析的化学反应应该满足下列条件。
① 反应按化学计量关系定量进行，无副反应。
② 反应必须进行完全。
③ 反应速率要快。
④ 有适当的指示剂或其他方法，简单可靠地确定滴定终点。由于所选指示剂不一定恰好在化学计量点时变色，存在终点误差，因此滴定分析需要选择合适的指示剂，使滴定终点尽可能接近化学计量点。

三、滴定分析法的分类

滴定分析的方法有：酸碱滴定法、配位滴定法、氧化还原滴定法、沉淀滴定法等。

正确配制标准溶液，准确标定其浓度，对于提高滴定分析的准确度具有重要意义。掌握标准溶液的配制、滴定分析的计算以及滴定管、容量瓶、吸管等的使用方法是必须的。

任务二 重量分析

一、重量分析法概念

重量分析一般是将被测组分与试样中的其他组分分离后，转化为一定的称量形式，然后用称重方法测定该组分的含量。

二、重量分析法分类

根据分离方法的不同，重量分析法分为三种方法：沉淀法、气化法、电解法。

　　沉淀法是将被测组分以微溶化合物的形式沉淀出来，再过滤、洗涤、烘干或灼烧，最后称重、计算其含量的方法。

　　气化法是通过加热或其他方法使试样中的被测组分挥发逸出，根据试样重量的减轻计算该组分的含量；或当该组分逸出时，选择一吸收剂将它吸收，然后根据吸收剂重量的增加计算该组分的含量的方法。

　　电解法是利用电解原理，使金属离子在电极上析出，然后称重、计算其含量的方法。

　　重量分析法直接用分析天平称量而获得分析结果，对于常量组分的测定，能得到准确的分析结果。主要用于含量不太低的硅、硫、磷、钨、钼、镍、锆、铪、铌和钽等元素的精确分析。而微量和痕量组分的测定则选择滴定分析法。

项目四　物理化学

任务一　学习热力学第一定律和热力学第二定律

一、热力学第一定律

热力学第一定律：自然界的一切物质都具有能量，能量有多种不同形式，在一定条件下能够从一种形式转化为另一种形式，在转化过程中，能量的总数量不变。

热力学第一定律是能量守恒与转化定律在宏观热力学系统的应用。

热力学第一定律的两种表述方式：①隔离系统中能量的形式可以互相转化，但是能量的总数值不变；②第一类永动机不可能制造成功。

封闭系统热力学第一定律的数学表达式为：

$$\Delta U = Q + W \qquad (1\text{-}1)$$

式中　ΔU——系统热力学能的变化值或内能的变化值，J；

　　　Q——系统与环境交换的热量，J；

　　　W——系统与环境交换的总功，即体积功与非体积功的和，J。

该式适用于封闭系统和孤立系统的任何过程。

二、热力学第二定律

热力学第二定律的表述：热不能自动地从低温物体传到高温物体，或不可能从单一热源吸热使之完全变成功，而不引起任何其他变化，即第二类永动机是不可能制造出来的。在一定条件下，某状态函数的差值可用来判断化学反应和相变化等复杂过程的方向，这就是热力学第二定律的数学表达式。例如吉布斯函数判据表达式为 $\Delta G_{T,P,w'=0} \leqslant 0$，即：$\Delta G_{T,P,w'=0} < 0$ 时，自发过程；$\Delta G_{T,P,w'=0} = 0$ 时，平衡态。

任务二　认识相律

相律是多相平衡系统普遍遵循的规律，表征相平衡系统的相数、组分数、自由度数及外界影响因素（温度、压力等）之间的关系。

一、基本概念

相是系统中物理性质、化学性质完全相同的均匀部分。

系统中平衡共存相的总数称为相数，用符号"φ"表示。

系统中所含化学物质的种类数，称为物种数，用符号"S"表示。

用来确定相平衡系统中各相组成所需的最少独立物种数称为组分数，用符号"C"表示。

二、相律

一个相平衡系统的组分数可由式（1-2）计算

$$C=S-R-R'\qquad\qquad(1-2)$$

式中　C——组分数；

　　　S——物种数；

　　　R——独立的化学反应平衡式数；

　　　R'——独立的浓度限制条件数。

能维持相平衡系统中原有相数和相态不变，而在一定范围内可独立改变的强度变量，称为自由度。

自由度的数目称为自由度数，用符号"F"表示。

单组分系统或多组分系统均有 $\varphi+F=C+2$，即

$$F=C-\varphi+2\qquad\qquad(1-3)$$

式中　F——自由度数；

　　　φ——相平衡系统的相数；

　　　2——温度和压力两个外界条件。

式(1-3) 就是相律的数学表达式。

当影响相平衡的外界因素不只温度、压力，还要考虑重力场、电磁场等因素对于平衡的影响时，以 n 代替 2，可得到相律的更普遍形式：

$$F=C-\varphi+n\qquad\qquad(1-4)$$

对于固液相，因外压的影响可不考虑，相律为：

$$F=C-\varphi+1\qquad\qquad(1-5)$$

三、相律的应用

应用相律可以确定 φ、C、F 等变量的数量及相互关系，检验实验做得是否正确。在相平衡的研究中具有重要的指导作用。

模块二 化工单元操作

项目一 计量知识

任务一 认识计量单位

一、量与计量单位

1. 量
计量学中的量是由一个数值和一个称为计量单位的特殊约定来组合表示的。

2. 计量单位
为定量表示同种量的大小而约定地定义和采用的特定量。具有名称、符号和定义。

二、我国法定计量单位

在我国的法定计量单位中，除了 SI 制（国际单位制）中的基本单位、包括辅助单位在内的具有专门名称的导出单位外，又规定了一些我国选定的非国际单位制单位。

1. SI 制
SI 制中的单位由基本单位（表 2-1）和导出单位（表 2-2）构成。

表 2-1　SI 制基本单位

量名称	单位名称	单位符号
长度	米	m
质量	千克(公斤)	kg
时间	秒	s
电流	安[培]	A
热力学温度	开[尔文]	K
物质的量	摩[尔]	mol
发光强度	坎[德拉]	cd

表 2-2 包括 SI 辅助单位在内的具有专门名称的 SI 导出单位（只列出常用的）

量名称	单位名称	单位符号	其他符号
［平面］角	弧度	rad	$1m/m=1$
立体角	球面度	sr	$1m^2/m^2=1$
频率	赫［兹］	Hz	s^{-1}
力	牛［顿］	N	$kg \cdot m/s^2$
压力,压强,应力	帕［斯卡］	Pa	N/m^2
能［量］,功,热量	焦［耳］	J	$N \cdot m$
功率,辐射通量	瓦［特］	W	J/s
摄氏温度	摄氏度	℃	

2. 我国选定的非 SI 的单位

可与国际单位并用的我国选定的非 SI 的单位（本书常用的单位）如表 2-3。

表 2-3 我国选定的非 SI 的单位

量的名称	单位名称	单位符号
时间	分	min
	［小］时	h
	天（日）	d
［平面］角	［角］秒	″
	［角］分	′
	度	°
质量	吨	t
	原子质量单位	u
体积	升	L
旋转速度	转每分	r/min

3. 由以上单位组合而成的单位

凡由以上列出的法定单位通过乘或除组合而成的单位，只要具有物理意义，都是法定单位。

4. 由 SI 词头与以上单位构成的倍数单位

SI 词头是加在计量单位前面构成十进倍数或分数单位的因数符号，如表 2-4。

表 2-4 SI 词头

因数	英文名称	中文名称	符号
10^6	mega	兆	M
10^3	kilo	千	k
10^2	hecto	百	h
10^1	deca	十	da
10^{-1}	deci	分	d
10^{-2}	centi	厘	c
10^{-3}	milli	毫	m

任务二 计量单位换算

同一物理量若用不同单位度量时，其数值需相应地改变，这种换算称为单位换算。常用的换算因数可以查相关表得到。

【例 2-1】 已知 $1atm = 1.033kgf/cm^2$，试将此压强换算为 SI 单位。

解 $1kgf = 1kg \times 9.81m/s^2 = 9.81N$

$1atm = 1.033 \times 9.81/(10^{-2})^2 = 101325Pa$

项目二 流体流动

任务一 认识流体的物理量

一、密度

单位体积流体所具有的质量称为流体的密度，符号为 ρ，单位为 kg/m^3，表达式为：

$$\rho = m/V \tag{2-1}$$

式中　m——流体的质量，kg；

　　　V——流体的体积，m^3。

1. 液体的密度

液体的密度几乎不随压强而变化，随温度略有改变，可视为不可压缩流体。

混合液体的密度，如忽略混合后体积变化，可用式（2-2）估算（以 1kg 混合液为基准），即：

$$\frac{1}{\rho_m} = \frac{a_1}{\rho_1} + \frac{a_2}{\rho_2} + \cdots + \frac{a_n}{\rho_n} \tag{2-2}$$

式中　ρ_i——液体混合物各纯组分的密度，kg/m^3；

　　　a_i——液体混合物中各纯组分的质量分数，%。

2. 气体的密度

气体的密度随压强和温度而变化，是可压缩流体。因此气体的密度必须标明其状态。

纯气体的密度一般可从手册中查取或计算得到。当压强不太高、温度不太低时，可按理想气体状态方程来换算：

$$pV = nRT \tag{2-3}$$

$$\rho = \frac{pM}{nRT} \tag{2-4}$$

式中　p——气体的绝对压强，kPa；

　　　M——气体的摩尔质量，$kg/kmol$；

　　　R——气体常数，$8.314kJ/(kmol \cdot K)$；

　　　T——气体的绝对温度，K。

计算混合气体的密度时，用气体的平均摩尔质量 $\overline{M}$ 代替 M。

$$\rho = \frac{p\overline{M}}{nRT} \tag{2-5}$$

3. 比容

单位质量流体的体积称为流体的比容，符号为 v，单位为 m^3/kg，数值上等于密度的倒数。

$$v = V/m \tag{2-6}$$

二、压力

流体在单位面积上所受的垂直压力，称为流体的压强，习惯称为压力。

$$p = F/A \tag{2-7}$$

式中　p——压强，Pa；

F——压力，N；

A——面积，m^2。

常用的单位还有：atm（标准大气压）；工程大气压 kgf/cm^2、bar；流体柱高度（mmH_2O，mmHg 等）。

压力有不同的计量标准。如果以绝对真空为基准测得的压力，为绝对压力。如果以外界大气压为基准，测得的压力为表压。表压为正值时，称为正压；为负值时，称为负压。通常把负值改为正值称为真空度。绝对压力、表压和真空度的关系如图2-1所示。

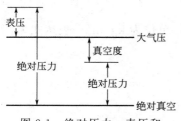

图 2-1　绝对压力、表压和
真空度的关系

三、流量

可用体积流量和质量流量表示。

体积流量（Q_v）：单位时间内通过流道有效截面的流体的体积，单位 m^3/s 或 m^3/h。

质量流量（Q_m）：单位时间内通过流道有效截面的流体的质量，单位 kg/s 或 kg/h。

质量流量与体积流量的关系：

$$Q_m = Q_v \rho \tag{2-8}$$

四、流速

流体的流速是指单位时间内流体质点在流动方向上所流经的距离。由于流体有黏性，管道截面上流体的质点速度沿半径变化。管道中心处流速最大，靠管壁处最小。工程上为简便计算，引入流体在管道中的平均速度，简称流速（u），单位 m/s。

也可以质量流速 G 表示。质量流速是单位时间内通过单位流道有效截面的流体的质量，单位 $kg/(m^2 \cdot s)$。

$$u = \frac{Q_v}{A} \tag{2-9}$$

$$G = \frac{Q_m}{A} = \frac{Q_v \rho}{A} = u\rho \tag{2-10}$$

五、黏度

流体流动时产生内摩擦力的性质，称为黏性。流体黏性越大，流动性就越小。单位面积上所产生内摩擦力的大小为黏度，用 μ 表示，单位 $Pa \cdot s$。温度对黏度的影响很大，当温度升高，液体的黏度减小，而气体的黏度增大。压力对流体的黏度影响可以忽略不计。

任务二　流体力学应用

一、静力学方程式

静止流体内部任一点的压力 p 称为该点流体的静压力。当液柱的高度为 h，液体的密度为 ρ，液面上方的压力为 p_0 时：

$$p = p_0 + \rho g h \tag{2-11}$$

式中　p——液体内任意一点的压强，Pa；

　　　p_0——液面上方的压强，Pa；

　　　g——重力加速度，$9.81 m/s^2$；

　　　h——液体内任意一点距离液面的垂直高度，m。

二、连续性方程式

设流体在如图 2-2 所示的管道中作连续定态流动：从截面 1-1 流入，从截面 2-2 流出。则：输入质量流量＝输出质量流量

$$Q_{m1} = Q_{m2} \tag{2-12}$$

$$\rho_1 u_1 A_1 = \rho_2 u_2 A_2 \tag{2-13}$$

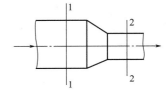

图 2-2　连续稳态流动

对于在圆管内作稳态流动的不可压缩流体：

$$\rho_1 = \rho_2 \qquad A_1 = \frac{\pi}{4} d_1^2 \qquad A_2 = \frac{\pi}{4} d_2^2$$

即：

$$\frac{u_1}{u_2} = \left(\frac{d_2}{d_1}\right)^2 \tag{2-14}$$

式中　d_1——管道上截面 1-1 处的管内径；

　　　d_2——管道上截面 2-2 处的管内径。

三、伯努利方程式

流体流动时具有的机械能如下。

1. 位能

流体受重力作用在不同高度所具有的能量。

2. 动能

流体流动时因有一定的流速所具有的能量。

3. 静压能

流体因有一定的压强而具有的能量。

1kg 的流体所具有的位能为 zg（J/kg）、动能为 $\frac{u^2}{2}$（J/kg）、静压能为 $\frac{p}{\rho}$（J/kg）。

1N 流体所具有的位能为 z（m）、动能为 $\frac{1}{2g}u^2$（m）、静压能为 $\frac{p}{\rho g}$（m）。分别称为位压头、动压头、静压头。

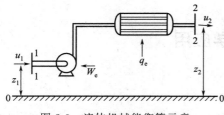

图 2-3　流体机械能衡算示意

如图 2-3 所示，流体从截面 1-1 流进，通过泵和换热器后从截面 2-2 流出，在两截面之间进行机械能衡算，选地面为基准水平面 0-0，根据能量守恒可得以下分析。

以 1kg 流体为基准：

$$z_1 g + \frac{1}{2}u_1^2 + \frac{p_1}{\rho} + W_e = z_2 g + \frac{1}{2}u_2^2 + \frac{p_2}{\rho} + \sum W_f$$

$$(2\text{-}15)$$

式中　zg——1kg 流体所具有的位能，J/kg；

$\frac{1}{2}u^2$——1kg 流体所具有的动能，J/kg；

$\frac{p}{\rho}$——1kg 流体所具有的静压能，J/kg；

W_e——1kg 流体从流体输送机械所获得的能量，J/kg；

$\sum W_f$——1kg 流体损失的能量，J/kg。

以 1N 流体为基准：

$$z_1 + \frac{1}{2g}u_1^2 + \frac{p_1}{\rho g} + H_e = z_2 + \frac{1}{2g}u_2^2 + \frac{p_2}{\rho g} + \sum h_f$$

$$(2\text{-}16)$$

式中　z——1N 流体具有的位能，位压头，m；

$\frac{1}{2g}u^2$——1N 流体具有的动能，动压头，m；

$\frac{p}{\rho g}$——1N 流体具有的静压能，静压头，m；

H_e——1N 流体从流体输送机械获得的能量，外加压头或有效压头，m；

$\sum h_f$——1N 流体损失的能量，压头损失，m。

式（2-15）和式（2-16）称为伯努利方程式。

对于理想流体，由于没有摩擦阻力，所以伯努利方程式为：

$$z_1 g + \frac{1}{2}u_1^2 + \frac{p_1}{\rho} = z_2 g + \frac{1}{2}u_2^2 + \frac{p_2}{\rho}$$

$$(2\text{-}17)$$

$$z_1 + \frac{1}{2g}u_1^2 + \frac{p_1}{\rho g} = z_2 + \frac{1}{2g}u_2^2 + \frac{p_2}{\rho g}$$

$$(2\text{-}18)$$

伯努利方程式可确定：容器间的相对位置；管内流体的流量；输送设备的功率；管路中流体的压力等。

任务三　测量流体阻力

一、流体流动形态

管道中流动的流体存在以下两种形态。

1. 层流（滞流）

当流体在管中流动时，若其质点始终沿着与管轴平行的方向作直线运动，质点之间互不混合，这种流动状态称为层流或滞流。

2. 湍流 （紊流）

当流体在管道中流动时，若流体质点除了沿着管道向前流动外，彼此碰撞并互相混合，这种流动状态称为湍流或紊流。

湍流时，临近管壁处的流体，流速不大，仍然为做层流运动的层流底层。

二、雷诺数

大量实验结果表明：影响流体流动形态的因素，除了流体的流速 u 外，还有管径 d，流体密度 ρ 和流体的黏度 μ。上述四个因素所组成的复合数群 $\dfrac{du\rho}{\mu}$，是判断流体流动形态的准则。这个特征数为雷诺准数或雷诺数，用 Re 表示。

$$Re = \frac{du\rho}{\mu} \tag{2-19}$$

式中　d——圆管内径，m；

u——流体流速，m/s；

ρ——流体密度，kg/m³；

μ——流体黏度，Pa·s。

当 $Re \leqslant 2000$ 时为层流；当 $Re \geqslant 4000$ 时为湍流；当 $2000 < Re < 4000$ 时为不稳定的过渡状态。

三、流体阻力

流体在流动过程中要消耗能量以克服流动阻力。流体在管路中流动时阻力分为直管阻力和流体阻力。

1. 直管阻力

流体流经一定管径的直管时由于内摩擦而产生的阻力。

2. 局部阻力

流体流经管路中的管件、阀门等局部地方由于流速大小及方向的改变而引起的阻力。

3. 降低阻力的措施

流体阻力越大，消耗的能量就越大，生产成本就会越高，因此要尽量减少流体阻力。

① 管路尽可能短，尽量走直线，少拐弯。

② 没必要的管件、阀门等尽量不装。

③ 适当增加管径，并尽量选用光滑管。

④ 可能时降低流体的黏度。

任务四　认识离心泵

化工生产中很多原料、中间产品及产品为液体状态，它们的输送或增压，都是靠泵来完成的。泵的类型很多，按其作用原理可分为以下几种。

① 容积式泵　依靠连续或间歇地改变工作室容积大小来压送液体。如往复式活塞泵、柱塞泵、齿轮泵、滑片泵等。

② 叶片式泵　依靠工作叶轮的高速旋转运动将能量传递给被输送液体。如离心泵、轴

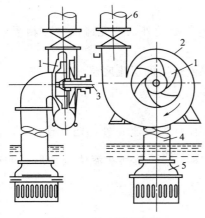

图 2-4　离心泵的构造

1—叶轮；2—泵壳；3—泵轴；4—吸入管；

5—底阀；6—排出管

流泵等。

离心泵具有性能适用范围广（流量、压头及对介质性质的适应性）、体积小、结构简单、操作容易、使用寿命长、购置费和操作费均较低等突出优点，因此离心泵的应用在化工行业十分广泛。

一、离心泵的结构

离心泵的构造如图 2-4 所示，主要部件有：泵壳、叶轮和轴封装置。

1. 泵壳

离心泵的泵壳（图 2-5）是一个流道面积不断扩大的蜗壳形，高速旋转的液体在泵壳内沿着流通面积逐渐扩大的方向流动，流速逐渐变小，大部分的动能转化为静压能。因此泵壳的作用是汇集叶轮抛出的液体，同时将高速液体的部分动能转化为静压能。

2. 叶轮

叶轮是流体获得机械能的主要部件，将机械能传给液体，并转变为液体的静压能和动能。根据其结构可分为开式、半开式和闭式，如图 2-6 所示。

闭式

半开式

开式

图 2-5　蜗壳　　　　　　　　　图 2-6　叶轮

（1）开式叶轮　效率低、结构简单、制造容易，适用于输送含较多固体悬浮物或带有纤维的液体。

（2）半开式叶轮　效率比开式叶轮高，常用于输送黏稠以及带有固体颗粒的液体。

（3）闭式叶轮　效率高、制造复杂，适用于输送清洁液体。大多数离心泵采用闭式叶轮。

3. 轴封装置

泵壳和泵轴之间必须有轴封装置防止静压能较高的流体泄漏，或外界空气漏入泵壳内，导致能量损失或气缚。轴封装置有填料密封（图 2-7）与机械密封（图 2-8）。

图 2-7　填料密封

图 2-8　机械密封

二、离心泵的工作原理

离心泵的工作原理如图 2-9 所示。

1. 工作原理

离心泵启动前首先需要向泵壳内充满被输送的液体。启动后，叶轮由电动机驱动作高速旋转运动，迫使叶片间的液体随之高速旋转。液体在离心力的作用下，由叶轮中心被高速甩向叶轮外缘进入蜗形泵壳，获得了能量。在泵壳内，由于流道的逐渐扩大而流体减速，部分动能转化为静压能，达到较高的压强，最后沿切向流入压出管道。

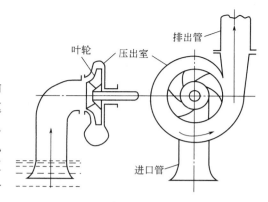

图 2-9 离心泵的工作原理

当液体自叶轮中心甩向外周时，在叶轮中心产生低压区。由于贮槽液面与泵吸入口的压差，致使管路吸入口液体被吸进叶轮中心。因此只要叶轮不断地旋转，液体便连续地被吸入和排出，将液体输送到所需的场所。

2. 气缚现象

离心泵若在启动前未充满被输送的液体，则泵内存在空气，由于空气密度比液体密度小得多，所产生的离心力也很小，吸入口处所形成的真空度不足以将液体吸入泵内。另外，在离心泵的操作过程中，也有可能有空气漏入，不能产生足够的真空度。这时虽然启动离心泵，但不能输送液体，这种现象就称为"气缚"。处理措施为启动之前先灌泵。

三、离心泵的性能参数

1. 流量（Q）

即泵在单位时间内排出的液体量，通常用体积流量表示，单位 m³/h 或 m³/s。泵的流量与泵的结构尺寸和转速有关，不是一个固定值，通过调节会在一定范围内变动。

2. 压头（H）

泵的压头又称扬程，即 1N 流体从泵获得的有效能量，单位 J/kg 或 m 液柱。离心泵扬程的大小，取决于泵的结构、转速及流量，一般通过实验测定。压头与升扬高度不同。升扬高度是液体用泵从低处送到高处的垂直距离，泵工作时升扬高度一定小于扬程。离心泵的扬程可以用式（2-20）计算：

$$H = Z + \frac{p_{表} + p_{真}}{\rho g} + \frac{u_2^2 - u_1^2}{2g} \tag{2-20}$$

式中　H——泵的扬程，m；

Z——进出口测压点的垂直距离，m；

$p_{表}$——泵出口管路压力表的度数，Pa；

$p_{真}$——泵入口处真空表的度数，Pa；

u_1，u_2——进出口管路的流速，m/s。

3. 功率

轴功率（N）：单位时间内泵从电动机获得的功。

有效功率（N_e）：单位时间内液体从泵所获得的功，单位为 W 或 kW。

$$N_e = QH\rho g \tag{2-21}$$

式中　Q——体积流量，m^3/s；

　　　H——压头，m；

　　　ρ——液体密度，kg/m^3；

　　　g——重力加速度，$9.81m/s^2$。

4. 效率（η）

泵在实际运转中，存在各种能量损失，有效功率小于轴功率。效率为：

$$\eta = \frac{N_e}{N} \times 100\% \tag{2-22}$$

离心泵的效率一般为50%～70%。

5. 转速（n）

泵的转速是泵每分钟旋转的次数。单位：r/min。

6. 汽蚀余量

（1）安装高度　泵的吸入口与吸入贮槽液面间可允许达到的最大垂直距离 Z，称为离心泵的允许安装高度，或允许吸上高度，如图 2-10 所示。

以液面为基准面，在贮槽液面与泵的吸入口两截面间列柏努利方程式，可得：

$$Z = \frac{p_0 - p_1}{\rho g} - \frac{u_1^2}{2g} - H_f \tag{2-23}$$

式中　Z——允许安装高度，m；

　　　p_0——吸入液面压力，Pa；

　　　p_1——泵入口处的压强，Pa；

　　　u_1——吸入口处的流速，m/s；

　　　ρ——被输送液体的密度，kg/m^3；

　　　H_f——压头损失，m。

（2）汽蚀现象　离心泵的吸液是靠吸入液面与吸入口间的压差完成的。吸入管路越高，吸上高度越大，则吸入口处的压力将越小。当叶轮进口处的压强降至被输送液体的饱和蒸汽压，会引起液体部分汽化，产生气泡，这些气泡将随液体流到较高压力处受压迅速凝结，周围液体快速集中，产生水力冲击和振动。由于水力冲击产生很高的局部压力，连续打击在叶片表面上，使叶片表面产生疲劳而剥蚀成麻点、蜂窝，导致叶片的过早损坏。另外气泡中还可能带有氧气等对金属材料发生化学腐蚀作用。这种现象称为泵的汽蚀，如图 2-11 所示。发生汽蚀时流量、扬程和效率都明显下降，严重时甚至吸不上液体。工程上避免气蚀现象的方法是限制泵的安装高度。

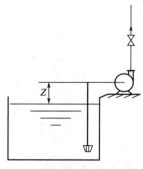

图 2-10　离心泵吸上高度示意

图 2-11　离心泵的汽蚀现象

（3）允许汽蚀余量 为防止汽蚀现象的发生，泵入口处的压强 p_1 必须比液体的饱和蒸汽压 p_v 大一个足够的量。规定汽蚀余量为：

$$\Delta h = \frac{p_1}{\rho g} + \frac{u_1^2}{2g} - \frac{p_v}{\rho g} \tag{2-24}$$

则泵的吸上高度为：

$$Z = \frac{p_0 - p_v}{\rho g} - \Delta h - H_f \tag{2-25}$$

为保证不发生汽蚀现象的 Δh 最小值，称为允许汽蚀余量。铭牌上所标注的允许汽蚀余量是泵在出厂前于 101.3kPa 和 20℃ 下用清水测得的。

为保证泵安全运行，泵的实际安装高度应该比计算值低 0.5～1m。

$$Z = \frac{p - p_v}{\rho g} - \Delta h - H_f - 1 \tag{2-26}$$

四、特性曲线

离心泵的性能参数流量 Q、扬程 H、功率 N、转速 n 和效率 η 之间并非孤立的，而是相互变化及相互制约。当泵的转速一定时，用清水（101.3kPa，20℃）通过试验测得的一组曲线称为泵的特性曲线（如图 2-12）。离心泵出厂前由泵的制造厂将泵的特性曲线列入产品样本或说明书中，供选泵和操作时参考。

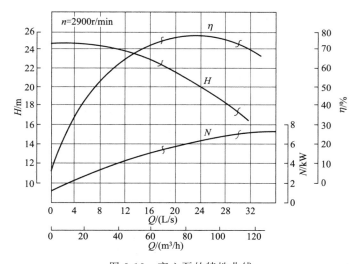

图 2-12 离心泵的特性曲线

流量-扬程（H-Q 曲线）当流量越小时，扬程越高，随着流量的增加扬程逐渐下降。

流量-功率（N-Q 曲线）当流量 $Q=0$ 时，相应的轴功率为一定值（正常运行的 60% 左右）。随着流量逐渐增加，轴功率缓慢增加。因此在启动离心泵时，应关闭泵出口阀门，以减小启动电流，保护电动机。停泵时先关闭出口阀门主要是为了防止高压液体倒流损坏叶轮。

流量-效率（η-Q 曲线）随着流量的增大效率逐渐增加，达到最大值后，随着流量的增加效率减小。选用的离心泵应该在最高效率点附近工作。此最高效率点称为离心泵的设计点，所对应的流量称为额定流量。离心泵铭牌上标出的性能参数即是最高效率点对应的参数。

■■■ 任务五　认识压缩机 ■■■

压缩机是压缩气体以提高气体压力或输送气体的机器。

一、离心式压缩机

1. 工作原理

离心式压缩机（又称透平压缩机）的工作原理是主轴带动叶轮高速旋转时，将从轴向进入的气体高速甩出叶轮，进入具有扩压作用的扩压器中，将气体的动能转变为气体的静压能，气体再通过弯道、回流器流入下一级叶轮进一步压缩，从而使气体压力达到工艺所需要的值。

通常叶轮级数较多（＞10级），因此压缩机都分成几段，每段包括若干级，在各段之间设有中间冷却器，叶轮的直径和宽度逐级缩小。

离心式压缩机有如下优点：结构紧凑尺寸小、流量大而均匀、运转平稳、易损部件少、维护方便。化工生产中除非压力要求非常高，离心式压缩机已被广泛应用。

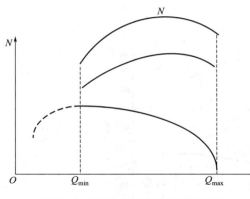

图 2-13　离心式压缩机的特性曲线

2. 特性曲线与气量调节

对特定的离心式压缩机在一定的转速下通过实验得到的，表示压缩比与流量、效率与流量、功率与流量的关系曲线称离心式压缩机的特性曲线（或性能曲线），如图 2-13 所示。

喘振现象：离心压缩机流量减小到 Q_{min} 以下时，处于不稳定状态，流量发生很大波动，压缩机压力突降，机器产生强烈震动及噪声，严重时会破坏整个装置。实际操作时必须控制流量以防止喘振现象的发生。通常压缩机出口管路中都装有防喘振装置，装放空阀或部分放空并回流是常见的两种方法。

压缩机常用的气量调节方法有：改变离心机转速、调节进口或出口阀门的开度。

二、往复式压缩机

1. 往复式压缩机构造

往复式压缩机（如图 2-14），主要工作部件为汽缸、活塞、吸入阀和排出阀。另外，往复压缩机的汽缸须有润滑装置。

2. 往复式压缩机的工作原理

往复式压缩机是通过曲轴连杆机构将曲轴旋转运动转化为活塞往复运动，通过活塞的往复运动，使汽缸的工作容积发生周期性变化而吸入、压缩气体和排出气体。

3. 往复式压缩机的实际工作循环

当活塞在排气过程中达到死点时，活塞与汽缸端盖和阀门之前的容积称为余隙容积。余隙容积在往复压缩机工作过程中起到防止活塞与汽缸端盖碰撞的作用。

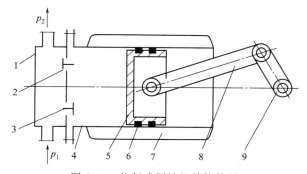

图 2-14 往复式压缩机结构简图

1—汽缸盖；2—排气阀；3—进气阀；4—汽缸；

5—活塞；6—活塞环；7—冷却套；8—连杆；9—曲轴

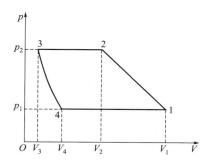

图 2-15 往复式压缩机实际工作循环

由于余隙容积的存在，单级往复式压缩机的活塞每往复一次，实际工作循环由压缩、排气、膨胀、吸气四个过程组成（如图 2-15），而理论循环无膨胀过程。

（1）压缩阶段 气体由状态点 1 移至状态点 2 的过程。吸入阀和排出阀关闭，缸内气体受到压缩，压力升高到 p_2。

（2）排气阶段 气体由状态点 2 移至状态点 3 的过程。排出阀被顶开，压力为 p_2 的气体等压排出。

（3）膨胀阶段 气体由状态点 3 移至状态点 4 的过程。排出阀和吸入阀都关闭，余隙容积中的气体逐渐膨胀，压强减小到 p_1。

（4）吸气阶段 气体由状态点 4 移至状态点 1 的过程。吸入阀自动打开，气体在压力 p_1 下进入汽缸。至此，往复压缩机实现了一次工作循环。

4. 多级压缩

气体经过压缩后排气温度会升高，可能造成润滑油着火或碳化，因此每压缩一次所允许的压缩比不能太高。如果要得到高压气体必须采用多级压缩，如图 2-16 所示。

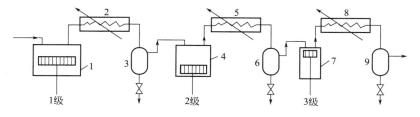

图 2-16 多级压缩

1,4,7—汽缸；2,5—中间冷却器；3,6,9—油水分离器；8—出口气体冷却器

多级压缩就是气体在一个汽缸被压缩后，经过中间冷却器冷却降温，然后再送入下一个汽缸压缩。连续压缩的次数就是级数。多级压缩结构复杂，能量消耗大，一般往复压缩机为 2～6 级。

项目三 传 热

任务一 学习传热基本知识

一、传热

在物体内部或物系之间，只要存在温度差，就会自动发生从高温到低温的热量传递，简称为传热。

二、载热体

工业生产中参与传热的流体称为载热体。在传热过程中，温度较高而放出热量的载热体称为热载热体或加热剂；温度较低而吸收热量的载热体称为冷载热体或冷却剂、冷凝剂。

三、传热方式

根据传热机理的不同，热量传递的基本方式有三种：热传导、热对流和热辐射。

1. 热传导

热传导简称导热。物体中温度较高部分的分子因振动而与相邻分子相碰撞，将热量传给温度较低部分的传热方式。在热传导中，物体中的分子不发生相对位移。固体、液体和气体都能以这种方式传热。

2. 热对流

热对流是指流体中质点发生相对位移而引起的热量传递过程。热对流可分为自然对流和强制对流，强制对流传热效果好。热对流这种传热方式仅发生在液体和气体中。

3. 热辐射

热辐射是以电磁波的形式发射的辐射能遇到另一物体时，可被其全部或部分吸收而变为热能的传热过程。辐射传热不需要任何介质，可以在真空中传播。

任务二 传热过程计算

一、导热过程计算

1. 傅里叶定律

实践证明：在质地均匀的物体内，若等温面上各点的温度梯度相同，则单位时间内传导的热量与温度梯度及垂直于热流方向的导热面积 A 成正比，即：

$$Q = -\lambda A \frac{\mathrm{d}t}{\mathrm{d}x}$$

(2-27)

式中 Q——单位时间内传递的热量，W；

$\quad\quad\lambda$——热导率，W/(m·K) 或 W/(m·℃)；

$\quad\quad A$——传热面的面积，m^2；

$\quad\quad\dfrac{\mathrm{d}t}{\mathrm{d}x}$——沿 x 方向的温度梯度，K/m 或 ℃/m。

式（2-27）称为傅里叶定律，是热传导的基本定律。

2. 热导率（导热系数）

比例系数 λ 称为热导率（又称导热系数）：

$$\lambda = -\frac{Q}{A\dfrac{\mathrm{d}t}{\mathrm{d}x}} \tag{2-28}$$

热导率是物质导热能力的标志。热导率 λ 值越大，则物质的导热能力越强。通常，需要加热或冷却时，可选用热导率大的材料；需要保温时，应选用热导率小的材料。一般纯金属的热导率最大，合金的热导率次之，再依次为建筑材料、液体、绝热材料，气体的热导率最小。

3. 单层平壁的热传导

如图 2-17 所示，在一个均匀固体物质组成的单层平壁，面积为 A，壁厚为 δ，平壁两侧壁面温度分别为 t_1 和 t_2（$t_1 > t_2$），且热量以热传导方式沿着与壁面垂直的方向从高温壁面传递到低温壁面。

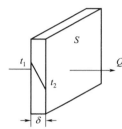

图 2-17 单层平壁热传导示意

由傅里叶公式可以得到：

$$Q = \lambda \frac{A}{\delta}(t_1 - t_2) \tag{2-29}$$

式中 Q——单位时间内传递的热量，W；

$\quad\quad\lambda$——热导率，W/(m·K)；

$\quad\quad A$——传热面的面积，m^2；

$\quad\quad\delta$——壁厚，m；

$\quad t_1 - t_2$——平壁两侧壁面温差，K 或 ℃。

式（2-29）表明：单位时间内物体以热传导方式传递的热量与传热面积成正比，与壁面两侧的温度差（$t_1 - t_2$）成正比，而与壁面厚度 δ 成反比。

4. 多层平壁的热传导

工业上常遇到由多种不同材料组成的平壁，称为多层平壁。如锅炉墙壁是由耐火砖、保温砖和普通砖组成。以三层壁为例，如图 2-18 所示。

多层平壁截面积为 A，各层的厚度为 δ_1，δ_2 和 δ_3，各层的热导率为 λ_1，λ_2 和 λ_3，各层的温度差分别为 Δt_1，Δt_2 和 Δt_3，则三层的总温度差 $\Delta t = \Delta t_1 + \Delta t_2 + \Delta t_3$。各层的传热速率也都相等，可以得到：

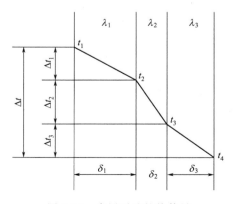

图 2-18 多层平壁的热传导

$$\frac{Q}{A} = \frac{\Delta t_1}{\dfrac{\delta_1}{\lambda_1}} = \frac{\Delta t_2}{\dfrac{\delta_2}{\lambda_2}} = \frac{\Delta t_3}{\dfrac{\delta_3}{\lambda_3}} = \frac{\Delta t_1 + \Delta t_2 + \Delta t_3}{\dfrac{\delta_1}{\lambda_1} + \dfrac{\delta_2}{\lambda_2} + \dfrac{\delta_3}{\lambda_3}} = \frac{\Delta t}{\sum R_{导}}$$

$$\tag{2-30}$$

二、对流传热计算

1. 对流传热速率方程

工业上遇到的对流传热，常指间壁式换热器中两侧流体与固体壁面的热交换。即由流体将热量传给壁面或者由壁面将热量传给流体的过程称为对流传热（或给热）。

对流传热温度分布如图 2-19 所示。靠近管壁处总存在着一层层流内层，传热方式为热传导，热阻值很大，温度差大。在湍流主体中传热方式为对流，传热速率快，温差极小。

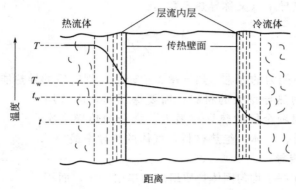

图 2-19   对流传热温度分布

大量实践证明：在单位时间内，以对流传热过程传递的热量与固体壁面的大小、壁面温度和流体主体平均温度差成正比。即：

$$Q = \alpha A(t_{壁} - t) \tag{2-31}$$

式中 Q——单位时间内以对流传热方式传递的热量，W；

　　α——对流传热系数（或给热系数），$W/(m^2 \cdot ℃)$；

　　A——固体壁面积，m^2；

　　$t_{壁}$——壁面的温度，℃；

　　t——流体主体的平均温度，℃。

式（2-31）称为对流传热方程式，也称为牛顿冷却定律。

α 的物理意义是：流体与壁面温度差为 1℃ 时，在单位时间内通过每平方米传递的热量。α 只表示对流传热的强度，越大表示传热越快，与流体的流动状态、流体物性、有无相变化和壁面情况等有关。

2. 流体的相变化

流体在换热器内发生相变化的情况有冷凝和沸腾两种。

（1）蒸汽冷凝   当饱和蒸汽与温度较低的固体壁面接触时，蒸汽将放出大量的潜热，并在壁面上冷凝成液体。蒸汽冷凝有膜状冷凝和珠状冷凝两种方式，珠状冷凝的传热系数比膜状冷凝的传热系数大得多。在工业生产中，一般换热设备中的冷凝可按膜状冷凝考虑。

（2）液体沸腾   液体沸腾的对流传热是一个复杂的过程，影响液体沸腾的因素很多，最重要的是传热壁面与液体的温度差。随着温差的增加，液体的沸腾依次为自然对流、核状沸腾和临界温度后的膜状沸腾。

三、传热速率方程式

间壁式换热器的传热过程实际由对流、传导和对流三个过程串联而成。经验指出：稳态传热过程中传热速率 Q 与传热面积 A 和两流体的温差 Δt_{m} 成正比，即：

$$Q = KA\Delta t_{\mathrm{m}} \tag{2-32}$$

式（2-32）为传热速率方程式，是传热过程的基本计算方程式。

在换热器中传热的快慢用传热速率 Q 表示，是指单位时间内通过传热面的热量，单位为 W。传热速率 Q 是由换热器自身的性能决定的。

换热器单位时间内冷热流体交换的热量，称为换热器的热负荷 Q'。热负荷是要求换热器具有的换热能力，是根据生产上换热任务需要所决定。

能满足生产换热要求的换热器，必须使其传热速率大于等于热负荷，即 $Q \geqslant Q'$。

四、热负荷计算

在不考虑热损失的情况下，单位时间内热流体放出的热量等于冷流体吸收的热量，即热量衡算式：$Q = Q_{热} = Q_{冷}$。

① 传热过程没有相变化，只有温度变化，冷热流体吸收或放出的热量用下式计算：

$$Q_{热} = Q_{w热} c_{p热}(T_1 - T_2) \tag{2-33}$$

$$Q_{冷} = Q_{w冷} c_{p冷}(t_2 - t_1) \tag{2-34}$$

式中 $Q_{热}$、$Q_{冷}$——热、冷流体放出、吸收的热量，W；

$Q_{w热}$、$Q_{w冷}$——热、冷流体的质量流量，kg/s；

$c_{p热}$、$c_{p冷}$——热、冷流体的定压比热容，J/(kg·℃)；

T_1、T_2——热流体的进出口温度，℃；

t_1、t_2——冷流体的进出口温度，℃。

② 传热过程只有相变化，冷热流体吸收或放出的热量用下式计算：

$$Q_{热} = Q_{w热} r_{热} \tag{2-35}$$

$$Q_{冷} = Q_{w冷} r_{冷} \tag{2-36}$$

式中 $r_{热}$、$r_{冷}$——热、冷流体的气化潜热，kJ/kg。

③ 传热过程既有相变化，又有温度变化，冷热流体吸收或放出的热量用下式计算：

$$Q_{热} = Q_{w热} c_{p热}(T_1 - T_2) + Q_{w热} r_{热} \tag{2-37}$$

$$Q_{冷} = Q_{w冷} c_{p冷}(t_2 - t_1) + Q_{w冷} r_{冷} \tag{2-38}$$

五、平均温度差

按间壁式换热器中流体沿传热面温度是否有变化分为恒温传热和变温传热。

1. 恒温传热时的平均温度差

参与传热的冷、热两种流体在换热器内的任一位置、任一时间，都保持其各自的温度不变，此传热过程称为恒温传热。恒温传热时的平均温度差等于 Δt_{m}。

$$\Delta t_{\mathrm{m}} = T - t \tag{2-39}$$

2. 变温传热时的平均温度差

工业上最常见的是变温传热，即参与传热的两种流体从进口到出口有温度变化。包括单侧变温传热和两侧变温传热。

图 2-20 所示为一侧流体温度有变化，另一侧流体的温度无变化的传热。图 2-20（a）热流体温度无变化，而冷流体温度发生变化。

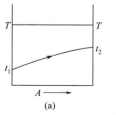

(a)

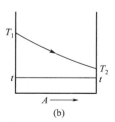

(b)

图 2-20 一侧流体变温时的温差变化

例如在生产中用饱和水蒸气加热某冷流体。图 2-20（b）冷流体温度无变化，而热流体的温度发生变化。例如生产中的废热锅炉用高温流体加热恒定温度下沸腾的水。其平均温度差按下式计算：

$$\Delta t_m = \frac{\Delta t_1 - \Delta t_2}{\ln \dfrac{\Delta t_1}{\Delta t_2}} \tag{2-40}$$

式中　Δt_1，Δt_2——换热器进出口两侧流体温度差。

如果 $\dfrac{\Delta t_1}{\Delta t_2} \leqslant 2$，可使用算术平均值。

两侧变温传热时，参与热交换的两种流体的流向大致有四种类型，如图 2-21 所示。

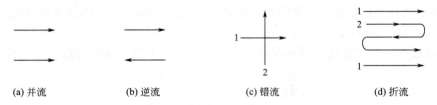

(a) 并流　　　　(b) 逆流　　　　(c) 错流　　　　(d) 折流

图 2-21　流体的流动形式示意

逆流和并流传热时的平均温差计算公式可用式（2-40）。

【**例 2-2**】　在一列管式换热器中用机油和原油换热。原油在管外流动，进口温度为 120℃，出口温度上升到 160℃；机油在管内流动，进口温度为 245℃，出口温度下降到 175℃。试分别计算并流和逆流时的平均温度差。

　　解　（1）并流　冷流体 120℃ ——→160℃

　　　　　　　　　热流体 245℃ ——→175℃

$$\Delta t_1 = 245 - 120 = 125℃$$

$$\Delta t_2 = 175 - 160 = 15℃$$

$$\Delta t_m = \frac{\Delta t_1 - \Delta t_2}{\ln \dfrac{\Delta t_1}{\Delta t_2}} = \frac{125 - 15}{\ln \dfrac{125}{15}} = 51.9℃$$

　　（2）逆流　冷流体 120℃ ——→160℃

　　　　　　　热流体 175℃ ←—— 245℃

$$\Delta t_1 = 175 - 120 = 55℃$$

$$\Delta t_2 = 245 - 160 = 85℃$$

$$\Delta t_m = \frac{55 + 85}{2} = 70℃$$

逆流时平均温差大。如果热负荷一定，则逆流所需要的传热面积小。因而工业生产中换热器多采用逆流操作。但是在某些生产工艺有特殊要求时，如要求冷流体被加热时不能超过某一温度，或热流体被冷却时不能低于某一温度，则宜采用并流操作。

六、总传热系数 **K** 的计算

间壁式换热过程可以看做是对流-传导（包括垢层）-对流三个过程串联而成，可以根据传热速率方程式得到：

$$K = \cfrac{1}{\cfrac{1}{\alpha_1} + \cfrac{1}{\alpha_2} + \cfrac{\delta}{\lambda} + R_{垢}}$$ (2-41)

式中　α_1，α_2——冷、热流体对流传热膜系数；

　　　λ——换热器的热导率；

　　　δ——换热器管壁厚度；

　　　$R_{垢}$——管壁垢层热阻。

α_1 中 α_2 相差较大时，K 值接近于 α_1 中 α_2 较小的值。

■■ 任务三　认识换热器 ■■■

在工业生产中冷、热流体换热常用的设备为间壁式换热器。此类换热器是冷热流体被一固体壁面隔开，以便两种流体不相混合而进行传热。下面就常用的换热器做简要介绍。

一、套管式换热器

套管式换热器（如图 2-22）由两种不同直径的管子装成同心套管，每一段套管为一程。可以通过增减套管的连接数目改变传热面积。两种流体分别在内管和环状通道中流动（一般逆流）进行换热。常用于流量不大、所需传热面积较小和高压的场合。

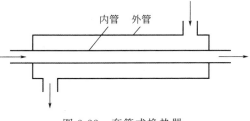

图 2-22　套管式换热器

二、列管式换热器

列管式换热器又称管壳式换热器。一种流体在管内流动，其行程称为管程；另一种流体在壳体与管束间的空隙流动，其行程称为壳程。流体一次通过管程的称为单管程列管式换热器（如图 2-23）。如果流体在管内依次往返多次通过，称为多管程，如图 2-24 所示为双管程列管式换热器。

图 2-23　单管程列管式换热器

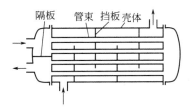

图 2-24　双管程列管式换热器

如果两流体的温度相差较大（如 50℃以上）时，就必须采取适当的温差补偿措施。根据采取热补偿的措施不同，列管式换热器分为固定管板式换热器、浮头式换热器和 U 形管式换热器。

三、螺旋板式换热器

螺旋板式换热器是一种高效换热器设备，由两张互相平行的薄金属板，卷制成同心的螺旋形通道，在其中央设置隔板将两通道隔开，两板间焊有定距柱以维持通道间距，螺旋板两侧焊有盖板和接管。两流体分别在两通道内流动，通过螺旋板进行换热，如图 2-25 所示。

螺旋板式换热器优点是总传热系数高、不易结垢、结构紧凑。缺点是主要用于低压场合、检修困难。

四、夹套式换热器

夹套式换热器（如图 2-26），是在容器外壁安装夹套制成，夹套与器壁之间形成的空间为载热体的通道。这种换热器主要用于反应过程的加热和冷却。作为冷却器时，夹套内通入的是冷却介质（如冷却水、冷冻盐水），通常入口在底部，而出口在夹套上方。

夹套式换热器构造简单，传热系数不高。为了提高传热系数，可在器内安装搅拌器。

图 2-25　螺旋板式换热器结构

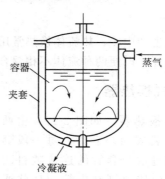

图 2-26　夹套式换热器

五、板翅式换热器

板翅式换热器的基本结构元件是在两块平行的薄金属板之间加入波纹板（翅片），将两侧面封死。再将多个基本元件叠积和排列，并用钎焊固定，制成常用的逆流或错流板翅式换热器的板束（如图 2-27），然后把板束焊在带有流体进、出口的集流箱（外壳）上，就成为板翅式换热器。我国目前常用的翅片型式有光直型翅片、锯齿型翅片和多孔型翅片 3 种，如图 2-28 所示。

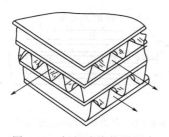

图 2-27　板翅式换热器板束

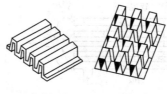

(a) 光直翅片　　(b) 锯齿翅片　　(c) 多孔翅片

图 2-28　板翅式换热器的翅片

板翅式换热器的结构高度紧凑，传热系数高，允许操作压力也比较高（可达 5MPa）。其缺点是设备流道很小，结垢后清洗困难，发生内漏很难修复。

六、热管换热器

热管是一种新型换热元件。最简单的热管是在抽出不凝气体的金属管（可用不锈钢、铜、铝等）内充以某种工作液体（可选用液氮、液氨、甲醇、水和液态金属等），然后将两端封闭，如图 2-29 所示。管子的内表面覆盖一层有毛细结构材料做成的芯网，液体可渗透到芯网中。当加热段受热时，工作液体受热沸腾产生的蒸气流至冷却段时凝结放出潜热。冷凝液沿着吸液芯网回流至加热段再次沸腾，如此过程反复循环。这种新型的换热装置传热能力大，构造简单，应用广泛。

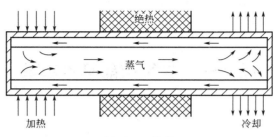

图 2-29　热管

项目四 结 晶

■■ 任务一 学习结晶基本知识 ■■

一、结晶概念

结晶是指溶质自动从过饱和溶液中析出，形成新相的过程。是一种属于热、质传递过程的单元操作。

二、结晶的应用

① 从溶液中取得固体溶质。
② 实现溶质与杂质的分离，提高产品的纯度。

三、结晶方法

1. 蒸发结晶

在常压或减压下蒸发溶剂使溶液达到过饱和的结晶方法。适用于溶解度随温度降低而变化不大或具有逆溶解度特性的物系。

2. 冷却结晶

通过冷却降温使溶液达到过饱和的结晶方法。常用的冷却方法有自然冷却、间壁换热冷却和直接接触冷却。适用于溶解度随温度的降低而显著下降的物系。

3. 真空绝热冷却结晶

在真空下迅速蒸发溶剂，并绝热冷却使溶液达到过饱和的一种结晶方法。设备简单、操作稳定，适用于具有正溶解度特性，而溶解度随温度的变化率中等的物系。

4. 盐析结晶

向溶液中加入某些物质以降低溶解度，产生过饱和度的一种方法。如在联合制碱法中，向低温的饱和氯化铵母液中加入盐析剂 NaCl，能使母液中的氯化铵尽可能多地结晶出来。

■■ 任务二 学习结晶原理 ■■

一、溶解度与过饱和度

1. 溶解度

在一定温度下，溶质在溶剂中的最大溶解能力称为该溶质在该溶剂中的溶解度。溶解度的大小一般采用单位质量溶剂中所能溶解的无水溶质量来表示，单位为 kg/kg。

大多数物质的溶解度随温度的变化而变化，图 2-30 中曲线 AB 为溶解度曲线。

2. 过饱和度

饱和溶液：在一定温度下，溶质的质量浓度等于溶解度的溶液。

不饱和溶液：在一定温度下，溶质的质量浓度低于溶解度的溶液。

过饱和溶液：在一定温度下，溶质的质量浓度高于溶解度的溶液。

过饱和度：一定温度下，溶液的浓度与溶解度之差。结晶的推动力为溶液的过饱和度。

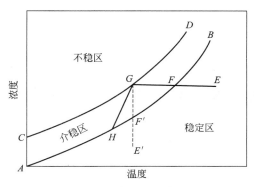

图 2-30 溶解度曲线和过溶解度曲线

图 2-30 表示了晶核在溶液中自发形成与溶液温度、浓度之间的关系。AB 曲线为溶解度曲线，CD 曲线为过溶解度曲线。在 AB 曲线的下方，为不饱和溶液，为稳定区。AB 曲线与 CD 曲线间为介稳区，在此区域溶液达到过饱和，但过饱和度较低，无晶种存在的条件下晶核不能自发形成。因此在介稳区可以人为控制晶核的数量，得到大颗粒晶体。在 CD 曲线的上方为不稳区，在此区域溶液过饱和度较大，能自发形成大量晶核，形成的晶体颗粒较小。

二、晶体的形成过程

晶体从溶液中析出的过程包括三个阶段：过饱和溶液的形成、晶核的生成和晶体的长大。晶核的生成和晶核的长大同时进行。

1. 过饱和溶液的形成

实际生产中都是利用过饱和溶液来制取晶体。过饱和溶液不稳定，只要有轻微振动、搅拌或杂质进入，立即会有晶体生成。过饱和度的大小直接影响晶核的生成和晶体的长大，只有适宜的过饱和度才能得到高质量的晶体产品。

2. 晶核的生成

在过饱和溶液中形成晶核的过程，即成核。工业生产中通常在处于介稳区的溶液中加入一定量的晶种诱发晶核形成，制止自发成核。

3. 晶体的长大

晶核逐渐长大的过程，即晶核不断黏附过饱和溶液中过剩溶质的过程。一般需要控制晶体的生长速率大于晶核的生成速率，保证晶体的粒度大，数量少。

项目五　蒸　发

任务一　学习蒸发基本知识

一、蒸发

蒸发是采用加热的方法，使溶有不挥发性溶质的溶液沸腾，其中的部分溶剂被气化除去，而溶液得到浓缩的单元操作。

二、蒸发必备的条件

① 不断供给热量使溶剂气化，溶液保持沸腾状态。
② 不断排出已经气化的蒸汽。

三、蒸发的应用

① 将溶液浓缩后，冷却结晶，获得固体产品。
② 获得纯净的溶剂产品。
③ 获得浓缩的溶液产品。

四、蒸发的分类

1. 按操作压力可分为常压蒸发和减压蒸发

（1）常压蒸发　常压蒸发操作压力和外界大气压相同，一般在敞口设备中进行，易于操作。

（2）减压蒸发　减压蒸发又称真空蒸发，是在低于大气压力下进行蒸发操作。将从溶液中蒸发出的二次蒸汽经过冷凝器后排出，这时蒸发器内的二次蒸汽即可形成负压。减压蒸发操作在密闭设备中进行，生产效率高，操作条件好。若被浓缩的物质对热不稳定，常压下易氧化、分解，或溶剂为高沸点的有机溶剂，或溶剂的量大、有毒时，常采用减压蒸发的方式进行浓缩。

2. 按效数可分为单效蒸发和多效蒸发

（1）单效蒸发　蒸发产生的二次蒸汽直接冷凝不再利用，即为单效蒸发。

（2）多效蒸发　若将蒸发产生的二次蒸汽作为下一效加热蒸汽，并将多个蒸发器串联，此过程即为多效蒸发。即将几个蒸发器串联运行的蒸发操作，使蒸汽热能得到多次利用，从而提高热能的利用率。多效中后效的蒸发室压力和溶液沸点比原加热蒸汽低。

3. 按蒸发模式可分为间歇蒸发和连续蒸发

工业上大规模的生产过程通常采用连续蒸发。

■■ 任务二 认识蒸发器 ■■

蒸发器主要由加热室和分离室组成。上部为分离室即蒸汽与液沫分离，挡板除沫。下部为加热室（管式换热器），管外走加热饱和蒸汽，管内溶液沸腾汽化，浓缩液底部排出。加热室有多种多样的形式，以适应各种生产工艺的不同要求。按照溶液在加热室中的运动情况，可将蒸发器分为循环型和单程型（不循环）两类。

一、循环型蒸发器

溶液在蒸发器中循环流动，传热效果好。由于引起循环运动的原因不同，分为自然循环型和强制循环型两类。

1. 自然循环型蒸发器

自然循环是由于溶液受热程度不同产生密度差引起。

（1）中央循环管式蒸发器　中央循环管式蒸发器如图 2-31 所示，属于自然循环型。

优点：结构简单、紧凑，制造方便，操作可靠，投资费用少。

缺点：清理和检修麻烦，溶液循环速率较低，传热系数小。

适用于黏度适中、结垢不严重、有少量的结晶析出及腐蚀性不大的场合。中央循环管式蒸发器在工业上的应用较为广泛。

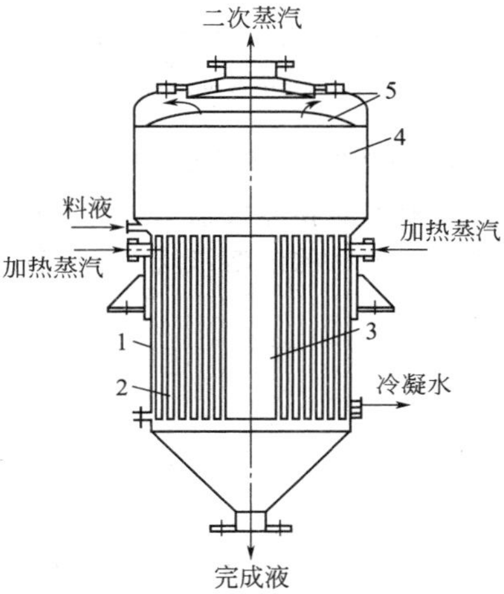

（2）外加热式蒸发器　外加热式蒸发器如图 2-32 所示。加热器与分离器分开安装，蒸发器总高度较低。

特点：传热系数高，可减轻结垢，有利于清洗。

2. 强制循环型蒸发器

强制循环是利用泵迫使溶液沿一定方向流动。强制循环型蒸发器如图 2-33 所示。溶液的循环速度快，传热系数高，生产强度大，但是动力消耗较大。

图 2-31　中央循环管式蒸发器
1—外壳；2—加热室；3—中央循环管；
4—蒸发室；5—除沫器

二、单程型蒸发器

在单程型蒸发器中，溶液只通过加热室一次，不进行循环。溶液在加热室中的管壁呈膜状流动，所以又称为液膜式蒸发器。

1. 升膜式蒸发器

升膜式蒸发器如图 2-34 所示。升膜式蒸发器适用于蒸发量大（较稀的溶液），热敏性及易起泡的溶液；不适用于高黏度，易结晶、结垢的溶液。

2. 降膜式蒸发器

降膜式蒸发器如图 2-35 所示。降膜式蒸发器适用于黏度大的物料。由于溶液形成均匀的液膜较难，传热系数不高，不适用于易结晶和易结垢的物料。

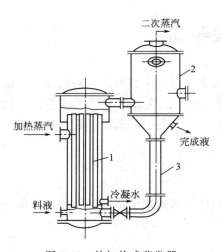

图 2-32　外加热式蒸发器

1—加热室；2—蒸发室；3—循环管

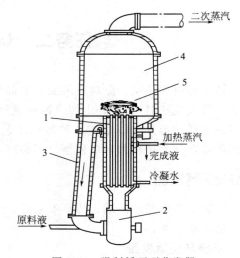

图 2-33　强制循环型蒸发器

1—加热管；2—循环泵；3—循环管；4—蒸发室；5—除沫器

3. 刮板式薄膜蒸发器

刮板式薄膜蒸发器如图 2-36 所示。由于借外力强制料液呈膜状流动，可适应高黏度，易结晶、结垢的浓溶液蒸发。但结构复杂，制造要求高，加热面不大，且需要消耗一定的动力。

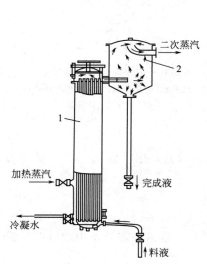

图 2-34　升膜式蒸发器

1—蒸发器；2—分离室

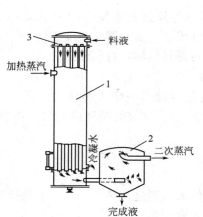

图 2-35　降膜式蒸发器

1—蒸发室；2—分离室；3—分布器

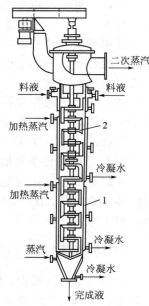

图 2-36　刮板式薄膜蒸发器

1—夹套；2—刮板

项目六　精　馏

▰▰▰ 任务一　学习精馏基本知识 ▰▰▰

一、精馏概述

化工生产过程中常常要将液体混合物进行分离，以实现产品的提纯、回收或是原料的精制。对于均相液体混合物，最常用的分离方法是精馏。

精馏就是利用混合物中各组分相对挥发度的不同（或沸点的不同）而实现混合物的分离。

二、气液相平衡

体系内部物理性质和化学性质完全均匀一致的部分称为"相"。相与相之间有明显的分界面，例如水和水蒸气混合在一起，水和其上方的水蒸气也是具有不同物理性质且有明显界面的两相，水为液相，水蒸气为气相。

气液相平衡关系是指溶液与其上方的蒸气达到平衡时，系统的总压、温度及各组分在气液两相中组成的关系。

精馏分离的物系由加热至沸腾的液相和产生的蒸汽相构成。相平衡关系既是组分在两相中分配的依据，也为确定传质推动力所必需，是精馏过程分析和设计计算的重要基础。

1. 理想溶液的汽液相平衡关系——拉乌尔定律

根据溶液中同分子间作用力与异分子间作用力的关系，溶液可分为理想溶液和非理想溶液两种。实验证明，理想溶液的汽液相平衡服从拉乌尔定律，即：

$$p_A = p_A^0 x_A \tag{2-42}$$

式中　　p_A——溶液上方组分的平衡分压，Pa；

p_A^0——平衡温度下纯组分的饱和蒸汽压，Pa；

x_A——溶液中组分的摩尔分数。

下标 A 表示易挥发组分。

2. 沸点与组成图（t-x-y）图

精馏操作通常在一定外压下进行，操作过程中溶液的沸点随组成而变。故总压一定下的沸点与组成图（t-x-y）图是分析精馏过程的基础。图 2-37 为苯-甲苯溶液的沸点与组成图。

图中以 t 为纵坐标，以液相组成 x 和气相组成 y 为横坐标。图中有两条线，上方曲线为 t-y 线，表示平衡时气相组成与温度的关系，此曲线称为气相线或饱和蒸汽线或露点线。下方曲线为 t-x 线，表示平衡时液相组成与温度的关系，此曲线称为液相线或饱和液体线或泡点线。两条曲线将 t-x-y 图分成三个区域。液相线以下的称为液相区；气相线以上的称为过热蒸汽区；液相线和气相线之间的称为气液共存区，在该区气相两相互成平衡，其平衡组成

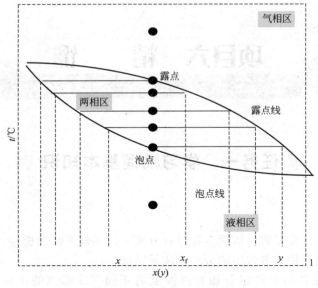

图 2-37　理想溶液的 $t\text{-}x\text{-}y$ 图

由等温线与气相线和液相线的交点来决定，两相之间量的关系则遵守杠杆规则。

此图通常是由实验测得。以苯-甲苯溶液为例，利用实验测得的数据即可绘出苯-甲苯溶液的 $t\text{-}x\text{-}y$ 图。

3. 气-液相平衡图

在上述的 $t\text{-}x\text{-}y$ 图上，找出气液两相在不同的温度时相应的平衡组成 x，y，标绘在 x，y 坐标图上，并连成光滑的曲线，就得到了 $y\text{-}x$ 图。表示了在一定的总压下，气相的组成 y 和与之平衡的液相组成 x 之间的关系。图 2-38 为苯-甲苯溶液 $y\text{-}x$ 图。

4. 相对挥发度

溶液的气、液相平衡关系除了用相图表示外，还可以用相对挥发度来表示。

（1）挥发度　挥发度是表示某种液体容易挥发的程度。对于纯组分通常用它的饱和蒸汽压来表示。

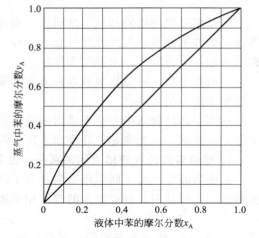

图 2-38　苯-甲苯溶液 $y\text{-}x$ 图

组分 A 的挥发度：

$$\nu_{A}=\frac{p_{A}}{x_{A}} \tag{2-43}$$

组分 B 的挥发度：

$$\nu_{B}=\frac{P_{B}}{x_{B}} \tag{2-44}$$

式中　ν_{A}、ν_{B}——组分 A、B 的挥发度。

（2）相对挥发度　溶液中两组分的挥发度之比称为相对挥发度。用 α 表示，通常为易挥发组分的挥发度与难挥发组分的挥发度之比。

$$\alpha=\frac{\nu_{A}}{\nu_{B}}=\frac{p_{A}x_{B}}{p_{B}x_{A}} \tag{2-45}$$

对于二组分的理想溶液，则：
$$\alpha = \frac{p_A^0}{p_B^0}$$

将上式整理得：

$$y = \frac{\alpha x}{1+(\alpha-1)x} \qquad (2\text{-}46)$$

式（2-46）为用相对挥发度来表示的气液相平衡关系式。

■■■ 任务二　学习精馏原理和流程 ■■■

一、精馏原理

由汽液平衡关系可知，液体混合物一次部分汽化或混合物的蒸气一次部分冷凝，都能使混合物得到部分分离，但不能使混合物完全分离。要使混合物得到完全的分离，必须进行多次部分汽化和部分冷凝的过程。若将第一级溶液部分汽化所得到的气相产品在冷凝器中加以冷凝，然后再将冷凝液在第二级中部分汽化，这样部分汽化的次数越多，所得到的蒸汽浓度也越高，最后可得到纯的或比较纯的易挥发组分。若将从各分离器所得到的液相产品分别进行多次部分汽化和分离，这种次数越多，得到的液相浓度也越低，最后可得到纯的或比较纯的难挥发组分。即精馏是将由挥发度不同的组分所组成的混合液，在精馏塔中同时进行多次部分汽化和部分冷凝操作，使其分离成纯的或比较纯的组分的过程。

同时进行部分汽化和部分冷凝操作是混合物得以分离的必要条件。

二、精馏装置及流程

精馏装置主要由精馏塔、塔顶冷凝器、塔底再沸器构成，有时还配有原料预热器、回流液泵、产品冷却器等装置。精馏塔是精馏装置的核心，塔板的作用是提供汽-液接触进行传热传质的场所。原料液进入的那层塔板称为加料板，加料板以上部分称为精馏段，加料板以下的部分（包括加料板）称为提馏段。精馏段的作用是自下而上逐步增浓气相中的易挥发组分，以提高产品中易挥发组分的浓度；提馏段的作用是自上而下逐步增浓液相中的难挥发组分，以提高塔釜产品中难挥发组分的浓度。再沸器的作用是提供一定流量的上升蒸汽流。冷凝器的作用是冷凝塔顶蒸汽，提供塔顶液相产品和回流液。回流液不但是使蒸汽部分冷凝的冷却剂，而且还起到给塔板上液相补充易挥发组分的作用，使塔板上液相组成保持不变。按进料是否连续，精馏操作流程可分为连续精馏的流程和间歇精馏的流程。

连续精馏的流程如图 2-39 所示。原料液通过泵（图中未画出）送入精馏塔。在加料板上原料液和精馏段下降的回流液汇合，逐板溢流下降，最后流入再沸器中。操作时，连续的从再沸器中取出部分液体作为塔底产品（釜残液），部分液体汽化，产生上升蒸汽依次通

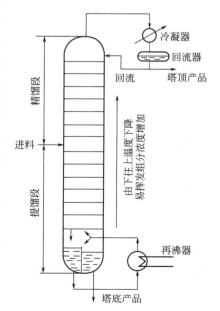

图 2-39　连续精馏流程

过各层塔板，最后在塔顶冷凝器中被全部冷凝。部分冷凝液利用重力作用或通过回流液泵流入塔内，其余部分经冷却器冷却后作为塔顶产品（馏出液）。间歇精馏的流程与连续精馏的类同，区别在于原料液一次性加入，进料位置移至塔釜上部。

■■■ 任务三　双组分连续精馏计算 ■■■

一、全塔物料衡算

1. 恒摩尔流假定

精馏计算过程较为复杂，为了简化计算，提出以下假设：在精馏塔内，无中间加料或出料的情况下，每层塔板的上升蒸汽摩尔流量相等（恒摩尔气流），下降液体的摩尔流量也相等（恒摩尔液流）。

① 精馏段内每块塔板上升蒸汽量都相等，为 V kmol/h 或 kmol/s。

提馏段内每块塔板上升蒸汽量都相等，为 V' kmol/h 或 kmol/s。

即：
$$V_1 = V_2 = \cdots = V_n = V$$
$$V_1' = V_2' = \cdots = V_n' = V'$$

式中　V——精馏段的上升蒸汽量，kmol/h；

V'——提精馏段的上升蒸汽量，kmol/h。

注：V 不一定等于 V'

② 精馏段内每块塔板下降液体量都相等，为 L kmol/h 或 kmol/s。

提馏段内每块塔板下降液体量都相等，为 L' kmol/h 或 kmol/s。

即：
$$L_1 = L_2 = \cdots = L_n = L \tag{2-47}$$
$$L_1' = L_2' = \cdots = L_n' = L' \tag{2-48}$$

式中　L——精馏段的回流液体量，kmol/h；

L'——提馏段的回流液体量，kmol/h。

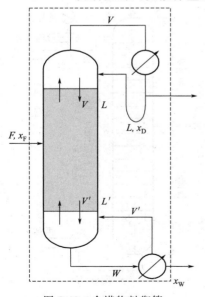

图 2-40　全塔物料衡算

注：L 不一定等于 L'。

在精馏塔塔板上汽-液两相接触时，假若有 1kmol 蒸汽冷凝，同时相应有 1kmol 的液体气化。这样恒摩尔流动的假设才能成立。一般对于物系中各组分化学性质类似的液体，虽然其千克汽化潜热不等，但千摩尔汽化潜热皆大致相同。千摩尔汽化潜热相同，同时塔保温良好，热损失可忽略不计的情况下，可视为恒摩尔流动。以后介绍的精馏计算是以恒摩尔流动为前提的。

2. 全塔的物料衡算

通过全塔物料衡算，可以求出馏出液和釜残液流量、组成及进料流量、组成之间的关系。如图 2-40 对连续精馏装置作全塔物料衡算。由于是连续稳定操作，故进料流量必等于出料流量。则：

总物料　　　　$F = D + W \tag{2-49}$

易挥发组分　$F x_F = D x_D + W x_W \tag{2-50}$

式中 F——原料液流量，kmol/h；

$\quad\quad D$——塔顶产品（馏出液），kmol/h；

$\quad\quad W$——塔底产品（釜残液），kmol/h；

$\quad\quad x_F$——原料中易挥发组分的摩尔分数；

$\quad\quad x_D$——馏出液中易挥发组分的摩尔分数；

$\quad\quad x_W$——釜残液中易挥发组分的摩尔分数。

全塔物料衡算式关联了六个量之间的关系，若已知其中四个，联立上式就可求出另外两个未知数。使用时注意单位一定要统一、对应。

二、操作线方程

1. 精馏段操作线方程

如图 2-41 对精馏段进行物料衡算。

由质量守恒定律得：
$$V = L + D$$

对易挥发组分衡算：
$$V y_{n+1} = L x_n + D x_D$$

将上式整理得到：
$$y_{n+1} = \frac{L}{L+D} x_n + \frac{D}{L+D} x_D$$

或
$$y_{n+1} = \frac{R}{R+1} x_n + \frac{1}{R+1} x_D \tag{2-51}$$

其中：$R = L/D$ 称为回流比，表示塔顶回流液体与馏出液的量之比。

式(2-51) 为精馏段操作线方程。表示了在精馏塔的精馏段内，下一块塔板的气相组成与上一块塔板的液相组成之间的操作线关系。

2. 提馏段操作线方程

同理对提馏段物料衡算（如图 2-42）可得：
$$L' = V' + W'$$
$$L' x_m = V' y_{m+1} + W' x_W$$
$$y_{m+1} = \frac{L'}{L'-W} x'_m - \frac{W}{L'-W} x_W \tag{2-52}$$

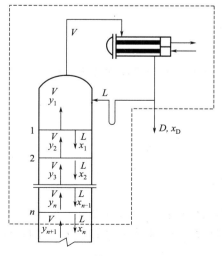

图 2-41 精馏段物料衡算

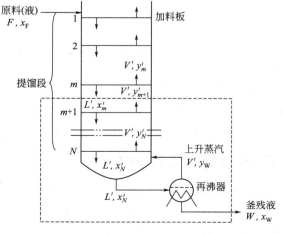

图 2-42 提馏段物料衡算

式(2-52)称为提馏段操作线方程。提馏段操作线方程的物理意义：在一定的操作条件下，提馏段内任意 m 块塔板下降的液相组成与其相邻的下一层塔板上升的蒸汽组成之间的关系。

3. 操作线方程在相图上的表示

精馏段和提馏段的操作线方程式在 y-x 图上均为直线。根据已知条件分别求出斜率和截距，便可绘出这两条操作线。

（1）精馏段操作线　方程式为：

$$y = \frac{R}{R+1}x + \frac{1}{R+1}x_D$$

对角线方程为：$y = x$

则精馏段操作线与对角线的交点为：（x_D，x_D），如图 2-43 所示 a 点，再算出精馏段操作线的截距 $x_D/(R+1)$，定出 b 点，联结 ab 两点，即得精馏段的操作线方程。

（2）提馏段操作线　方程式为：

$$y = \frac{L'}{L'-W}x - \frac{Wx_W}{L'-W}$$

对角线方程为：$y = x$

则提馏段操作线与对角线的交点为：（x_W，x_W），如图 2-43 所示 c 点，再找到提馏段操作线的截距 $\dfrac{Wx_W}{L'-W}$，定出 e 点，连接 ce 两点，即得提馏段操作线方程。

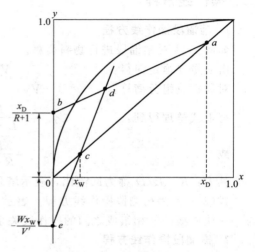

图 2-43　操作线

4. 进料状况

实际生产中，入塔原料根据 q 值的大小将进料分为五种情况。

① $q=1$，泡点液体进料。

② $q=0$，饱和蒸汽进料。

③ $0<q<1$，汽液混合进料。

④ $q>1$，冷液进料。

⑤ $q<0$，过热蒸汽进料。

由于进料板连接着精馏段和提馏段，将精馏段操作线方程与提馏段操作线方程联合即可得到 q 线方程：

$$y = \frac{q}{q-1}x - \frac{x_F}{q-1} \tag{2-53}$$

图 2-44 为不同加料状态下的 q 线。

三、理论塔板数的求取

利用汽液两相的平衡关系和操作关系可求出所需的理论板数，利用前者可以求得塔板上汽液平衡组成，而通过后者可求得相邻塔板上的液相或汽相组成。通常采用的方法有逐板计算法和图解法，下面主要介绍图解法。

塔顶上升蒸汽的组成 y_1 与馏出液的组成 x_D 相同，从而确定了点 a（x_D，x_D），在精馏

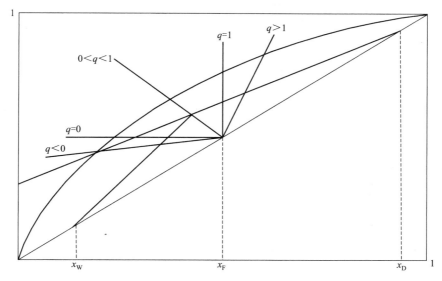

图 2-44 不同加料状态下的 q 线

段的操作线上，由理论板的概念，则第一板上的蒸汽组成 y_1 应与第一块板上的液体组成 x_1 成平衡。由点 a 水平线与平衡线的交点为 (x_1, y_1)，而由 (x_1, y_2) 所确定的点应在操作线方程上，即过点 (x_1, y_1) 作垂线与操作线相交的点为 (x_1, y_2)，即成了一个三角形梯级。在绘三角形梯级时，使用了一次平衡关系和一次操作线关系，而逐板法求理论塔板数时，每跨过一块塔板时，都使用了一次平衡关系和一次操作线关系，因此我们可以说每绘一个三角形梯级即代表了一块理论板。

所绘的三角形梯级数即为所求的理论塔板数（包括塔釜），如图 2-45 所示。

适宜的加料位置：在图解理论塔板数时，当跨过两操作线交点时，更换操作线。而跨过两操作线交点时的梯级即代表适宜的加料位置。

四、回流比

回流是保证精馏塔连续稳定操作的必要条件。回流液的多少对整个精馏塔的操作有很大影响，因而选择适宜的回流比是非常重要的。回流比有两个极限值，上限为全回流（即回流比为无穷大），下限为最小回流比，实际回流比为介于两极限值之间的某一适宜值。

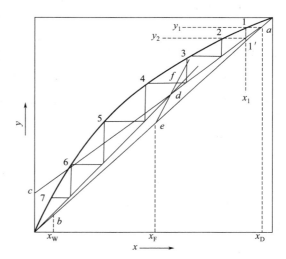

图 2-45 图解法求理论塔板数

1. 全回流

若塔顶蒸汽经冷凝后，全部回流至塔内，这种方式称为"全回流"。此时回流比是回流比的最大值。在全回流操作下，塔顶产品量 D 为零，进料量 F 和塔底产品量 W 也均为零，即不向塔内进料，也不从塔内取出产品。因而精馏塔无精馏段和提馏段之分了。

精馏段操作线对角线重合，在操作线与平衡线间绘直角梯级，其跨度最大，所需的理论板数最少。

2. 最小回流比

对于一定的分离任务，若减小回流比，精馏段的斜率变小，两操作线的交点沿 q 线向平衡线趋近，表示汽-液相的传质推动力减小，达到指定的分离程度所需的理论板数增多。当回流比减小到某一数值时，两操作线的交点 d 落在平衡曲线上，在平衡线和操作线间绘梯级，需要无穷多的梯级才能达到 d 点，这是一种不可能达到的极限情况，相应的回流比称为最小回流比。

3. 适宜回流比

实际的回流比一定要大于最小回流比；而适宜回流比需按实际情况，全面考虑到设备费用（塔高、塔径、再沸器和冷凝器的传热面积等）和操作费用（热量和冷却器的消耗等），应通过经济核算来确定，使操作费用和设备费用之和为最低。

在精馏塔设计中，通常根据经验取最小回流比的一定倍数作为操作回流比。近年来一般都推荐取最小回流比的 1.1～2 倍，即 $R = (1.1 \sim 2)R_{min}$。

任务四　认识板式塔

一、概述

板式塔的塔内沿塔高装有若干层塔板，相邻两板有一定的间隔距离，塔内气液两相在塔板上互相接触，进行传热和传质。

板式塔的核心部件是塔板。塔板主要由以下几部分组成：汽相通道、溢流堰、降液管。

二、板式塔的类型

根据塔板上汽相通道的形式不同，可分为泡罩塔、筛板塔、浮阀塔、舌形塔、浮动舌形塔和浮动喷射塔等多种。目前从国内外实际使用情况看，主要的塔板类型为浮阀塔、筛板塔及泡罩塔，前两种使用尤为广泛，因此只对泡罩塔、筛板塔、浮阀塔作一般介绍。

1. 泡罩塔板

泡罩塔板是最早在工业上广泛应用的塔板，如图 2-46 所示。塔板上开有许多圆孔，每孔焊有一个圆短管，称为升气管，管上再罩一个"罩"称为泡罩。升气管顶部高于液面，以防止液体从中漏下，泡罩底缘有很多齿缝浸入在板上液层中。操作时，液体通过降液管下流，并由于溢流堰保持一定的液层。气体则沿升气管上升，折流向下通过升气管与泡罩间的环形通道，最后被齿缝分散成小股气流进入液层中，气体鼓泡通过液层形成激烈的搅拌进行传热、传质。

泡罩塔具有操作稳定可靠、液体不易泄漏、操作弹性大等优点，所以长时间被使用。但随着工业发展需要，对塔板提出了更高的要求。实践证明泡罩塔板有许多缺点，如结构复杂、造价高、气体通道曲折，造成塔板压降大、气体分布不均匀效率较低等。由于这些缺点，使泡罩塔的应用范围逐渐缩小。

2. 筛板塔板

筛板塔板也是较早出现的一种板型，由于当时对其性能认识不足，使用受到限制，直至

20 世纪 50 年代初，随着工业发展的需要，开始对筛板塔的性能设计等作了较为充分的研究。当前筛板塔的应用日益广泛。

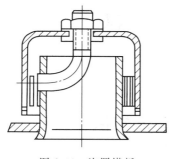

图 2-46　泡罩塔板

图 2-47　筛板塔

筛板塔的结构较为简单，其结构如图 2-47 所示。塔板上设置降液管及溢流堰，并均匀地钻有若干小孔，称为筛孔。正常操作时，液体沿降液管流入塔板上并由于溢流堰而形成一定深度的液层，气体经筛孔分散成小股气流，鼓泡通过液层，造成气液两相的密切接触。

筛板塔突出的优点是结构简单，造价低。但其缺点是操作弹性小，必须维持较为恒定的操作条件。

3. 浮阀塔板

浮阀塔板是 20 世纪 50 年代开始使用的一种塔板，它综合了上述两种塔板的优点，即取消了泡罩塔板上的升气管和泡罩，改为在板上开孔，孔的上方安置可以上下浮动的阀片称为浮阀，其结构如图 2-48 所示。浮阀可根据气体流量大小上下浮动，自行调节，使气缝速度稳定在某一数值。这一改进使浮阀塔在操作弹性、塔板效率、压降、生产能力以及设备造价等方面比泡罩塔优越。但在处理黏度大的物料方面，还不及泡罩塔可靠。

浮阀有三条"腿"，插入阀孔后将各腿脚板转 90°角，用以限制操作时阀片在塔板上张开的最大开度，阀片周边冲有三片略向下弯的定距片，使阀片处于静止位置时仍与塔板间留有一定的间隙。这样，避免了气量较小时阀片启闭不稳的脉动现象，同时由于阀片与塔板板面是点接触，可以防止阀片与塔板的黏结。

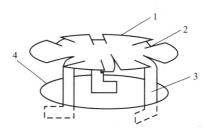

图 2-48　浮阀塔板
1—浮阀片；2—凸缘；3—浮阀"腿"；
4—塔板上的孔

项目七 吸 收

▦▦ 任务一 学习吸收基本知识 ▦▦

一、吸收的概念

为了分离混合气体中的各组分，通常将混合气体与选择的某种液体相接触，气体中的一种或几种组分溶解于液体形成溶液，不能溶解的组分则保留在气相中，从而实现了气体混合物分离。如用洗油和焦炉煤气相接触，焦炉煤气中苯溶于洗油形成溶液，将苯分离出。这种利用各组分溶解度不同而分离气体混合物的操作称为吸收。被溶解的组分称为溶质或吸收质，含有溶质的气体称为富气，不被溶解的气体称为惰性气体。

化工生产中常将吸收质从吸收液中分离出，循环使用吸收液。这种使溶质从溶液中脱除的过程为解吸。

二、吸收的应用

吸收为化学工业中广泛应用的化工单元操作之一，主要用途如下。

① 净化或精制气体。如用甲醇脱除合成气中的二氧化碳。

② 制取某种气体的液态产品。如用水吸收甲醛气体制取福尔马林溶液。

③ 回收混合气体中所需的组分。如用洗油处理焦炉气以回收芳烃。

④ 除去气体中的有害组分。如脱除工业废气中的 SO_2、H_2S 等有害气体。

三、溶解度

在恒定的压力和温度下，气液两相接触时，混合气中的溶质便向液相转移，而溶于液相内的溶质又会从溶剂中逸出返回气相，充分接触后溶质在气液两相中的浓度达到饱和，此时气液两相达到了动态平衡。平衡时溶质在气相中的分压称为平衡分压；溶质在液相中的浓度称为溶解度。气体在液体中的溶解度可通过实验测定，由实验结果绘成的曲线称为溶解度曲线。某些气体在液体中的溶解度曲线可从有关书籍、手册中查得。

一般情况下气体的溶解度随着温度的升高而减小，随着压力的升高而增加。因此提高压力、降低温度有利于溶质吸收；降低压力、提高温度有利于溶质解吸。

四、亨利定律

当总压不超过 $506.5kPa$，在一定温度下，稀溶液上方气体溶质的平衡分压与溶质在液相中的摩尔分数成正比，即亨利定律：

$$p^* = Ex \qquad (2\text{-}54)$$

式中　p^*——溶质在气相中的平衡分压，kPa；

E——亨利系数，kPa；

x——溶质在液相中的摩尔分数。

同一溶剂中，难溶气体的 E 值很大，易溶气体的 E 值则很小。

如果气液相组成分别用溶质 A 的摩尔比 Y 和 X 表示，则：

$$Y^* = \frac{mX}{1+(1-m)X} \tag{2-55}$$

式中 X——溶质在液相中的摩尔比浓度；

Y^*——与 X 呈平衡的气相中溶质的摩尔比浓度。

将 Y^* 与 X 的关系绘制在 Y^*-X 图上，得到的曲线称为吸收平衡曲线，如图 2-49 所示。

当浓度很低时，亨利定律表示为：

$$Y^* = mX \tag{2-56}$$

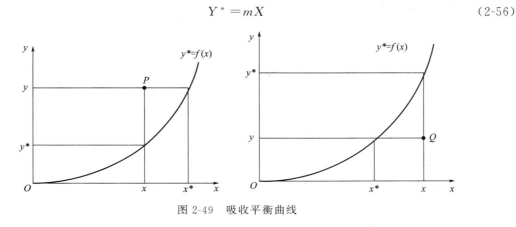

图 2-49 吸收平衡曲线

若系统液、气相浓度 $(x，y)$ 在平衡线上方 P 点，则发生吸收过程。吸收过程的推动力为：$y-y^*$ 或 x^*-x。

若系统液、气相浓度 $(x，y)$ 在平衡线下方 Q 点，发生解吸过程。

任务二 学习吸收原理及流程

一、双膜理论

吸收过程的机理，曾提出各种不同的理论。目前应用广泛的是 20 世纪 20 年代提出的双膜理论。双膜理论的模型如图 2-50 所示。

双膜理论要点如下。

① 气液两相接触处为相界面，其两侧各有一层稳定的气膜和液膜，吸收质以分子扩散方式通过这两个膜层。

② 在液膜和气膜以外的两相主流区由于流体湍动剧烈，传质速率高，溶质的浓度基本均匀，传质阻力可以忽略不计，即传质阻力主要集中在两个膜层内。

③ 相界面没有传质阻力，即溶质在相界面处的浓度处于气液相平衡状态。

对于具有稳定相界面的系统以及流动速度不高的两流体间的传质，双膜理论与实际情况是相当符合的，根据这一理论的基本概念所确定的吸收过程的传质速率关系，至今仍是吸收设备设计的主要依据，这一理论对生产实际具有重要的指导意义。

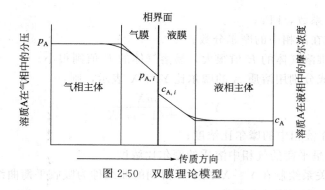

图 2-50　双膜理论模型

二、溶解度对吸收的影响

气体溶解度对吸收的影响较大，大致可以分为以下三种情况。

① 对于难溶气体，吸收过程阻力的绝大部分存在于液膜之中，气膜阻力可以忽略，这种吸收称为液膜控制吸收。例如：用水吸收氧气、二氧化碳等过程。

② 对于易溶气体，吸收过程阻力的绝大部分存在于气膜之中，液膜阻力可以忽略，这种吸收称为气膜控制吸收。例如：用水吸收氨或氯化氢等过程。

③ 对于具有中等溶解度的气体吸收过程，气膜阻力与液膜阻力均不可忽略。

三、吸收流程

工业吸收过程一般包括吸收和解吸两个部分。解吸可以得到较纯净的吸收质气体，并实现吸收剂的循环使用。

图 2-51 为洗油吸收煤气中苯的流程图。含苯煤气从吸收塔（洗苯塔）底送入，冷却后的循环吸收油从吸收塔顶部向下喷洒，含苯煤气与吸收油在填料塔内逆向接触，苯溶于吸收油形成富油从塔底排出，脱苯后的煤气从吸收塔顶排出。塔底排出的富油用泵送至换热器与解吸塔（脱苯塔）底排出的热贫油换热后进入解吸塔顶。解吸塔底通入过热蒸汽，脱苯塔顶逸出的粗苯蒸气进入冷却器，形成的冷凝液在油水分离器中分离出水粗苯和水。塔底的贫油经过换热冷却后循环使用，必要时可补充新鲜的吸收油。

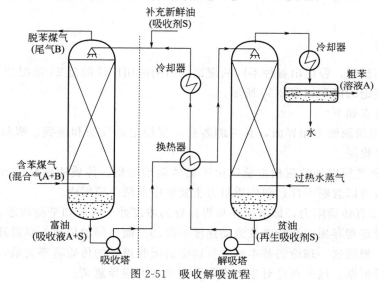

图 2-51　吸收解吸流程

任务三 吸收计算

一、相组成计算

混合物中各组分的组成有多种表示方法，下面介绍在吸收过程常用的摩尔分数和摩尔比。

1. 摩尔分数

摩尔分数是混合物某组分 i 的物质的量 n_i 与混合物物质的量 n 之比，对液体混合物用 x_i，气体混合物用 y_i 表示，即：

$$x_i(y_i) = \frac{n_i}{n} \tag{2-57}$$

对气体来说：体积分数＝摩尔分数＝压力分数。

2. 摩尔比

摩尔比是混合物中两组分的物质的量之比，液体混合物用 X 表示，气体混合物用 Y 表示。若双组分混合物中 A 组分的物质的量为 n_A，B 组分的物质的量为 n_B，则组分 A 对 B 的摩尔比为：

$$X = \frac{n_A}{n_B} = \frac{x_A}{x_B} = \frac{x_A}{1 - x_A} \tag{2-58}$$

$$Y = \frac{n_A}{n_B} = \frac{y_A}{y_B} = \frac{y_A}{1 - y_A} \tag{2-59}$$

二、全塔物料衡算

吸收过程一般采用逆流操作，如图 2-52 所示。

图 2-52 中　V——单位时间通过吸收塔的惰性气体量，kmol/h；

　　　　　L——单位时间通过吸收塔的吸收剂量，kmol/h；

　　Y_1、Y_2——进塔和出塔气体中溶质摩尔比；

　　X_1、X_2——出塔和进塔液体中溶质摩尔比。

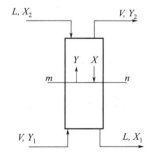

图 2-52　物料衡算示意图

对全塔进行物料衡算：在无物料损失时，单位时间进塔物料中溶质 A 的量等于出塔物料中 A 的量，或气相中溶质 A 减少的量等于液相中溶质增加的量，即：$VY_1 + LX_2 = VY_2 + LX_1$。

整理为：　　　　$V(Y_1 - Y_2) = L(X_1 - X_2)$ (2-60)

吸收率 η：混合气体中溶质 A 被吸收的百分率，即：

$$\eta = \frac{VY_1 - VY_2}{VY_1} = \frac{Y_1 - Y_2}{Y_1} = 1 - \frac{Y_2}{Y_1} \tag{2-61}$$

三、操作线方程和操作线

在塔内任取一截面 mn 与塔底进行物料衡算，得操作线方程：

$$Y = \frac{L}{V}X + \left(Y_1 - \frac{L}{V}X_1\right) \tag{2-62}$$

绘制在 Y-X 图上为一条直线，如图 2-53 中直线 AB。该直线斜率是 L/V，通过塔底组

成 B（X_1，Y_1）及塔顶组成 A（X_2，Y_2）两点。

操作线与平衡线之间的距离决定吸收操作推动力的大小，操作线离平衡线越远，推动力越大。

四、液气比

液气比是吸收剂与惰性气体的摩尔流量之比，即 L/V，为吸收操作线 AB 的斜率。

五、最小液气比

当吸收剂用量增大，则操作线向远离平衡线方向偏移，如图 2-54 中 AB_1 线所示，此时操作线与平衡线间的距离增大，即各截面上吸收推动力增大。若减少吸收剂用量，操作线斜率减小，向平衡线靠近，溶液变浓，推动力减小，吸收困难，气液接触面积必须增大，塔高增大。若吸收剂用量减少到使操作线与平衡线相交（C 点），此处气液相浓度（Y，X^*）相平衡，溶液的浓度最大，推动力为零，所需吸收塔无限高，这时所需的吸收剂用量称为最小吸收剂用量 L_{min}，相应的液气比称为最小液气比，用 $(L/V)_{min}$ 表示，即直线 AC 的斜率。

用图解法求最小液气比：

$$\left(\frac{L}{V}\right)_{min}=\frac{Y_1-Y_2}{X_1^*-X_2} \tag{2-63}$$

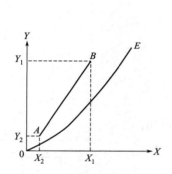

图 2-53　吸收操作线和平衡线

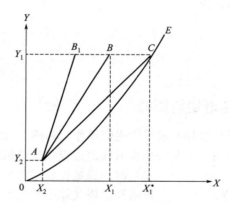

图 2-54　最小液气比的求取

六、适宜的液气比

实际吸收剂用量的大小要从操作费用和设备费用进行权衡，使得总操作费用最小，适宜的液气比一般取最小液气比的 1.2～2 倍。

▪▪▪ 任务四　认识填料塔 ▪▪▪

一、填料塔

填料塔（如图 2-55）的塔身是一立式圆筒，底部装有填料支承板，填料以乱堆或规整的方式放置在支承板上。填料的上方安装填料压板，以防被上升气流吹动。液体从塔顶经液体分布器喷淋到填料上，并沿填料表面流下。气体从塔底送入，经气体分布装置（小直径塔一般不设气体分布装置）分布后，与液体呈逆流连续通过填料层的空隙。

当填料层较高时，需要进行分段，段间设置再分布装置。液体再分布装置包括液体收集器和液体再分布器两部分，上层填料流下的液体经液体收集器收集后，送到液体再分布器，经重新分布后喷淋到下层填料上。

二、填料

填料的类型很多，根据在填料塔内的堆放方式可以分为乱堆填料和规整填料；根据填料的制造材料可以分为金属、陶瓷、塑料等填料；根据形状可分为环形、鞍形和波纹形填料。环形填料主要有拉西环、鲍尔环、阶梯环（如图 2-56）。鞍型填料主要有弧鞍与矩鞍（如图 2-57），金属鞍环填料（如图 2-58）。波纹填料主要有板形波纹和网状波纹（如图 2-59）。

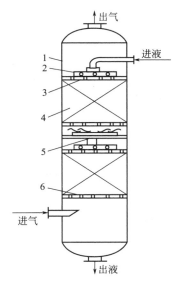

图 2-55 填料塔的结构示意图
1—塔壳体；2—液体分布器；3—填料压板；
4—填料；5—液体再分布器；6—填料支撑装置

(a)　　　　　　(b)　　　　　　(c)

图 2-56 环状填料

(a) 弧鞍填料　　　(b) 矩鞍填料

图 2-57 鞍状填料

图 2-58 金属鞍环填料

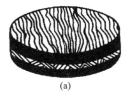 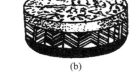

(a)　　　　　　　(b)

图 2-59 波纹填料

项目八 干 燥

▪▪▪ 任务一 学习干燥基本原理 ▪▪▪

一、去湿的方法

在化学工业生产中所得到的固态产品或半成品往往含有过多的水分或有机溶剂（湿分），要制得合格的产品需要除去固体物料中多余的湿分。去湿的方法主要有：机械去湿（抽吸、过滤和离心分离）和热能去湿。

热能去湿即利用热能加热物料，使物料中的湿分蒸发而除去，通常称为干燥。

化工生产中一般先采用机械方法把固体所含的绝大部分湿分除去，然后再通过加热把机械方法无法脱除的湿分干燥掉，以降低除湿的成本。

二、干燥过程的分类

根据加热方法可分为传导干燥、对流干燥、辐射干燥和介电干燥。传导干燥热能利用率较高，但物料易过热变质；辐射干燥速度快，效率高、能耗少；介电干燥效果好，但费用高。化工生产中最常用的是对流干燥。

三、对流干燥过程

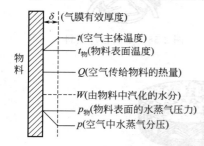

图 2-60 对流干燥的传质和传热过程

化工生产中对流干燥过程通常使用空气作为干燥介质，除去的是湿物料中的水分。温度为 t、湿分分压为 p 的湿空气经过预热后从湿物料的表面通过，热能从物料表面传至物料内部。物料内部的水分汽化后扩散到物料表面，通过气膜再扩散到热气流的主体。因此干燥是一个传热和传质相结合的过程，如图 2-60 所示。

干燥过程进行的必要条件：①物料表面水汽压力大于干燥介质中水汽分压；②干燥介质要将汽化的水分及时带走。

▪▪▪ 任务二 计算湿空气参数 ▪▪▪

湿空气是指绝干空气与水蒸气的混合物。在干燥过程中，随着湿物料中水分的汽化，湿空气中水分含量不断增加，但绝干空气的质量保持不变。因此，湿空气性质一般都以 1kg 绝干空气为基准。操作压强不太高时，空气可视为理想气体。

一、绝对湿度（湿度）

湿空气中水气的质量与绝干空气的质量之比。湿分蒸汽和绝干空气的摩尔数为 $n_水$，$n_气$，摩尔质量分别为 $M_水 = 18 \text{kg/kmol}$，$M_气 = 28.96 \text{kg/kmol}$。

$$H = \frac{m_水}{m_气} = \frac{M_水 \, n_水}{M_气 \, n_气} = \frac{18 p_水}{28.96(p - p_水)} = 0.622 \frac{p_水}{p - p_水} \tag{2-64}$$

式中　$p_水$——湿空气中水分分压，Pa；

　　　p——总压，Pa。

当湿空气中水蒸气含量达到饱和状态时，湿空气的湿度为饱和湿度 $H_饱$：

$$H_饱 = 0.622 \frac{p_饱}{p - p_饱} \tag{2-65}$$

式中　$H_饱$——湿空气的饱和湿度；

　　　$p_饱$——湿空气温度下纯水的饱和蒸汽压，Pa。

二、相对湿度

相对湿度是在总压和温度一定时，湿空气中水汽的分压 $p_水$ 与系统温度下水的饱和蒸汽压 $p_饱$ 之比的百分数。

$$\varphi = \frac{p_水}{p_饱} \times 100\% \tag{2-66}$$

φ 值说明湿空气偏离饱和空气或绝干空气的程度，φ 值越小吸湿能力越大。

$\varphi = 0$，表示湿空气中不含水分，吸湿能力最大。

$\varphi = 100\%$，空气达到饱和，无吸湿能力。

水的 $p_饱$ 随温度的升高而增大，对于具有一定水蒸气分压的湿空气，相对湿度随温度的升高而下降。因此，干燥操作过程中通常会将湿空气预热后再送入干燥器，以提高湿空气的吸湿能力。

将式（2-66）代入式（2-65）得到：

$$H_饱 = 0.622 \frac{\varphi p_饱}{p - \varphi p_饱} \tag{2-67}$$

三、干球温度

普通温度计在湿空气中测得的温度为干球温度 t，是湿空气的真实温度，单位℃ 或 K。

四、湿球温度

如图 2-61 所示，用水润湿纱布包裹温度计的感湿球，即成为一湿球温度计。将它置于一定温度和湿度的流动的空气中，达到稳态时所测得的温度称为空气的湿球温度 t_w。

五、绝热饱和温度

图 2-62 为一绝热饱和器。不饱和空气在与外界绝热的条件下和大量的水接触，若时间足够长，使传热、传质趋于平衡，则最终空气被水蒸气所饱和，空气与水温度相等，即为该空气的绝热饱和温度 t_{as}。对于空气-水蒸气系统，湿球温度与绝热饱和温度在数值上近似相等。

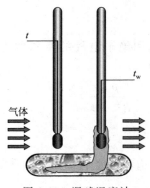

图 2-61 湿球温度计

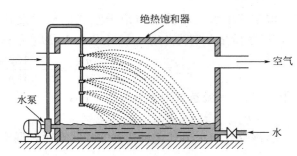

图 2-62 绝热饱和器

六、露点

不饱和空气等湿冷却到饱和状态时的温度为露点 t_d，相应的湿度为饱和湿度 $H_{s,td}$。处于露点温度的湿空气的相对湿度 $\varphi = 1$，湿空气中水汽分压等于露点温度下水的饱和蒸气压。

从以上讨论可以看出以下几点。

对于不饱和湿空气：$t > t_w(t_{as}) > t_d$

对于饱和湿空气：$t = t_w(t_{as}) = t_d$

湿空气的状态参数可以通过计算得出，也可以已知空气的两个参数，通过查空气的湿度-焓图，温度-湿度图等得出其他的参数。在实际应用中可以从有关资料中查取。

■■ 任务三 计算含湿量 ■■

一、水分的性质

固体物料的平衡含水量曲线如图 2-63 所示。

1. 平衡水分与自由水分

一定干燥条件下，按能否除去，物料中的水分可为平衡水分与自由水分。

平衡水分：在一定干燥条件下，低于平衡含水量 X^* 的水分，物料中不能除去的那部分水分。平衡水分的量与空气的性质有关，相对湿度越大，温度越低平衡水分数值越大。

自由水分：高于平衡含水量 X^* 的水分，是可除去水分。

2. 结合水分与非结合水分

根据物料和水分的结合状态分为：结合水分、非结合水分。

结合水分：借化学力或物理化学力与固体物料相结合的水分称为结合水分。结合力强，其蒸汽压低于同温度下纯水的饱和蒸汽压，除去较困难。

非结合水分：物料表面的吸附水分以及与物料机械形式结合附着在物料表面的水，结合力较弱，

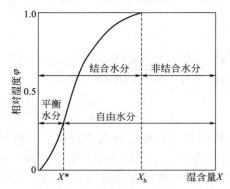

图 2-63 固体物料的平衡含水量曲线

容易除去。

二、含湿量计算

1. 湿基含水量

湿物料中所含水分的质量分率称为湿物料的湿基含水量 w。

$$w = \frac{水分质量}{物料总质量} \times 100\% \tag{2-68}$$

2. 干基含水量

湿物料中的水分与绝干物料的质量比。

$$X = \frac{水分质量}{纯干物料总质量} \tag{2-69}$$

湿基含水量和干基含水量的换算关系：

$$X = \frac{w}{1-w} \tag{2-70}$$

$$w = \frac{X}{1+X} \tag{2-71}$$

工业生产中，物料湿含量通常以湿基含水量表示，但由于物料的总质量在干燥过程中不断减少，而绝干物料的质量不变，故在干燥计算中以干基含水量表示较为方便。

干燥速率的大小，和空气的性质，物料本身的结构、形状和大小等有关。

▓▓ 任务四　认识干燥器 ▓▓

干燥器是实现物料干燥过程的机械设备。由于物料的多样性以及对干燥产品的要求不同，干燥器的形式也很多。下面介绍常用的几种。

一、厢式干燥器（盘式干燥器）

厢式干燥器为间歇式常压干燥设备（如图 2-64），厢式干燥器容易制造，对各种物料的适应性强，但物料得不到分散，气固两相接触不好，干燥时间较长。因此常用于实验室和产量不大的物料干燥。

二、沸腾床干燥器（流化床干燥器）

如图 2-65 所示，热空气穿过流化床底部的多孔气体分布板进入，从加料口加入的颗粒物料悬浮在上升的气流中形成沸腾状流化床。干燥产品经床侧出料管卸出，废气由引风机从床层顶部抽出排空，用旋风分离器分离所夹带的少量细微粉。

多层流化床干燥器可以解决物料在单层流化床中停留的时间不均匀的问题。

流化床干燥器结构简单，造价较低，气固分离比较容易，传热传质速率快，物料停留时间可以任意调节，常用于粉粒状物料的干燥。

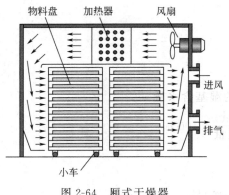

图 2-64　厢式干燥器

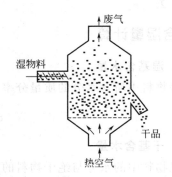

图 2-65　单层圆筒流化床干燥器

三、气流干燥器

气流干燥器（如图 2-66）的主体是气流干燥管，湿物料和高速的热气体由管的底部加入，物料受到气流的冲击呈悬浮状态，在向上运动的过程中被干燥。气流干燥器的优点是生产强度高、热能利用好、干燥时间短、设备简单、操作方便。缺点是流体阻力大、物料对器壁的磨损较大、细粉物料收尘比较困难。

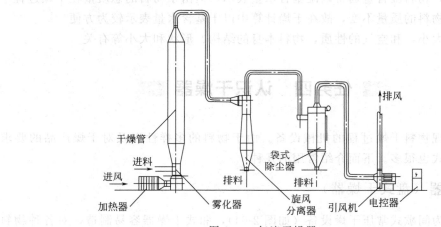

图 2-66　气流干燥器

四、转筒干燥器

转筒干燥器（如图 2-67）的主体为一沿轴向装有若干抄板的能回转的倾斜圆筒。物料由转筒的较高一端送入，由较低端卸出，热风与物料呈逆流接触，随着圆筒旋转。干燥过程中物料首先被抄板抄起然后撒下，以改善气固两相的传热传质，提高干燥速率。

转筒干燥器机械化程度较高，生产能力较大；结构简单、对物料的适应性较强，操作稳定方便。缺点是装置比较笨重，占地面积大。

五、喷雾干燥器

喷雾干燥器（如图 2-68）是将溶液、浆液或悬浮液由雾化器喷成雾状细滴并分散于热气流中，使水分迅速汽化而获得微粒状干燥产品。特别适合于干燥热敏性的物料。缺点是干燥设备庞大，热效率较低，热量消耗大。

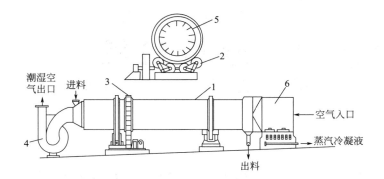

图 2-67 转筒干燥器

1—圆筒；2—支架；3—驱动齿轮；4—风机；5—抄板；6—蒸汽加热器

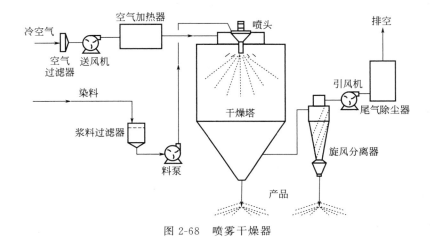

图 2-68 喷雾干燥器

模块三 分析检验

项目一 采样与分析方法选择

▓▓ 任务一 采样要求 ▓▓

一、试样的采集

试样的采集是指从大批物料中采取少量样本作为原始试样，所采试样应具有高度的代表性。采取的试样组成能代表全部物料的平均组成。

二、采样的原则

① 采集的样品要均匀、有代表性。
② 采样过程要保持原有的理化指标，防止带入杂质或成分逸散。

三、采样的基本程序

如图 3-1。

图 3-1 采样的基本程序

四、采集样品的量

采集样品的量至少应满足三次重复测定的要求。如需留存备考样品，应满足备考样品的要求；如需对样品进行制样处理时，应满足加工处理的要求。

五、采样记录和报告

采样时应记录被采物料的状况和采样操作。如物料的名称、来源、编号、数量、包装情况、存放环境、采样部位、所采样品数和样品量、采样日期、采样者等。

▓▓ 任务二 样品采集与处理 ▓▓

一、固体样品的采集

1. 采样工具

采集固体试样的工具有试样瓶、试样桶、勺、采样铲、采样探子、采样钻、气动和真空探针及自动采样器等。

2. 试样的采集与制备

固体试样种类繁多，性质和均匀程度差别较大。对不均匀试样应选取不同部位进行采样，以保证所采试样的代表性。

试样制备分为破碎、过筛、混匀和缩分四个步骤。

常用的缩分方法为"四分法"，将试样粉碎之后混合均匀，堆成锥形，然后略为压平，通过中心分为四等分，把任何相对的两份弃去，其余相对的两份收集在一起混匀，这样试样便缩减了一半，称为缩分一次。

二、液体样品的采集

1. 采样工具

采集液体试样的工具有采样勺、采样棒、采样瓶等。

2. 试样的采集和制备

液体试样一般比较均匀，取样单元可以较少。当物料的量较大时，应从不同的位置和深度分别采样，混合均匀后作为分析试样。液态物料取样后只须充分混匀后即可进行分析。

三、气体样品的采集

1. 采样装置

气体采样装置一般有采样管、过滤器、冷却器、气体容器。

2. 试样的采集与制备

气体物料易扩散，因此组成均匀。取样时主要是要防止杂质的进入。

最简单的气体试样采集方法为用泵将气体充入取样容器中，一定时间后将其封好即可。但由于气体储存困难，大多数气体试样采用装有固体吸附剂或过滤器的装置收集。固体吸附剂用于挥发性气体和半挥发性气体采样；过滤法用于收集气溶胶中的非挥发性组分。

大气样品的采取，通常选择距地面 $50\sim180cm$ 的高度采样、使与人的呼吸空气相同。对大气中的污染物测定时，应将空气通过适当吸收剂，由吸收剂吸收浓缩之后再进行分析。

对储存在大容器内的气体，因不同部位的密度和均匀性不同，应在上、中、下等不同处采样混匀。

▓▓ 任务三 分析方法选择 ▓▓

一、分析方法分类

① 根据分析的对象分为无机分析和有机分析。

② 根据分析的任务分为定性分析和定量分析。

定性分析是鉴定物质由哪些元素、原子团或化合物所组成。定量分析是测定物质中有关组分的含量。定量分析包括滴定分析（氧化还原滴定、酸碱滴定、配位滴定、沉淀滴定）和重量分析。

③ 根据分析所需试样用量划分（表 3-1）。

表 3-1　根据分析所需试样用量划分

方法	常量分析	半微量分析	微量分析	超微量分析
试样质量	＞0.1g	0.01～0.1g	0.1～10mg	0.01～1mg
试液体积	＞10mL	1～10mL	＜0.1mL	＜0.01mL

④ 按待测成分含量高低划分（表 3-2）。

表 3-2　按待测成分含量高低划分　　　　　　单位：%

方法	常量成分分析	微量成分分析	痕量成分分析
待测成分含量	＞1	0.01～1	＜0.01

⑤ 根据分析方法所用手段分为化学分析和仪器分析。

化学分析：以物质的化学反应为基础，通过已知物与待测物的化学关系，而测出未知物的含量。适用于测量常量组分。

仪器分析：以物质的物理性质或物理化学性质为基础，通过精密仪器测出待测物含量。包括：光化学分析、电化学分析、色谱分析、质谱分析和热分析。适于测定痕量或微量组分。

项目二　误差和分析数据处理

任务一　认识误差

一、误差的分类和减免误差的方法

定量分析中，误差是不可避免的，根据误差产生的原因和性质不同，误差可分为系统误差和偶然误差。

1. 系统误差（可测误差）

（1）产生的原因

方法误差：由分析方法的缺陷引起。如反应不完全，干扰成分的影响，指示剂选择不当。

试剂误差：由于所用蒸馏水含有杂质或使用的试剂不纯引起。

仪器误差：由于仪器的缺陷原因造成。如容量器皿刻度不准又未经校正，电子仪器"噪声"过大，天平砝码不够准确，配标液时容量瓶刻度不准确等。

主观误差：又称操作误差，是由于实验操作者的人为因素引起的误差。如操作者掌握指示剂颜色变化深浅程度的不同，引起滴定终点系统偏高或系统偏低。

（2）性质　系统误差具有重复性、单向性、确定性、可测性。

（3）矫正方法

① 对方法误差可以改进分析方法，如做对照试验。

② 对试剂误差可以改用高纯度试剂，如做空白试验。

③ 对仪器误差可以对仪器进行校正。

④ 对主观误差要求改变操作者不正确的操作习惯。

2. 偶然误差（随机误差）

（1）产生原因　它是由不确定的原因或某些难以控制的原因造成，如环境温度、湿度和气压的微小波动。

（2）性质　具有不确定性和不可避免性。

（3）减免方法　无法消除，但可通过增加平行测定次数，降低偶然误差。

二、误差的表征

1. 绝对误差

是测定值（x_i）与真实值（μ）之差，即 $E = x_i - \mu$。

误差客观上难以避免，在一定条件下，测量结果只能接近于真实，而不能达到真实值。

2. 相对误差 E'

表示绝对误差占真实值的百分率：

$$E' = \frac{x_i - \mu}{\mu} \times 100\%$$

3. 准确度

测定值与真实值接近的程度。准确度高低常用误差大小表示，测定值与真实值越接近，则准确度越高。

4. 偏差

（1）绝对偏差 d_i 测定结果与平均值之差，即：

$$d_i = x_i - \overline{x}$$

（2）相对偏差 Rd_i 绝对偏差在平均值中所占的百分率，即：

$$Rd_i = \frac{x_i - \overline{x}}{\overline{x}} \times 100\%$$

（3）平均偏差 各次偏差的绝对值之和与测量次数之比，又称算术平均偏差，即：

$$\overline{d} = \frac{1}{n} \sum_{i=1}^{n} |d_i| = \frac{1}{n} \sum_{i=1}^{n} |x_i - \overline{x}|$$

（4）精密度 平行测定的各测量值（x_i）之间互相接近的程度。精密度的大小常用偏差表示，偏差越小，精密度越高。

▦▦▦ 任务二 数据处理 ▦▦▦

一、有效数字

有效数字为分析工作中实际上能测量到的数字。有效数字中最后一位数字为可疑数字（有 ± 1 个单位的误差），通常为估计值，不准确。有效数字表示测量数值的大小，正确地反映测量的精确程度。

二、有效数字位数运算

实验数据	0.5180	0.0158	3.002	pH＝4.56	26.0	3.4×10^4
有效数字位数	4	3	4	2	3	2

三、修约规则

对某一测量结果的数值，根据保留位数的要求，将多余的数字进行取舍以得到合理反映测量精度的测量结果，即数值修约。修约规则："四舍六入五留双，五后非零应进一，五后是零看奇偶，奇进偶不进，不连续修约"。

实验数据	13.1442	20.3863	12.0253	15.0150	12.0250
修约成 4 位	13.14	20.39	12.03	15.02	12.02

四、运算规则

1. 加减法运算

几个数字相加减时，结果的位数取决于绝对误差最大的数据的位数，即以小数点后位数最少的数据为依据。

例如：0.0121＋25.64＋1.057＝26.71

2. 乘除运算

几个数字相乘或相除时，有效数字的位数取决于相对误差最大的数据的位数，即以有效数字位数最少的数据为依据。

例如：0.0121×5.103×60.06＝3.71

项目一 投影和三视图

任务一 认识投影

一、基本概念

将从投射中心且通过物体上各点的直线称为投射线。

投射线通过物体，向选定的平面投射，并在该面上得到图形的方法称为投影法。

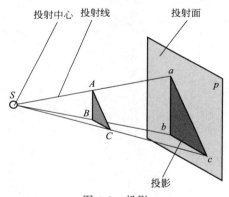

图 4-1 投影

投射线的方向称为投射方向，选定的平面称为投影面，投射所得到的图形称为投影，如图 4-1 所示。

组成投影体系的要素包括投射线、投影面、投影、空间物体。

二、投影的类型

根据投射线的类型，投影法分为中心投影法和平行投影法两大类。

1. 中心投影法

光线由光源点发出，投射线成束线状（如图 4-2）。当物体的位置和光源的方向发生改变，投影也变化。中心投影图不能反映形体的真实大小，度量性差。但是它的立体感较强，常用于建筑物的透视图。

2. 平行投影法

光源在无限远处，投射线相互平行（如图 4-3）。投影大小与物体和投影面之间的距离无关，度量性较好。平行投影法又可根据投射线（方向）与投影面的方向（角度）分为斜投影和正投影两种。

（1）斜投影法　投射线相互平行，但与投影面倾斜，如图 4-3（a）所示，所得的投影为斜投影。

（2）正投影法　投射线相互平行且与投影面垂直，如图 4-3（b）所示。用正投影法得到的投影叫正投影。正投影图的直观性虽不如中心投影图，但它的度量性较好，当空间物体上某个面平行于投影面时，正投影图能反映该面的真实形状和大小，且作图简便。因此，国家标准（GB/T 16948—1997）中明确规定，机件的图样采用正投影法绘制。

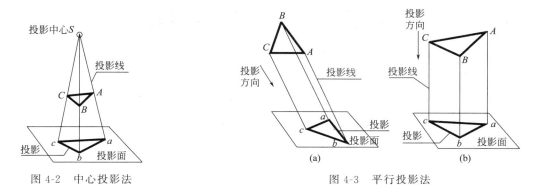

图 4-2　中心投影法　　　　　　　　　　　　　图 4-3　平行投影法

▦▦ **任务二　认识三视图** ▦▦▦

视图是将物体向投影面投射所得的图形。要确定物体的空间位置常常需要三个投影。把物体放在三投影面体系（如图 4-4）中，用正投影法得到物体的三个投影，称为三视图。

一、主视图

正投影面用 V 表示（如图 4-4）。从前往后看，得到的投影为主视图（如图 4-5）。

二、俯视图

水平投影面用 H 表示（如图 4-4）。从上往下看，得到的投影为俯视图（如图 4-5）。

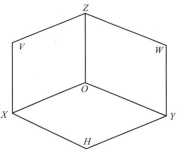

图 4-4　三投影面体系

三、左视图

侧投影面用 W 表示（如图 4-4）。从左往右看，得到的投影为左视图（如图 4-5）。

三视图的投影规律："主、俯视图长对正，主左视图高平齐，左、俯视图宽相等"。

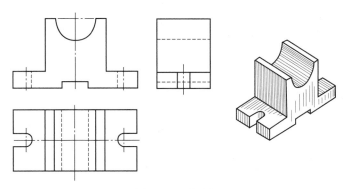

图 4-5　三视图

项目二　工艺流程图

任务　绘制工艺流程图

一、流程图

为描述化工生产过程，用形象的图形、符号和代号表示设备，用箭头表示物料的流动方向，将化工过程从原料到最终产品经过的所有设备和相互关系以及物料流动顺序，以图形的方式表达出来，这种表示整个化工生产全貌的图形称为工艺流程图。它是设计和施工的依据，也是化工生产操作、运行、管理、检修、考核的依据和指南。可分为流程框图、方案流程图，物料流程图和带控制点的工艺流程图。

二、流程框图

流程框图是用方框以及文字表示的生产工艺的示意流程，是最简单最粗略的流程图。如图 4-6 为氨碱法制纯碱工艺流程框图。

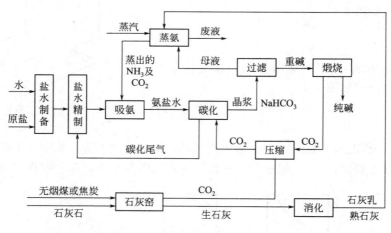

图 4-6　氨碱法制纯碱工艺流程

三、方案流程图

方案流程图一般仅画出主要设备和主要物料的流程线，可加以必要的标注和说明。用粗实线画出主要物料的流程线，用箭头表明物料流向。用示意图表示生产过程中的机器设备，用文字、字母、数字注写设备的名称和位号。在流程图的正上方或正下方标注设备的名称和位号，标注时排成一排。如图 4-7 为脱硫系统工艺方案流程。

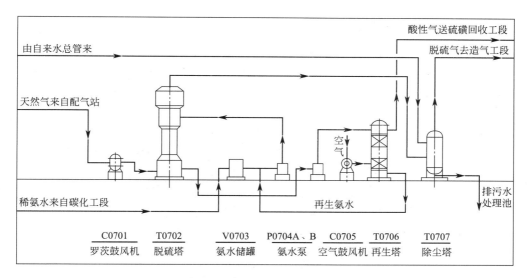

图 4-7 脱硫系统工艺方案流程

四、物料流程图

在方案流程图的基础上，用图形和表格相结合的方式，反应物料衡算和热量衡算结构的图样，如图 4-8 所示。

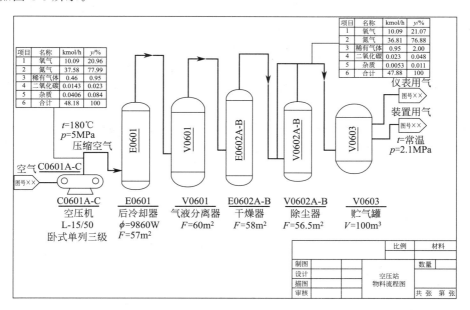

图 4-8 物料流程

在设备位号及名称的下方加注设备特性数据或参数，如换热器的换热面积、储罐的容积等。

在流程的起始处以及物料产生变化的设备后，列表注明物料变化前后其组分的名称、流量、组成等。

表格线和指引线都用细实线绘制。

五、带控制点的工艺流程图

带控制点的工艺流程图也称为工艺管道及仪表流程图（PID 图）。它是以物料流程图为依据，较为详细的一种流程图，是设备布置图和管道布置图的设计依据。图 4-9 为乙烯生产过程中脱乙烷塔的 PID 图。

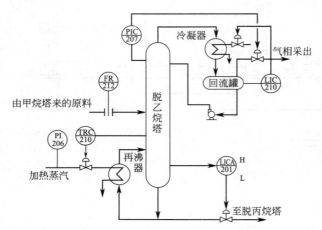

图 4-9　脱乙烷塔的工艺管道及控制流程

带控制点的工艺流程图内容包括以下几点。

① 设备示意图：用细实线绘制的带接管口的设备示意图，每台工艺设备都注明位号及名称。

② 管道流程线：用粗实线绘制的带阀门等管件和仪表控制点（测温、测压、测流量及分析点等）的管道流程线，每条管道都注写管道代号。管道流程线要用水平和垂直线表示，避免穿过设备或使管道交叉，在不可避免时，则将其中一管道断开一段，管道转弯处一般画成直角。

③ 对阀门等管件和仪表控制点的图例符号的说明。仪表控制点用符号表示，并从其安装位置引出。符号包括图形符号和字母代号，它们组合起来表达仪表功能、被测变量、测量方法。

④ 标题栏。

模块五 电工、电器、仪表

项目一 电工、电器

■■■ 任务一 认识电路 ■■■

一、电路

电路是由各种元器件或电工设备按一定方式连接起来的总体，为电流的流通提供路径。电路的基本组成包括电源、负载、控制器件和联结导线四个部分。有通路、开路、短路等三种状态。

由理想元件构成的电路叫做实际电路的电路模型，简称为电路图。

二、电流

在电场力作用下，电路中电荷沿着导体的定向运动即形成电流，其方向规定为正电荷流动的方向，其大小等于在单位时间内通过导体横截面的电量，称为电流强度，简称电流。电流的大小及方向都不随时间变化，则称为直流电流。电流的大小及方向均随时间做周期性变化，则称为交流电流。

三、电压

电压是指电路中两点 A、B 之间的电位差，其大小等于单位正电荷因受电场力作用从 A 点移动到 B 点所做的功，电压的方向规定为从高电位指向低电位的方向。如果电压的大小及方向都不随时间变化，则称为直流电压。电压的大小及方向均随时间做周期性变化，则称为交流电压。

四、电功率与电能

电功率是电路元件或设备在单位时间内吸收或发出的电能，$P = UI$。

电能是指在一定的时间内电路元件或设备吸收或发出的电能量，$W = Pt = UIt$。

$$1 \text{度电} = 1 \text{kW} \cdot \text{h} = 3.6 \times 10^6 \text{J}$$

为了保证电气设备和电路元件能够长期安全地正常工作，规定了额定电压、额定电流、额定功率等铭牌数据。

额定电压：电气设备或元器件在正常工作条件下允许施加的最大电压。

额定电流：电气设备或元器件在正常工作条件下允许通过的最大电流。

额定功率：在额定电压和额定电流下消耗的功率，即允许消耗的最大功率。

额定工作状态：电气设备或元器件在额定功率下的工作状态，也称满载状态。

轻载状态：电气设备或元器件在低于额定功率的工作状态，轻载时电气设备不能得到充分利用或根本无法正常工作。

过载（超载）状态：电气设备或元器件在高于额定功率的工作状态，过载时电气设备很容易被烧坏或造成严重事故。

轻载和过载都是不正常的工作状态，一般是不允许出现的。

五、电阻

电阻元件是对电流呈现阻碍作用的耗能元件，电阻定律为 $R = \rho \dfrac{l}{S}$。

电阻元件的电阻值一般与温度有关，衡量电阻受温度影响大小的物理量是温度系数。

电阻元件的伏安特性关系服从欧姆定律，即 $U = RI$　或　$I = U/R = GU$。

电流通过导体时产生的热量为 $Q = I^2 Rt$　（焦耳定律）。

▉▉▉ 任务二　认识常用电工仪表 ▉▉▉

一、电工仪表的基本原理

电磁式仪表的工作原理为：可动线圈通电时，线圈和永久磁铁的磁场磁场相互作用的结果产生电磁力，从而形成转动力矩，使指针偏转。

电磁式仪表分为吸引型和排斥型两种。

吸引型电磁式仪表的工作原理：线圈通电后，铁片被磁化，无论在那种情况下都能使时钟顺时方向转动。

排斥型电磁式仪表的工作原理：线圈通电后，动定铁片被磁化，动定铁片的同极相对，互相排斥，使动铁片转动。

电动式仪表的工作原理为：固定线圈产生磁场，可动线圈有电流通过时受到安培力作用，使指针顺时针转动。

二、常用的测量仪表

电工测量项目：电流、电压、电阻、电功率、电能、频率、功率因素等。

常用测量仪表有万能表、钳形表、兆欧表，这里主要介绍万用表的使用。

使用前的准备工作如下。

（1）检查表笔的安装　红笔装"＋"字孔，黑笔装"－"字孔，如果有较大的电流、电压的测量时接成孔，一般黑笔不动，红笔装入对角接线孔。

（2）调零　机械调零旋钮，测量前调零作用；电调零，测电阻时调零用。如果不能调零，就表示万用表内电池即将耗尽，应将电池更换。

（3）电阻的测量　选量程 ×1、×10、×100、×1k、×10k、×100k；把表笔接于两测

电阻两端；读数：电阻值二刻度数值×倍率。

（4）测量电流、电压　根据被测对象，将转换开关旋至所需位置；电压测量用并联接入方式，电流测量用串联接入方式；测直流时红笔接"＋"，黑笔接"－"。

读数：实际数值二刻度数值×$\dfrac{量程}{刻度数值最大值}$。例如量程为 500V，刻度数值为 200V，则实际数值＝$200 \times \dfrac{500}{250} = 400V$。

注意事项如下。

万用表用后应将转换开关打在交流电压档或将其打在标有"OFF"的位置上，以免下次用时将表针打坏或将表烧坏。

万用表的电池应根据使用频率多少及时检查，以免没电后电液流出腐蚀电极或元件，导致万用表损坏。应将电池取出保管。

▣▣ 任务三　认识低压电器 ▣▣▣

一、低压电器分类

定义：交流 1200V 或直流 1500V 以下的电力线路中起控制调节及保护作用的电气元件称为低压电器。

低压电器可分为低压配电电器和低压控制电器两类。

低压配电电器：此类电器包括刀开关、熔断器、转换开关、自动开关和保护继电器。

低压控制电器包括控制继电器、接触器、起动器、控制器、调压器、主令电器、变阻器和电磁铁。

二、低压电器的正确选用

安全原则：使用安全可靠是对任何开关电器的最基本要求；保证电路和用电设备的可靠运行是使生产和生活得以正常运行的保障。

经济原则：经济性考虑开关电器本身的经济价值和使用开关电器产生的价值。前者要求选择的合理、适用；后者则考虑在运行中必须可靠，不因故障造成停产或损坏设备、危及人身安全等构成的经济损失。

项目二　仪表与集散控制系统

▓▓ 任务一　认识仪表 ▓▓

仪表是化工操作中操作人员的眼睛。工艺生产中的各种参数要通过仪表正确反映给工艺操作人员作为操作的依据。特别是近几年随着生产自动化水平的提高，自动控制仪表和自动控制系统在化工生产中与工艺操作关系更加密切，这就要求操作人员在熟练掌握工艺的同时，也应了解自动化仪表的初步知识。

化工测量仪表基本分为五大类：温度（T）、压力（P）、流量（F）、液位（L）、成分分析（A）。下面主要介绍前四种。

一、测温

温度，符号 T、单位 K（国际标准单位），常用摄氏温度（℃）。

开氏温度＝摄氏温度＋273（K）。对温度仪表衡量的一个重要信息：去除工艺状态下，仪表应显示当天室温；与室温有较大差别，则表明仪表有故障。

1. 现场测温

采用双金属温度计（如图 5-1），双金属温度计中的感温元件是用两片线膨胀系数不同的金属片叠焊在一起而制成的。双金属片受热后，由于两金属片的膨胀长度不同而产生弯曲，温度越高产生的线膨胀长度差就越大，因而引起弯曲的角度就越大。双金属温度计就是

基于这一原理而制成的，它是用双金属片制成螺旋形感温元件，外加金属保护套管，当温度变化时，螺旋的自由端便围绕着中心轴旋转，同时带动指针在刻度盘上指示出相应的温度数值。双金属温度计是一种测量中低温度的现场检测仪表。可以直接测量各种生产过程中的－80～＋500℃范围内液体、蒸汽和气体介质温度。

特点：现场显示温度，直观方便；安全可靠，使用寿命长；多种结构形式，可满足不同要求。

图 5-1　双金属温度计

2. 远程自动测温（远传仪表）

采用热电阻＋温度变送器＋显示装置构成的测量装置，如图 5-2 所示。热电阻测温是基于金属导体的电阻值随温度的增加而增加这一特性来进行温度测量的。热电阻大都由金属材料制成，目前应用最多的是铂和铜，如 Pt100（－200～＋650℃）、（Cu50：0～150℃）。此外，现在已开始采用铑、镍、锰等材料制造热电阻。热电阻是中低温区最常用的一种温度检测器。它的主要特点是测量精度高、性能稳定。其中铂热电阻的测量精度是最高的，它广泛应用于工业测温，而且被制成标准的基准仪。

图 5-2　远传仪表

二、测压

压力，符号 P，单位 MPa，$1\text{MPa} \approx 10\text{kgf/cm}^2$。

1. 现场测压

使用压力表、压力真空表、真空表，如图 5-3～图 5-5 所示。

图 5-3　压力表　　　　　图 5-4　压力真空表　　　　　图 5-5　真空表

2. 远程自动测压

采用压力变送器＋显示装置构成的测量装置，如图 5-6 所示。

图 5-6　远程自动测压装置

电容式变送器是利用检测电容的方法测量压力或差压。其精确度、灵敏度及频率响应都很好。主要是采用变极板间的距离，经变换电路拾取其电容变化量，并转换成电流、电压信号输出。

三、测液位

液位，符号 L，单位 m、cm、mm 等。常用液位计分为：玻璃管液位计、玻璃板液位计等。远传液位计分为：差压式、浮球式、超声波、雷达等。

图 5-7　玻璃管
液位计

1. 现场测液位

采用玻璃管液位计，如图 5-7 所示。

2. 远程自动测液位

采用压差变送器＋显示装置构成的测量装置，如图 5-8 所示。

四、测流量

符号 F，单位 m^3/h、L/h。常用流量表：旋翼式水表、流量计、刮板式、椭齿轮式、玻璃转子等。远传分为电磁式和涡衔等。

1. 现场测流量

采用转子流量计、电磁流量计。

转子流量计（如图 5-9）的检测件是一根由下向上扩大的垂直椎管和一只随着流体流量变化沿着椎管上下移动的浮子。流体自下而上流过浮子时，在浮子上作用有差压、流体动压及摩擦力等，它与浮子向下的重量相平衡，流量增大，向上的力加大，浮子上升，浮子与椎管环隙面积增大，流速降低，因而向上的力减少，直至与浮子重量再次平衡为止。

图 5-8　远程自动液位计

图 5-9　转子流量计

2. 远程自动测流量

采用孔板流量计＋压差变送器＋显示装置，如图 5-10 所示。

当充满管道的流体流经孔板时，将产生局部收缩，流束集中，流速增加，静压力降低，于是在孔板前后产生一个静压力差，该压力差与流量存在着一定的函数关系，流量越大，压力差就越大。通过导压管将差压信号传递给差压变送器，转换成 $4\sim20mA$ DC 标准信号，

图 5-10 远程自动测流量装置

经流量显示仪，便显示出管道内的瞬时和累积流量。具有测量精度高、安装方便、使用范围广、造价低等特点，广泛应用于各种介质的流量测量。

任务二 认识集散控制系统

集散控制系统简称 DCS，它采用控制分散、操作和管理集中的基本设计思想，采用多层分级、合作自治的结构形式。其主要特征是它的集中管理和分散控制。目前 DCS 在各行各业都获得了极其广泛的应用。

DCS 采用分级递阶结构，每一级由若干子系统组成，每一个子系统实现若干特定的有限目标，形成金字塔结构。下面简单介绍一下 DCS 的硬件结构、软件系统及组态。

一、DCS 的硬件结构

在 DCS 的层次结构中，DCS 级和控制管理级是组成 DCS 的两个最基本的环节。过程控制级具体实现了信号的输入、运算、变换和输出等分散控制功能。在不同的 DCS 中，过程控制级的控制装置各不相同，但它们的结构形式大致相同，可以统称为现场控制单元。过程管理级由工程师站、操作员站、管理计算机等组成，完成对过程控制级的集中监视和管理，通常称为操作站。DCS 的开发就是将系统提供的各种基本模块按实际的需要组合成为一个系统，这个过程称为系统的组态。

1. 现场控制单元

现场控制单元一般情况下远离控制中心，安装在靠近现场的地方，其高度模块化结构可以根据过程监测和控制的需要配置成由几个监控点到数百个监控点的规模不等的过程控制单元。

现场控制单元的结构是由许多插板（或卡件）按照一定的逻辑或物理顺序安装在插板箱中，各现场控制单元及其与控制管理级之间采用总线连接，以实现信息交互。

2. 操作站

操作站显示并记录来自各控制单元的过程数据，是人与生产过程信息交互的操作接口。典型的操作站包括主机系统、键盘输入设备、显示设备、信息存储设备和打印输出设备等，主要实现强大的显示功能、报警功能、操作功能、报表打印功能、组态和编程功能等。

另外，DCS 操作站还分为操作员站和工程师站。前者主要实现一般的生产操作和监控任务，具有数据采集和处理、监控画面显示、故障诊断和报警等功能。后者除具有操作员站的一般功能以外，还应具备系统的组态、控制目标的修改等功能。

二、DCS 的软件系统

DCS 的软件体系通常可为用户提供相当丰富的功能软件模块和功能软件包，控制工程师利用 DCS 提供的组态软件，将各种功能软件进行适当的"组装连接"，生成满足控制系统要求的各种应用软件。

1. 现场控制单元的软件系统

现场控制单元的软件主要包括以实时数据库为中心的数据巡检、控制算法、控制输出和网络通信等软件模块组成。

实时数据库起到了中心环节的作用，用来存储现场采集的数据、控制输出以及某些计算的中间结果和控制算法结构等方面的信息。数据巡检模块用以实现现场数据、故障信号的采集，并实现必要的数字滤波、单位变换、补偿运算等辅助功能。DCS 的控制功能通过组态生成，不同的系统，控制算法模块各不相同，常会涉及以下一些模块：算术运算模块、PID 控制模块、逻辑运算模块、变型 PID 模块、非线性处理模块、执行器控制模块等。控制输出模块主要实现控制信号以故障处理的输出。

2. 操作站的软件系统

DCS 中的操作站用以完成系统的开发、生成、测试和运行等任务，这就需要相应的系统软件支持，这些软件包括操作系统、编程语言及各种工具软件等。

三、DCS 的组态

DCS 的开发过程主要是采用系统组态软件依据控制系统的实际需要生成各类应用软件的过程。组态软件功能包括基本配置组态和应用软件组态。基本配置组态是给系统一个配置信息。应用软件的组态则包括比较丰富的内容，主要包括控制回路的组态、实时数据库生成、工业流程画面的生成、历史数据库的生成、报表生成。

DCS 在控制上的最大特点是依靠各种控制、运算模块的灵活组态，可实现多样化的控制策略以满足不同情况下的需要，使得在单元组合仪表实现起来相当繁琐与复杂的命题变得简单。目前，国内、外许多控制软件公司和 DCS 厂商都在竞相开发先进控制和优化控制的工程软件包，希望在组态软件中嵌入先进控制和优化控制策略。

项目一 催化剂分类与组成

▓▓ 任务一 催化剂分类 ▓▓

一、基本概念

1. 催化剂

在化学反应里能改变（加快或减慢）其他物质的化学反应速率，而本身的质量和化学性质在反应前后（反应过程中会改变）都没有发生变化的物质叫做催化剂，又叫触媒。

2. 催化作用

通常把催化剂加速化学反应，使反应尽快达到化学平衡但并不改变反应平衡的作用叫做催化作用。

催化剂和反应物同处于一相，没有相界存在而进行的反应，称为均相催化作用，能起均相催化作用的催化剂为均相催化剂。均相催化剂以分子或离子独立起作用，活性中心均一，具有高活性和高选择性。

多相催化剂又称非均相催化剂，用于不同相的反应中，即和它们催化的反应物处于不同的状态。

3. 催化反应

利用催化剂可以改变化学反应的速率，称为催化反应。使化学反应加快的催化剂为正催化剂；使化学反应减慢的催化剂为负催化剂。

4. 催化剂的选择性

催化剂有使某一反应加速，而较少影响其他反应的性能，称为催化剂的选择性。

催化剂对化学反应速率的影响非常大，有的催化剂可以使化学反应速率加快到几百万倍以上。催化剂在现代化学工业中占有极其重要的地位。

二、催化剂的特征

① 催化剂只能加速热力学上可以进行的反应，而不能加速热力学上无法进行的反应。

在开发一种新的化学反应的催化剂时，首先要对该反应体系进行热力学分析，看在给定的条件下是否属于热力学上可行的反应。

② 催化剂只能加速反应趋于平衡，不能改变平衡的位置（平衡常数）。

③ 催化剂对反应具有选择性如下。

根据热力学计算，某一反应可能生成不止一种产物时，应用催化剂可加速某一目的产物的反应，即称为催化剂对该反应的选择性。工业上利用催化剂具有选择性，使原料转化为所需要的产品。例如以合成气（$CO+H_2$）为原料，使用不同的催化剂则沿不同的途径进行反应。

三、催化剂的分类

1. 按催化剂的作用机理分

（1）酸碱型催化剂　催化作用的起因是由于反应物分子与催化剂之间发生了电子对转移，出现化学键的异裂，形成了高活性中间体，从而促进反应的进行。

（2）氧化-还原型催化剂　催化作用的起因是由于反应物分子与催化剂发生了单个电子转移。

（3）配合型催化剂　催化作用的起因是由于反应物分子与催化剂之间发生了配位作用而使前者活化，从而促进反应的进行。

2. 按催化反应体系的物相均一性分

（1）多相催化剂　在反应过程中与反应物分子分散于不同相中的催化剂，它与反应物之间存在相界面，相应的催化反应称为多相催化反应。多相催化剂如表 6-1 所示。

表 6-1　多相催化剂

反应类型	催化剂	反应物	示　　例
气-液多相	液体	气体	酸催化的烯烃聚合
液-固多相	固体	液体	金催化的过氧化氢分解
气-固多相	固体	气体	银催化的乙烯氧化制环氧乙烷
气-液-固多相	固体	气体加液体	钯催化的硝基苯加氢制苯胺

（2）均相催化剂　指反应过程中与反应物分子分散于同一相中的催化剂，相应的催化反应称为均相催化反应。

（3）酶催化剂　酶是胶体大小的蛋白质分子，其催化反应具有均相催化反应和多相催化反应的特点。

3. 按催化剂的元素及化合态分

金属催化剂（Ni，Fe，Cu，Pt，Pd 等过渡金属或贵金属）；金属氧化物催化剂和金属硫化物催化剂（多为半导体）；金属配合物催化剂和双功能催化剂。双功能催化剂指其催化的过程包含了两种不同反应机理，催化剂具有不同类型的活性中心。反应需要在各自独立的活性中心上进行才能完成而产生。

4. 按状态可分

液体催化剂和固体催化剂。

5. 按反应类型分

聚合、缩聚、酯化、缩醛化、加氢、脱氢、氧化、还原、烷基化、异构化等催化剂。

▣▣▣ 任务二　认识催化剂成分 ▣▣▣

催化剂主要由活性组分、载体和助催化剂组成。

一、活性组分

主催化剂又称活性组分，指催化剂中能加速反应的物质，是多组分催化剂中的主体，是必备的组分。

二、载体

载体是活性组分的分散剂、黏合物或支撑体，是负载活性组分的骨架；载体的主要作用是提供孔结构和大的表面积，同时增大催化剂的强度；活性物和助剂负载于载体上所得的催化剂，称为负载型催化剂。载体的种类很多，有天然的也有人工的，可分为低比表面积和高比表面积两类。

载体的结构和性能不仅关系到催化剂的活性和选择性，还关系到催化剂的热稳定性、机械强度及传递特性等，选择载体时必需弄清其结构、性质和其他功能。

三、助催化剂

在催化剂里，往往加入另外一种物质，以增强催化剂的催化作用，这种物质叫做助催化剂。助催化剂加入量少（<5%～10%），是催化剂的辅助成分，本身没有催化活性或活性很小，但可以改变催化剂的化学组成、结构、价态、酸碱性、分散度等，具有提高主催化剂的活性、选择性，稳定性和寿命。

助催化剂在化学工业上极为重要。例如，在合成氨的铁催化剂里加入少量的铝和钾的氧化物作为助催化剂，可以大大提高催化剂的催化作用。

项目二 催化剂性能

任务一 提高反应速率的途径

一、反应活化能

化学反应是反应物分子发生电子云的重新排布，实现化学键的断裂和形成，而转化为反应产物。在旧键断裂和新键形成的过程中，一般需要一定的活化能（E_a）。

由 Arrhenius 经验方程 $k_r = Ae^{(-E_a/RT)}$，可知 E_a 的少许变化能显著影响速率常数 K。当活化能较大，反应温度又较低时，仅有少数反应物分子具有足够能量而成为活化分子参与反应，其反应速率往往是很慢的。

二、提高反应速率的方法

在利用化学反应进行工业生产时，往往需要解决提高反应速率问题。提高反应速率可以通过提高反应温度（T）和降低反应活化能（E_a）两个途径来实现。

1. 提高反应温度

提高反应速率通常不能单靠提高反应温度来解决，因为如下几点。

① 对于正向反应为放热的反应，逆向反应的活化能大于正向反应的活化能，提高反应温度更有利于逆向反应速率的提高，可能使正向反应达到的程度受到不利的化学平衡位置所限制。

② 对于具有几个可能反应方向的反应体系，提高反应温度可同时加快主反应和副反应的速率，有的副反应速率可能加快得更显著，从而造成产物收率降低和分离提纯困难。

2. 降低反应的活化能

降低反应的活化能不仅可以提高反应速率，而且可以控制反应进行的方向。

对于具有几个反应方向的反应体系来说，如果较大幅度降低主反应的活化能，可使反应主要向主反应方向发生，即可以控制反应进行的方向。

使用催化剂是通过降低反应活化能来提高反应速率和控制反应方向的最有效办法。

任务二 催化剂的性能评价

催化剂性能评价指标主要有以下几点。

一、活性

是指催化剂影响反应进程变化的程度。

活性的几种表示方法如下。

1. 转化率

转化率是工业上最为常用的活性表示方法。

对于 A→B 反应，给定温度下所达到的转化率可用下式表示：

$$X_A = (\text{反应后已转化的 A 摩尔数 } n_A / \text{进料中 A 的摩尔数 } n_{OA}) \times 100\%$$

注意：在用转化率比较活性时，要求反应温度、压力、原料气浓度和停留时间都必须相同。

2. 时空产率

指在一定条件（温度、压力、进料组成、空速）下，单位时间内，使用单位体积或单位质量的催化剂所能得到目的产物的量来表示。

3. 反应速率

以某一反应物消失的速率或以某一产物生成的速率来表示。

4. 转换频率

转换频率是单位时间内每个活性中心转化的分子数。

二、选择性

是指所消耗的原料中转化成目的产物的分率。

1. 速率常数之比

反应物 A 在某催化剂上可有两个方向（两个途径）进行反应。

且这两个途径有相同的速率表达式时，两个途径的速率常数分别为 k_B 和 k_C，对第一途径生成 B 的反应的选择性 S_B 为：

$$S_B = k_B / k_C$$

而对生成 C 的反应的选择性 S_C 为：

$$S_C = k_C / k_B$$

2. 目的产物收率与反应物的转化率之比

例如：

反应物 A 可有两个反应方向进行反应，反应物起始量为 n_{AO}，反应进行后 A 的剩余量为 n_A。

则反应物 A 的转化率：

$$C_A = \frac{n_{AO} - n_A}{n_{AO}} \times 100\%$$

反应 I 所得产物 B 的收率为：

$$y_B = \frac{\text{A 转化为 B 的量}}{\text{A 的初始量}} \times 100\% = \frac{n_{A \to B}}{n_{AO}} \times 100\%$$

反应 Ⅱ 所得产物 C 的收率为：

$$y_C = \frac{A\ 转化为\ C\ 的量}{A\ 的初始量} \times 100\% = \frac{n_{A \to C}}{n_{AO}} \times 100\%$$

催化剂对反应 Ⅰ 的选择性 S_B 为：

$$S_B = \frac{y_B}{C_A} = \frac{n_{A \to B}}{n_{AO}} \Big/ \frac{n_{AO} - n_A}{n_{AO}} = \frac{n_{A \to B}}{n_{AO} - n_A}$$

同理：

$$S_C = \frac{n_{A \to C}}{n_{AO} - n_A}$$

从选择性 S_B 和 S_C 的结果可以看出：选择性是反应物转化为目的产物的量占反应物总转化量的百分比。

三、稳定性

是指催化剂的活性和选择性随时间变化的情况。

工业催化剂的稳定性包括如下几方面。

1. 化学稳定性

保持稳定的化学组成和化合状态。

2. 热稳定性

能在反应条件下，不因受热而破坏其物理化学状态，能在一定温度范围内保持良好的稳定性。

3. 机械稳定性

固体催化剂颗粒抵抗摩擦、冲击、重压、温度等引起的种种应力的程度。

四、使用寿命

指在指定的使用条件下，催化剂的活性能够达到装置生产能力和原料消耗定额的允许使用时间，可以是指活性下降后再生活性又恢复的累计使用时间。

五、环境友好性

工业催化剂除了要满足以上催化性能的基本要求外，还应满足社会发展的循环经济的需求，即要求催化剂是环境友好的，反应剩余物是与自然界相容的。

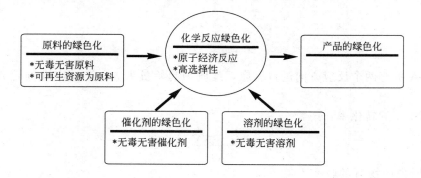

模块七　化工安全与环保

项目一　防火与防爆技术

■■■ 任务一　学习防火技术 ■■■

一、燃烧条件

1. 燃烧

燃烧是可燃物质（气体、液体或固体）与氧或氧化剂发生伴有放热和发光的一种激烈的化学反应。具有发光、发热、生成新物质三个特征。

不仅可燃物质与氧化合的反应属于燃烧，某些情况下没有氧参加的反应，也是燃烧，如金属钠在氯气中燃烧、炽热的铁在氯气中燃烧所发生的激烈氧化反应，并伴有光和热发生，因此也是燃烧。

2. 燃烧条件

燃烧三要素即可燃物、助燃物和点火源。

① 有可燃物质存在（固体燃料如煤、液体燃料如汽油、气体燃料如甲烷等）。

② 有助燃物质存在，通常的助燃物质有空气、氢、氧、氯等。

③ 有点火源（即导致燃烧的能源）的存在，如撞击、摩擦、明火、高温表面、发热自燃、绝热压缩、电火花、光和射线等。

燃烧三要素缺少任何一个，燃烧便不能发生。有时即使这三要素都存在，但其中某些条件达不到一定程度，如可燃物未达到一定的深度、助燃物数量不够、点火源不具备足够的温度或热量，也不会发生燃烧。（如氢气在空气中的深度低于 4％时，便不能点燃；一般可燃物质在含氧量低于 14％的空气中不能燃烧；一根火柴点不燃一堆煤等。）

二、燃烧的分类

按照可燃物质的燃烧方式，可以分为以下四种。

1. 闪燃

当火焰或炽热物体接近易燃或可燃液体时，液面上的蒸气与空气混合物会发生瞬间火苗或闪光，这种现象称为闪燃。

闪点是易燃液体表面挥发出的蒸气足以引起闪燃时的最低温度。闪点与物质的浓度，物质的饱和蒸气压有关。物质的饱和蒸气压越大，其闪点越低。闪点越低，火灾危险性越大。

2. 着火

可燃物质在空气中与火源接触，达到某一温度时，开始产生有火焰的燃烧，并在火源移去后仍能持续燃烧的现象，称为着火。

燃点即火点或火焰点。可燃物被加热到超过闪点温度时，其蒸汽与空气的混合气与火焰接触即着火，并能持续燃烧 5s 以上时的最低温度，称为该物质的燃点。

3. 自燃

可燃物质自发着火的现象。可燃物质在没有外界为源的直接作用下，常温中自行发热，或由于物质内部的物理（如辐射、吸附等）、化学（如分解、化合）、生物（如细菌的腐败作用）反应过程所提供的热量聚积起来，使其达到自燃温度，从而发生自行燃烧。

可燃物质在没有外界火花或火焰的直接作用下能自行燃烧的最低温度称为该物质的自燃点。自燃点是衡量可燃性物质火灾危险性的又一个重要参数，可燃物的自燃点越低越易引起自燃，其火灾危险性越大。

4. 爆炸

凡是物质急剧氧化或分解反应产生温度、压力增加或两者同时增加的现象，称为爆炸。

三、灭火原理

根据燃烧三要素，可以采取除去可燃物、隔绝助燃物（氧气）、将可燃物冷却到燃点以下温度等灭火措施。

1. 窒息法

用不燃（或难燃）物质，覆盖、包围燃烧物，阻碍空气（或其他氧化剂）与燃烧物接触，使燃烧因缺少助燃物质而停止。

2. 冷却法

将灭火剂直接喷洒在燃烧着的物体上，将可燃物质的温度降到燃点以下以终止燃烧。

3. 隔离法

将火源与火源附近的可燃物隔开，中断可燃物质的供给，控制火势蔓延。

4. 化学抑制灭火法

化学抑制灭火法是灭火剂参与燃烧反应，以抑制燃烧连锁反应进行，使燃烧中断而灭火。

四、常用灭火器

1. 干粉灭火器

干粉灭火器内冲入的灭火剂是干粉。干粉灭火剂是用于灭火的干燥且易于流动的微细粉末，由具有灭火效能的无机盐和少量的添加剂经干燥、粉碎、混合而成微细固体粉末组成。适宜于扑救石油产品、油漆、有机溶剂火灾。也适宜于扑灭液体、气体、电气火灾，有的还能扑救固体火灾，不能扑救轻金属燃烧的火灾。

2. 二氧化碳灭火器

这类灭火器内冲入的是都液化二氧化碳气体，二氧化碳灭火后不留痕迹。适宜于扑救贵重仪器设备、档案资料、计算机室内火灾，带电的低压电器设备和油类火灾，但不适宜用它扑救钾、钠、镁、铝等物质火灾。

3.**"1211"灭火器**

"1211"灭火器内装有卤代烷高效灭火剂。适用于扑救精密仪器、电子设备、文物档案资料火灾，油类火灾。

4.**泡沫灭火器**

有化学泡沫灭火器和空气泡沫灭火器。喷射出的大量二氧化碳及泡沫，它们能黏附在可燃物上，使可燃物与空气隔绝。它最适宜扑救各液体火灾，不能扑救水溶性可燃、易燃液体的火灾（如醇、酯、醚、酮等物质）和电器火灾。

▓▓ 任务二　学习防爆技术 ▓▓

一、爆炸及爆炸的特征

1.定义

爆炸是物质发生急剧的物理、化学变化，在瞬间释放出大量的能量并伴有巨大声响的过程。

2.特征

① 爆炸过程进行得很快。

② 爆炸点附近压力急剧升高，产生冲击波。

③ 发出或大或小的响声。

④ 使周围建筑物或者装置发生震动或遭受破坏。

二、爆炸的分类

爆炸可分为物理爆炸、化学爆炸和核爆炸。

1.物理爆炸

物理爆炸是指物质的物理状态发生急剧变化而引起的爆炸。

2.化学爆炸

化学爆炸是指物质发生急剧化学反应，产生高温、高压而引起的爆炸。

3.核爆炸

核武器或核装置在几微秒的瞬间释放出大量能量的过程。

三、爆炸极限及影响因素

1.爆炸极限

可燃气体、可燃液体的蒸气或可燃粉尘、纤维与空气形成的混合物遇火源会发生爆炸的极限浓度称为爆炸极限。

爆炸下限：在空气中能引起爆炸的最低浓度。

爆炸上限：在空气中能引起爆炸的最高浓度。

只有在爆炸下限和爆炸上限范围之间才有爆炸危险。

2.影响因素

① 初始温度混合系初始温度越高，爆炸极限范围增大。

② 初始压力系初始压力增高，爆炸极限范围也扩大。

③ 惰性气体含量 爆炸性混合物中惰性气体含量增加，其爆炸极限范围缩小。当惰性气体含量增加到某一值时，混合系不再发生爆炸。

④ 容器的尺寸与材质 容器的材质和尺寸对物质爆炸极限均有影响。若容器材质的传热性能好，则由于器壁的热损失大，混合气体的热量难于积累，而导致爆炸范围变小。容器或管道直径越小，爆炸极限范围越小。

⑤ 能源 火花能量、热表面的面积、火源与混合物的接触时间等，对爆炸极限均有影响。光对爆炸极限也有影响。在黑暗中，氢与氯的反应十分缓慢，在光照下则会发生连锁反应引起爆炸。

四、物料的火灾危险性的评价

1. 气体

爆炸极限和自燃点是评价气体火灾爆炸危险的主要指标。

2. 液体

闪点和爆炸极限是评价液体火灾爆炸危险性的主要指标。

3. 固体

固体的火灾爆炸危险性评价主要指标取决于固体的熔点、着火点、自燃点、比表面积及热分解性能等。

五、爆炸的危害

1. 直接的破坏作用

设备容器被炸毁，碎片可在 $100 \sim 500 m$ 内分散，在大范围内造成危害。

2. 冲击波的破坏作用

爆炸产生的高压高温高能的气体向活塞一样挤压周围的空气，形成冲击波。对周围的建筑物，设备和人员的震荡作用，而造成破坏和伤害。

3. 造成火灾

爆炸产生的高温热量，容器破裂的静电放电能把周围的可燃性物体点燃，引起火灾。

4. 造成中毒和环境的污染

好多物质不仅可燃，而且有毒性。

项目二　危险化学品安全技术

任务一　学习化学危险品基础知识

一、概念

危险化学品是指当受到摩擦、撞击、震动，接触热源或火源、日光暴晒、遇水受潮、遇性能相抵触的物品等外界条件的作用下，会导致燃烧、爆炸、中毒、灼烧及污染环境事故的化学品。

二、危险化学品的类别

据 GB 13690—92《常用危险化学品分类及标志》，将危险化学品分为以下 8 类。
① 爆炸品。如火药、烟花爆竹。
② 压缩气体和液化气体。如压缩纯氧、液化石油气。
③ 易燃液体。如汽油、柴油、酒精。
④ 易燃固体，自燃物品和遇湿易燃物品。如木材、油布、电石 CaC_2。
⑤ 氧化物和有机过氧化物。如硝酸钾、过氧乙酸。
⑥ 毒害品。
⑦ 放射性物品。
⑧ 腐蚀品 。

三、危险化学品的危险特性

化学活性与危险性化学性质活泼，易与其他物质发生各种化学反应。

1. 燃烧性

压缩气体和液化气体、易燃液体、易燃固体、自燃物品和遇湿易燃物品、氧化剂和有机过氧化物均可能发生燃烧而导致火灾事故。

2. 爆炸性

爆炸品、压缩气体和液化气体、易燃液体、易燃固体（可燃粉尘）、自燃物品和遇湿易燃物品、氧化剂和有机过氧化物都有可能引起爆炸。

3. 毒性

除毒害品和感染性物品会使人中毒外，压缩气体和液化气体、易燃液体、易燃固体等的一些物质也会致人中毒。

4. 腐蚀性

酸性腐蚀品、碱性腐蚀品对人体有灼伤，对金属物品有腐蚀作用。

任务二 危险化学品管理

为了加强危险化学品的安全管理，预防和减少危险化学品事故，保障人民群众生命财产安全，保护环境，我国颁布有《危险化学品安全管理条例》。

（1）生产、储存、使用、经营、运输危险化学品的单位的主要负责人对本单位的危险化学品安全管理工作全面负责。

危险化学品单位应当具备法律、行政法规规定和国家标准、行业标准要求的安全条件，建立、健全安全管理规章制度和岗位安全责任制度，对从业人员进行安全教育、法制教育和岗位技术培训。从业人员应当接受教育和培训，考核合格后上岗作业；对有资格要求的岗位，应当配备依法取得相应资格的人员。

（2）任何单位和个人不得生产、经营、使用国家禁止生产、经营、使用的危险化学品。

（3）对危险化学品的生产、储存、使用、经营、运输实施安全监督管理的有关部门（以下统称负有危险化学品安全监督管理职责的部门），依照下列规定履行职责。

① 安全生产监督管理部门负责危险化学品安全监督管理综合工作，组织确定、公布、调整危险化学品目录，对新建、改建、扩建生产、储存危险化学品（包括使用长输管道输送危险化学品）的建设项目进行安全条件审查，核发危险化学品安全生产许可证、危险化学品安全使用许可证和危险化学品经营许可证，并负责危险化学品登记工作。

② 公安机关负责危险化学品的公共安全管理，核发剧毒化学品购买许可证、剧毒化学品道路运输通行证，并负责危险化学品运输车辆的道路交通安全管理。

③ 质量监督检验检疫部门负责核发危险化学品及其包装物、容器（不包括储存危险化学品的固定式大型储罐）生产企业的工业产品生产许可证，并依法对其产品质量实施监督，负责对进出口危险化学品及其包装实施检验。

④ 环境保护主管部门负责废弃危险化学品处置的监督管理，组织危险化学品的环境危害性鉴定和环境风险程度评估，确定实施重点环境管理的危险化学品，负责危险化学品环境管理登记和新化学物质环境管理登记；依照职责分工调查相关危险化学品环境污染事故和生态破坏事件，负责危险化学品事故现场的应急环境监测。

⑤ 交通运输主管部门负责危险化学品道路运输、水路运输的许可以及运输工具的安全管理，对危险化学品水路运输安全实施监督，负责危险化学品道路运输企业、水路运输企业驾驶人员、船员、装卸管理人员、押运人员、申报人员、集装箱装箱现场检查员的资格认定。

⑥ 卫生主管部门负责危险化学品毒性鉴定的管理，负责组织、协调危险化学品事故受伤人员的医疗卫生救援工作。

⑦ 工商行政管理部门依据有关部门的许可证件，核发危险化学品生产、储存、经营、运输企业营业执照，查处危险化学品经营企业违法采购危险化学品的行为。

⑧ 邮政管理部门负责依法查处寄递危险化学品的行为。

项目三　安全用电技术

任务一　分析触电原因和类型

一、触电

当人体触及带电体承受过高的电压而导致死亡或局部受伤的现象称为触电。触电事故是最常见的电气事故之一。

二、安全电流和电压

我国规定安全电流为 30mA·s，即触电时间在 1s 内，通过人体的最大允许电流为 30mA。电流超过 50mA，为致命电流，流过人体时，人会在极短时间内心脏停止跳动，失去知觉进而导致死亡。

电流的频率在 40～60Hz 时对人体最危险。

我国安全电压的额定值分为 42V、36V、24V、12V 和 6V 五个等级。当电气设备采用 24V 以上安全电压时，必须采取防护直接接触电击的措施。工厂进行设备检修使用的手灯及机床照明都采用安全电压。

三、触电造成的人身伤害

1. 电击

电流流过人体内部，对心脏、神经系统和呼吸系统等造成严重伤害甚至危及生命。绝大部分的触电事故都是由电击造成的。

2. 电伤

电流流过人体表面，由于热效应、化学效应、机械效应所造成的人体外伤造成的人体表面灼伤、烙伤等。

四、触电事故常见类型

1. 单相触电

当人体和大地之间处于不绝缘状态时，身体的某个部分和单相带电体接触，电流通过人体流入大地，造成触电事故，这种形式的触电称为单相触电。

2. 两相触电

也称为相间触电，是指人体同时接触到两条不同的相线，电流由一根相线经过人体流向另一根相线的触电形式。

3. 跨步电压触电

当高压电线落地时，电流从接地点流入地中，以落地点为圆心向周围流散。当人站在接地点周围时，两脚之间承受跨步电压引起的触电称为跨步电压触电。

一般在 20m 之外，跨步电压就降为零。如果误入接地点附近，应双脚并拢或单脚跳出危险区。

五、发生触电事故的常见原因

① 缺乏用电常识，误触带电导线。

② 不遵守操作规程，直接接触带电体。

③ 设备漏电、输电线路落地、误操作等。

■■■ 任务二 触电急救 ■■■

触电事故发生后，如果能及时采取正确的救护措施，死亡率可大大降低。触电急救分为以下两步。

一、切断电源

最有效的措施是以最快的速度拉下电源开关。如果一时无法切断电源可用绝缘棒将电线挑开，尽快使触电者脱离电源。

触电者未脱离电源前，千万不可直接或通过导体接触触电者，否则可能会造成抢救者触电伤亡。

二、抢救

触电者脱离电源后，应根据触电者的具体情况，进行就地抢救，并及时请医生到现场。

① 触电者神志清醒，应将其躺平，就地安静休息，不要让触电者走动，以减轻心脏负担，并应严密观察呼吸和脉搏变化。

② 触电者还有心跳、呼吸的应使其在空气清新的地方平躺，解开妨碍呼吸的衣扣、腰带。

③ 触电者心跳已停止，应立即采用人工心脏挤压法，使伤者维持血液循环。

④ 触电者呼吸已经停止，应立即采用口对口人工呼吸法。

⑤ 触电者心跳和呼吸都停止，应同时采用以上两种方法，并且边急救边送往医院。

项目四　压力容器安全技术

▓▓▓ 任务一　认识压力容器 ▓▓▓

压力容器是承载一定压力或者盛放易燃易爆品的设备。

一、压力容器的分类

1. 按承受压力的等级分

（1）低压容器（代号 L）　$0.1\text{MPa}\leqslant p<1.6\text{MPa}$。

（2）中压容器（代号 M）　$1.6\text{MPa}\leqslant p<10.0\text{MPa}$。

（3）高压容器（代号 H）　$10.0\text{MPa}\leqslant p<100.0\text{MPa}$。

（4）超高压容器（代号 U）　$p\geqslant 100.0\text{MPa}$。

2. 按在生产中的作用分

（1）反应压力容器（代号 R）　主要是用于完成介质的物理、化学反应的压力容器。如反应器、反应釜等。

（2）换热压力容器（代号 E）　主要是用于完成介质的热量交换的压力容器。如管壳式余热锅炉、热交换器等。

（3）分离压力容器（代号 S）　主要是用于完成介质的流体压力平衡缓冲和气体净化分离的压力容器。如分离器、过滤器等。

（4）储存压力容器（代号 C，其中球罐代号 B）　主要是用于储存、盛装气体、液体、液化气体等介质的压力容器，如各种型式的储罐。

3. 按盛装介质分

非易燃、无毒、易燃或有毒、剧毒。

二、压力容器的操作条件

1. 压力

压力容器的压力可以来自两个方面，一是容器外产生（增大）的，二是容器内产生（增大）的。

（1）最高工作压力　多指在正常操作情况下，容器顶部可能出现的最高压力。

（2）设计压力　是指在相应设计温度下用以确定容器壳体厚度的压力，亦即标注在铭牌上的容器设计压力，压力容器的设计压力值不得低于最高工作压力。

2. 温度

（1）金属温度　指容器受压元件沿截面厚度的平均温度。任何情况下，元件金属的表面温度不得超过钢材的允许使用温度。

（2）设计温度　指容器在正常操作情况下，在相应设计压力下，壳壁或元件金属可能达到的最高或最低温度。容器设计温度（即标注在容器铭牌上的设计介质温度）是指壳体的设计温度。

▨▨▨ 任务二　压力容器泄压 ▨▨▨

为了确保压力容器安全运行，防止设备由于过量超压而发生事故，除了从根本上采取措施消除或减少可能引起压力容器超压的各种因素以外，装设安全泄压装置是一个关键措施。

一般情况下，安全泄压装置除了具有自动泄压这一主要功能外，还有自动报警的作用。常用的安全泄压装置有安全阀、防爆片、防爆帽和易熔塞以及组合型泄压装置。

一、安全阀

安全阀是通过阀的自动开启排出气体来降低器内的过高压力。压力容器在正常工作压力运行时，安全阀保持严密不漏；当压力超过设定值时，安全阀在压力作用下自行开启，使容器泄压，泄至正常值时，它又能自行关闭。

二、防爆片

防爆片又称防爆膜、防爆板，多用于中低压容器，是一种断裂型的安全泄压装置。防爆片具有密封性能好，反应动作快以及不易受介质中粘污物的影响等优点。但它是通过膜片的断裂来泄压的，所以泄后不能继续使用，容器也被迫停止运行。因此它只是在不宜装设安全阀的压力容器上使用。

三、防爆帽

防爆帽又称爆破帽，是一种断裂型安全泄压装置，多用于超高压容器。它的主要元件是一个一端封闭、中间具有干薄弱断面的厚壁短管。当容器的压力超过规定时，防爆帽即从薄弱断面处断裂，气体从管孔中排出。为了防止防爆帽断裂后飞出伤人，在它的外面应装有保护装置。爆破片的破裂速度高，故卸压反应快，但是泄压后爆破元件不能继续使用。

四、易熔塞

易熔塞是利用装置内的低熔点合金在较高的温度下熔化，打开通路，使器内的气体从原来填充有易熔合金的孔中排放出来而泄放压力。特点是结构简单，容易更换，动作压力较易控制，但是装置动作后元件不能继续工作，容器被迫停止运行，而且装置的泄放面积较小。

五、组合型泄压装置

常用的是安全阀和爆破片的组合结构或安全阀和易熔塞的组合结构。安全阀和爆破片组合而成的组合型泄压装置，既可防止单独用安全阀的泄漏，又可以在完成排放过高压力的动作后恢复容器的继续使用。

项目五　三废污染治理

三废即废气、废水和固体废弃物的总称。工业三废中含有多种有毒、有害物质，若不经妥善处理，如未达到规定的排放标准而排放到环境（大气、水域、土壤）中，超过环境自净能力的容许量，就对环境产生了污染，破坏生态平衡和自然资源，影响工农业生产和人民健康。

我国对"三废"的排放和处理都有标准和规定，对不同情况，采取多级净化、去污、压缩减容、焚烧、固化等措施处理、处置。这个过程称为"三废"处理与处置。

■■■ 任务一　废水处理 ■■■

一、废水的分类及污染

1. 废水的分类

根据废水来源可分为城市污水和农业废水。城市废水又分为：生活污水、工业污水和雨水。工业废水是指工业生产过程中产生的废水、污水和废液，其中含有随水流失的工业生产用料、中间产物和产品以及生产过程中产生的污染物。

2. 工业废水的污染

工业废水造成的污染主要有：有机需氧物质污染，化学毒物污染，无机固体悬浮物污染，重金属污染，酸污染，碱污染，植物营养物质污染，热污染，病原体污染等。

3. 工业废水的排放特点

① 排放量大、方式多、范围广。

② 种类繁多，浓度波动范围大。

③ 迁移变化规律差异大。

④ 毒性强、危害大、不宜治理和恢复困难。

二、废水的处理

废水处理就是利用物理、化学和生物的方法对废水进行处理，使废水净化，减少污染，以至达到废水回收、复用，充分利用水资源。

1. 分级

按处理程度，废水处理（主要是城市生活污水和某些工业废水）一般可分为三级。

一级处理的任务是从废水中去除呈悬浮状态的固体污染物。为此，多采用物理处理法。一般经过一级处理后，悬浮固体的去除率为 70%～80%，而生化需氧量（BOD）的去除率只有 25%～40%，废水的净化程度不高。

二级处理的任务是大幅度地去除废水中的有机污染物，以 BOD 为例，一般通过二级处理后，废水中的 BOD 可去除 80%～90%，如城市污水处理后水中的 BOD 含量可低于

30mg/L。需氧生物处理法的各种处理单元大多能够达到这种要求。

三级处理的任务是进一步去除二级处理未能去除的污染物，其中包括微生物未能降解的有机物、磷、氮和可溶性无机物。

三级处理耗资较大，管理也较复杂，但能充分利用水资源。有少数国家建成了一些污水三级处理厂。

2. 处理方法

（1）物理法　通过物理作用分离、回收废水中不溶解的呈悬浮状态的污染物（包括油膜和油珠）的废水处理法，可分为重力分离法、离心分离法和筛滤截留法等。以热交换原理为基础的处理法也属于物理处理法。

（2）化学法　通过化学反应和传质作用来分离、去除废水中呈溶解、胶体状态的污染物或将其转化为无害物质的废水处理法。在化学处理法中，以投加药剂产生化学反应为基础的处理单元是：混凝、中和、氧化还原等；而以传质作用为基础的处理单元则有：萃取、汽提、吹脱、吸附、离子交换以及电渗析和反渗透等。后两种处理单元又合称为膜分离技术。其中运用传质作用的处理单元既具有化学作用，又有与之相关的物理作用，所以也可从化学处理法中分出来，成为另一类处理方法，称为物理化学法。

（3）生物法　通过微生物的代谢作用，使废水中呈溶液、胶体以及微细悬浮状态的有机污染物，转化为稳定、无害物质的废水处理法。根据作用微生物的不同，生物处理法又可分为需氧生物处理和厌氧生物处理两种类型。废水生物处理广泛使用的是需氧生物处理法，按传统，需氧生物处理法又分为活性污泥法和生物膜法两类。活性污泥法本身就是一种处理单元，它有多种运行方式。属于生物膜法的处理设备有生物滤池、生物转盘、生物接触氧化池以及生物流化床等。生物氧化塘法又称自然生物处理法。厌氧生物处理法，又名生物还原处理法，主要用于处理高浓度有机废水和污泥。使用的处理设备主要为消化池。

▰▰▰ 任务二　废气处理 ▰▰▰

一、废气的分类与污染

1. 废气的分类

废气是指人类在生产和生活过程中排出的有毒有害的气体。各类生产企业排放的工业废气是大气污染物的重要来源。工业废气指企业厂区内燃料燃烧和生产工艺过程中产生的各种排入空气的含有污染物气体的总称。工业废气包括有机废气和无机废气。有机废气主要包括各种烃类、醇类、醛类、酸类、酮类和胺类等；无机废气主要包括硫氧化物、氮氧化物、碳氧化物、卤素及其化合物等。

2. 工业废气的污染

工业废气污染主要是对大气污染。主要污染物有烟尘、二氧化硫，此外，还有氮氧化物和一氧化碳。大气污染能引起呼吸系统疾病，造成人体急性中毒或者慢性中毒。大气污染还会致癌，致癌物主要有 3,4-苯并芘和含 Pb 的化合物。

二、工业废气的处理

工业废气处理是指专门针对工业场所如工厂、车间产生的废气在对外排放前进行预处理，以达到国家废气对外排放标准的工作。

1. 工业废气处理的特点

废气处理设备功率较大、风量较大、效果较好。工业废气处理要能有效去除工厂车间产生的苯、甲苯、二甲苯、醋酸乙酯、丙酮丁酮、乙醇、丙烯酸、甲醛等有机废气，硫化氢、二氧化硫、氨等酸碱废气。

2. 处理方法

工业废气处理方法有活性炭吸附法、催化燃烧法、催化氧化法、酸碱中和法、生物洗涤、生物滴滤法、等离子法等。

▓▓ 任务三　废渣处理 ▓▓

一、废渣的分类与污染

1. 废渣的分类

废渣指人类生产和生活过程中排出或投弃的固体、液体废弃物。按其来源分为工业废渣、农业废渣和城市生活垃圾等。

工业废渣是指在工业生产中，排放出的有毒的、易燃的、有腐蚀性的、传染疾病的、有化学反应性的以及其他有害的固体废物。

2. 废渣的污染

由于固体废弃物产生量大，目前大多数处于堆放，因此造成侵占土壤，污染土壤、大气和地下水。

二、废渣的处理

1. 固体废物的热解

利用有机物的热不稳定性，在无氧或缺氧的条件下受热分解的过程。有热解法和焚烧法。焚烧的主要产物是二氧化碳和水，而热解的主要产物是可燃的低分子化合物。国外利用热解法处理固化废物已达到工业规模，虽然还存在一些问题，但实践表明，这是一种有前途的固体废物处理方法。

2. 废渣固化

利用物理或化学方法将有害废物固定或包容在惰性质材料中，使其呈现化学稳定性或密封性的一种无害化处理方法。固化后的产物应具有良好的力学性能、抗渗透、抗浸出、抗干、抗湿与冻、抗融等特性。

3. 化学处理

针对固体废物是易于对环境造成严重后果的有毒有害化学成分，采用化学转化的方法，使之达到无害化。化学处理方法主要有中和法和氧化还原法。

项目一 离心泵单元仿真

■■■ 任务一 认识离心泵单元仿真流程 ■■■

一、操作装置及流程

本装置时将来自某一设备约 40℃的带压液体经调节阀 LV101 进入带压罐 V101，罐液位由液位控制器 LIC101 通过调节 V101 的进料量来控制；罐内压力由 PIC101 分程控制，PV101A、PV101B 分别调节进入 V101 和出 V101 的氮气量，从而保持罐压恒定在 5.0atm（表）。罐内液体由泵 P101A/B 抽出，泵出口流量在流量调节器 FIC101 的控制下输送到其他设备。图 8-1 和图 8-2 为精馏系统 DCS 图和现场图。

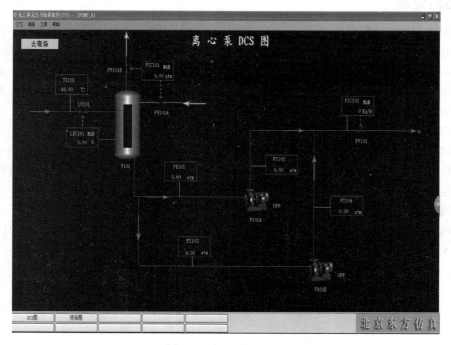

图 8-1 离心泵 DCS 图

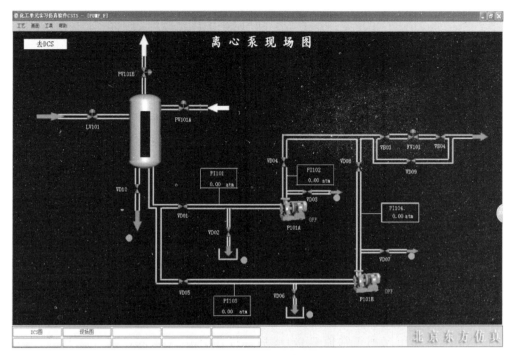

图 8-2　离心泵现场图

二、设备

离心泵单元仿真操作设备如表 8-1。

表 8-1　离心泵单元仿真操作设备

设备位号	设备名称
V101	离心泵前罐
P101A	离心泵 A
P101B	离心泵 B（备用泵）

三、仪表

离心泵单元仿真仪表如表 8-2。

表 8-2　离心泵单元仿真仪表

位　号	说　明	正常值	量程上限	量程下限	工程单位
FIC101	离心泵出口流量	20000.0	40000.0	0.0	kg/h
LIC101	V101 液位控制系统	50.0	100.0	0.0	%
PIC101	V101 压力控制系统	5.0	10.0	0.0	atm(G)
PI101	泵 P101A 入口压力	4.0	20.0	0.0	atm(G)
PI102	泵 P101A 出口压力	12.0	30.0	0.0	atm(G)
PI103	泵 P101B 入口压力		20.0	0.0	atm(G)
PI104	泵 P101B 出口压力		30.0	0.0	atm(G)
TI101	进料温度	50.0	100.0	0.0	DEG C

▓▓▓ 任务二   离心泵仿真操作 ▓▓▓

一、冷态开车

第一步，登录仿真软件系统，进入离心泵单元仿真冷态开车工艺。

第二步，根据操作质量评分系统进行相应操作，整个过程共有三大步。

1. 罐 V101 的操作

（1）向罐 V101 充液

① 打开 LIC101 调节阀，开度约为 30％，向 V101 罐充液。

② 当 LIC101 达到 50％时，LIC101 设定 50％，投自动。

（2）罐 V101 充压

① 待 V101 罐液位＞5％后，缓慢打开分程压力调节阀 PV101A 向 V101 罐充压。

② 当压力升高到 5.0atm 时，PIC101 设定 5.0 atm，投自动。

2. 启动离心泵

（1）灌泵、排气。

① 待 V101 罐充压充到正常值 5.0atm 后，打开 P101A 泵入口阀 VD01，向离心泵充液，当其入口压力 PI101 达到 5.0atm 时，表明充液已完成。

② 打开 P101A 泵后排气阀 VD03 排放泵内不凝性气体，观察 P101A 泵后排空阀 VD03 的出口，当有液体溢出时，显示标志变为绿色，标志着 P101A 泵已无不凝气体，关闭 P101A 泵后排空阀 VD03，启动离心泵的准备工作已就绪。

（2）启动离心泵，P101A（或 B）泵。

（3）待 PI102 指示比入口压力大 1.5～2.0 倍后，打开 P101A 泵出口阀（VD04）。

3. 出料

打开 FIC101 调节阀的前阀、后阀，逐渐开大 FIC101 的开度，使 PI101、PI102 趋于正常值。

二、正常运行

第一步，登录仿真软件系统，选择离心泵单元仿真-正常运行工艺。

第二步，熟悉工艺流程和正常工况下的各工艺参数，根据操作质量评分系统，密切关注各参数的变化，发现不正常时，分析原因，及时作出相应的调节。调节过程中，可任意改变泵、按键的开关状态，手动阀的开度及液位调节阀、流量调节阀、分程压力调节阀的开度。

P101A 泵功率正常值：15kW

FIC101 量程正常值：20t/h

正常工况操作参数如下。

① P101A 泵出口压力 PI102：12.0atm。

② V101 罐液位 LIC101：50.0％。

③ V101 罐内压力 PIC101：5.0atm。

④ 泵出口流量 FIC101：20000kg/h。

三、正常停车

第一步，登录仿真软件系统，选择离心泵单元仿真-正常停车工艺。

第二步，根据操作质量评分系统进行操作。

1. V101 罐停进料

LIC101 置手动，并手动关闭调节阀 LV101，停 V101 罐进料。

2. 停泵

① 待罐 V101 液位小于 10％时，关闭 P101A（或 B）泵的出口阀（VD04）。

② 停 P101A 泵。

③ 关闭 P101A 泵前阀 VD01。

④ FIC101 置手动并关闭调节阀 FV101 及其前、后阀（VB03、VB04）。

3. 泵 P101A 泄液

打开泵 P101A 泄液阀 VD02，观察 P101A 泵泄液阀 VD02 的出口，当不再有液体泄出时，显示标志变为红色，关闭 P101A 泵泄液阀 VD02。

4. V101 罐泄压、泄液

① 待罐 V101 液位小于 10％时，打开 V101 罐泄液阀 VD10。

② 待 V101 罐液位小于 5％时，打开 PIC101 泄压阀。

③ 观察 V101 罐泄液阀 VD10 的出口，当不再有液体泄出时，显示标志变为红色，待罐 V101 液体排净后，关闭泄液阀 VD10。

四、事故处理

第一步，登录仿真软件系统，选择离心泵单元仿真-泵坏或阀卡或入口管堵或气蚀或气敷工艺。第二步，根据操作质量评分系统进行操作

1. P101A 泵坏操作规程

事故现象：① P101A 泵出口压力急剧下降。

② FIC101 流量急剧减小。

处理方法：切换到备用泵 P101B。

① 全开 P101B 泵入口阀 VD05、向泵 P101B 灌液，全开排空阀 VD07 排 P101B 的不凝气，当显示标志为绿色后，关闭 VD07。

② 灌泵和排气结束后，启动 P101B。

③ 待泵 P101B 出口压力升至入口压力的 1.5～2 倍后，打开 P101B 出口阀 VD08，同时缓慢关闭 P101A 出口阀 VD04，以尽量减少流量波动。

④ 待 P101B 进出口压力指示正常，按停泵顺序停止 P101A 运转，关闭泵 P101A 入口阀 VD01，并通知维修工。

2. 调节阀 FV101 阀卡操作规程

事故现象：FIC101 的液体流量不可调节。

处理方法：①打开 FV101 的旁通阀 VD09，调节流量使其达到正常值；②手动关闭调节阀 FV101 及其后阀 VB04、前阀 VB03；③ 通知维修部门。

3. P101A 入口管线堵操作规程

事故现象：①P101A 泵入口、出口压力急剧下降；②FIC101 流量急剧减小到零。

处理方法：按泵的切换步骤切换到备用泵 P101B，并通知维修部门进行维修。

4. P101A 泵气蚀操作规程

事故现象：①P101A 泵入口、出口压力上下波动；② P101A 泵出口流量波动（大部分时间达不到正常值）。

处理方法：按泵的切换步骤切换到备用泵 P101B。

5. P101A 泵气缚操作规程

事故现象：①P101A 泵入口、出口压力急剧下降；②FIC101 流量急剧减少。

处理方法：按泵的切换步骤切换到备用泵 P101B。

项目二　精馏单元仿真操作

■■■　任务一　认识精馏单元仿真流程　■■■

一、操作装置及流程

本装置是利用精馏方法，在脱丁烷塔中将丁烷从脱丙烷塔釜混合物中分离出来。本装置中将脱丙烷塔釜混合物部分气化，由于丁烷的沸点较低，即其挥发度较高，故丁烷易于从液相中气化出来，再将气化的蒸汽冷凝，可得到丁烷组成高于原料的混合物，经过多次气化冷凝，即可达到分离混合物中丁烷的目的。

原料为 $67.8℃$ 脱丙烷塔的釜液（主要有 C_4、C_5、C_6、C_7 等），由脱丁烷塔（DA405）的第 16 块板进料（全塔共 32 块板），进料量由流量控制器 FIC101 控制。灵敏板温度由调节器 TC101 通过调节再沸器加热蒸汽的流量，来控制提馏段灵敏板温度，从而控制丁烷的分离质量。

图 8-3 和图 8-4 为精馏系统 DCS 图和现场图。

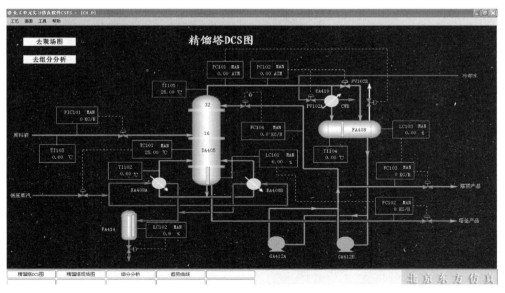

图 8-3　精馏塔 DCS

脱丁烷塔塔釜液（主要为 C_5 以上馏分）一部分作为产品采出，另一部分经再沸器（EA418A、EA418B）部分汽化为蒸汽从塔底上升。塔釜的液位和塔釜产品采出量由 LC101 和 FC102 组成的串级控制器控制。再沸器采用低压蒸汽加热。塔釜蒸汽缓冲罐（FA-414）液位由液位控制器 LC102 调节底部采出量控制。

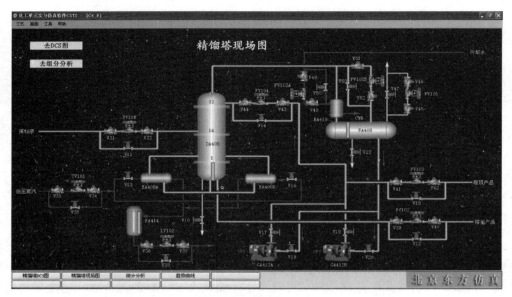

图 8-4   精馏塔现场图

塔顶的上升蒸汽（C_4 馏分和少量 C_5 馏分）经塔顶冷凝器（EA-419）全部冷凝成液体，该冷凝液靠位差流入回流罐（FA-408）。塔顶压力 PC102 采用分程控制：在正常的压力波动下，通过调节塔顶冷凝器的冷却水量来调节压力，当压力超高时，压力报警系统发出报警信号，PC102 调节塔顶至回流罐的排气量来控制塔顶压力调节气相出料。操作压力 4.25atm（表压），高压控制器 PC101 将调节回流罐的气相排放量，来控制塔内压力稳定。冷凝器以冷却水为载热体。回流罐液位由液位控制器 LC103 调节塔顶产品采出量来维持恒定。回流罐中的液体一部分作为塔顶产品送下一工序，另一部分液体由回流泵（GA-412A、B）送回塔顶做为回流，回流量由流量控制器 FC104 控制。

二、设备

精馏单元仿真操作设备如表 8-3。

表 8-3   精馏单元仿真操作设备

设备位号	设备名称	设备位号	设备名称
DA-405	脱丁烷塔	GA-412A、B	回流泵
EA-419	塔顶冷凝器	EA-418A、B	塔釜再沸器
FA-408	塔顶回流罐	FA-414	塔釜蒸汽缓冲罐

三、仪表

精馏单元仿真操作仪表如表 8-4。

表 8-4   精馏单元仿真操作仪表

位号	说明	正常值	量程高限	量程低限	工程单位
FIC101	塔进料量控制	14056.0	28000.0	0.0	kg/h
FC102	塔釜采出量控制	7349.0	14698.0	0.0	kg/h

续表

位号	说明	正常值	量程高限	量程低限	工程单位
FC103	塔顶采出量控制	6707.0	13414.0	0.0	kg/h
FC104	塔顶回流量控制	9664.0	19000.0	0.0	kg/h
PC101	塔顶压力控制	4.25	8.5	0.0	atm
PC102	塔顶压力控制	4.25	8.5	0.0	atm
TC101	灵敏板温度控制	89.3	190.0	0.0	℃
LC101	塔釜液位控制	50.0	100.0	0.0	%
LC102	塔釜蒸汽缓冲罐液位控制	50.0	100.0	0.0	%
LC103	塔顶回流罐液位控制	50.0	100.0	0.0	%
TI102	塔釜温度	109.3	200.0	0.0	℃
TI103	进料温度	67.8	100.0	0.0	℃
TI104	回流温度	39.1	100.0	0.0	℃
TI105	塔顶气温度	46.5	100.0	0.0	℃

▣▣▣ 任务二　精馏仿真操作 ▣▣▣

一、正常开车

第一步，登录仿真软件系统，进入精馏塔工艺仿真-冷态开车工艺。

第二步，根据操作质量评分系统进行相应操作，整个过程共有四大步。

1. 进料过程

① 开 FA-408 顶放空阀 PC101 排放不凝气，稍开 FIC101 调节阀（不超过 20%），向精馏塔进料。

② 进料后，塔内温度略升，压力升高。当压力 PC101 升至 0.5atm 时，关闭 PC101 调节阀投自动，并控制塔压不超过 4.25atm（如果塔内压力大幅波动，改回手动调节稳定压力）。

2. 启动再沸器

① 当压力 PC101 升至 0.5atm 时，打开冷凝水 PC102 调节阀至 50%；塔压基本稳定在 4.25atm 后，可加大塔进料（FIC101 开至 50% 左右）。

② 待塔釜液位 LC101 升至 20% 以上时，开加热蒸汽入口阀 V13，再稍开 TC101 调节阀，给再沸器缓慢加热，并调节 TC101 阀开度使塔釜液位 LC101 维持在 40%～60%。待 FA-414 液位 LC102 升至 50% 时，并投自动，设定值为 50%。

3. 建立回流

随着塔进料增加和再沸器、冷凝器投用，塔压会有所升高。回流罐逐渐积液。

① 塔压升高时，通过开大 PC102 的输出，改变塔顶冷凝器冷却水量和旁路量来控制塔压稳定。

② 当回流罐液位 LC103 升至 20% 以上时，先开回流泵 GA412A/GA412B 的入口阀 V19，再启动泵，再开出口阀 V17，启动回流泵。

③ 通过 FC104 的阀开度控制回流量，维持回流罐液位不超高，同时逐渐关闭进料，全

回流操作。

此步骤中，PV102A 和 PV102B 是通过分程控制器 PIC102 分别控制，当 PC102.OP 逐渐开大时，PV102A 从 0 逐渐开大到 100；而 PV102B 从 100 逐渐关小至 0。

分程控制：是由一只调节器的输出信号控制两只或更多的调节阀，每只调节阀在调节器的输出信号的某段范围中工作。

4. 调整至正常

① 当各项操作指标趋近正常值时，打开进料阀 FIC101。

② 逐步调整进料量 FIC101 至正常值。

③ 通过 TC101 调节再沸器加热量使灵敏板温度 TC101 达到正常值。

④ 逐步调整回流量 FC104 至正常值。

⑤ 开 FC103 和 FC102 出料，注意塔釜、回流罐液位。

⑥ 将各控制回路投自动，各参数稳定并与工艺设计值吻合后，投产品采出串级。

此步骤中，回流罐液位 LC103（主调节器）和产品采出 FC103（副调节器）构成串级回路。DA405 的塔釜液位控制 LC101（主调节器）和塔釜出料 FC102（副调节器）也构成一串级回路。

串级回路由主、副调节器串联，主调节器的输出为副调节器的给定值，系统通过副调节器的输出操纵调节阀动作，实现对主参数的定值调节，也就是说串级回路调节系统中，主回路是定值调节系统，副回路是随动系统。

二、正常运行

第一步，登录仿真软件系统，进入精馏塔工艺仿真-正常运行工艺。

第二步，熟悉工艺流程和正常工况下的各工艺参数，根据操作质量评分系统，密切关注各参数的变化，发现不正常时，分析原因，及时作出相应的调节。

正常工况下的工艺参数如下。

① 进料流量 FIC101 设为自动，设定值为 14056kg/h。

② 塔釜采出量 FC102 设为串级，设定值为 7349kg/h，LC101 设自动，设定值为 50%。

③ 塔顶采出量 FC103 设为串级，设定值为 6707kg/h。

④ 塔顶回流量 FC104 设为自动，设定值为 9664kg/h。

⑤ 塔顶压力 PC102 设为自动，设定值为 4.25atm，PC101 设自动，设定值为 5.0atm。

⑥ 灵敏板温度 TC101 设为自动，设定值为 89.3℃。

⑦ FA-414 液位 LC102 设为自动，设定值为 50%。

⑧ 回流罐液位 LC103 设为自动，设定值为 50%。

三、能力拓展

（1）质量调节　本系统的质量调节采用以提馏段灵敏板温度作为主参数，以再沸器和加热蒸汽流量的调节系统，以实现对塔的分离质量控制。

（2）压力控制　在正常的压力情况下，由塔顶冷凝器的冷却水量来调节压力，当压力高于操作压力 4.25atm（表压）时，压力报警系统发出报警信号，同时调节器 PC101 将调节回流罐的气相出料，为了保持同气相出料的相对平衡，该系统采用压力分程调节。

（3）液位调节　塔釜液位由调节塔釜的产品采出量来维持恒定。设有高低液位报警。回流罐液位由调节塔顶产品采出量来维持恒定。设有高低液位报警。

（4）流量调节　进料量和回流量都采用单回路的流量控制；再沸器加热介质流量，由灵敏板温度调节。

四、正常停车

第一步，登录仿真软件系统，进入精馏塔工艺仿真-正常停车工艺。

第二步，根据操作质量评分系统进行操作，共四大步。

1. 降负荷

① 逐步关小 FIC101 调节阀，降低进料至正常进料量的 70%。

② 在降负荷过程中，保持灵敏板温度 TC101 的稳定性和塔压 PC102 的稳定，使精馏塔分离出合格产品。

③ 在降负荷过程中，尽量通过 FC103 排出回流罐中的液体产品，至回流罐液位 LC104 在 20% 左右。

④ 在降负荷过程中，尽量通过 FC102 排出塔釜产品，使 LC101 降至 30% 左右。

2. 停进料和再沸器

在负荷降至正常的 70%，且产品已大部采出后，停进料和再沸器。

① 关 FIC101 调节阀，停精馏塔进料。

② 关 TC101 调节阀和 V13 或 V16 阀，停再沸器的加热蒸汽。

③ 关 FC102 调节阀和 FC103 调节阀，停止产品采出。

④ 打开塔釜泄液阀 V10，排不合格产品，并控制塔釜降低液位。

⑤ 手动打开 LC102 调节阀，对 FA-114 泄液。

3. 停回流

① 停进料和再沸器后，回流罐中的液体全部通过回流泵打入塔，以降低塔内温度。

② 当回流罐液位至 0 时，关 FC104 调节阀，关泵出口阀 V17（或 V18），停泵 GA412A（或 GA412B），关入口阀 V19（或 V20），停回流。

③ 开泄液阀 V10 排净塔内液体。

4. 降压、降温

① 打开 PC101 调节阀，将塔压降至接近常压后，关 PC101 调节阀。

② 全塔温度降至 50℃ 左右时，关塔顶冷凝器的冷却水（PC102 的输出至 0）。

五、事故处理

登录仿真软件系统，进入精馏塔工艺仿真-蒸汽压力高或低、冷凝水中断、停电、泵坏、阀卡、停蒸汽、结垢、仪表风中断、进料压力突然增大、再沸器积水、回流罐液位超高、塔釜轻组分含量偏高、随机事故等工艺。

1. 热蒸汽压力过高

原因：热蒸汽压力过高。

现象：加热蒸汽的流量增大，塔釜温度持续上升。

处理：适当减小 TC101 的阀门开度。

2. 热蒸汽压力过低

原因：热蒸汽压力过低。

现象：加热蒸汽的流量减小，塔釜温度持续下降。

处理：适当增大 TC101 的开度。

3. 冷凝水中断

原因：停冷凝水。

现象：塔顶温度上升，塔顶压力升高。

处理：①开回流罐放空阀 PC101 保压；②手动关闭 FC101，停止进料；③手动关闭 TC101，停加热蒸汽；④手动关闭 FC103 和 FC102，停止产品采出；⑤开塔釜排液阀 V10，排不合格产品；⑥手动打开 LIC102，对 FA114 泄液；⑦当回流罐液位为 0 时，关闭 FIC104；⑧关闭回流泵出口阀 V17/V18；⑨关闭回流泵 GA424A/GA424B；⑩关闭回流泵入口阀 V19/V20；⑪待塔釜液位为 0 时，关闭泄液阀 V10；⑫待塔顶压力降为常压后，关闭冷凝器。

4. 停电

原因：停电。

现象：回流泵 GA412A 停止，回流中断。

处理：①手动开回流罐放空阀 PC101 泄压；②手动关进料阀 FIC101；③手动关出料阀 FC102 和 FC103；④手动关加热蒸汽阀 TC101；⑤开塔釜排液阀 V10 和回流罐泄液阀 V23，排不合格产品；⑥手动打开 LIC102，对 FA114 泄液；⑦当回流罐液位为 0 时，关闭 V23；⑧关闭回流泵出口阀 V17/V18；⑨关闭回流泵 GA424A/GA424B；⑩ 关闭回流泵入口阀 V19/V20；⑪待塔釜液位为 0 时，关闭泄液阀 V10；⑫待塔顶压力降为常压后，关闭冷凝器。

5. 回流泵故障

原因：回流泵 GA412A 泵坏。

现象：GA412A 断电，回流中断，塔顶压力、温度上升。

处理：①开备用泵入口阀 V20；②启动备用泵 GA412B；③开备用泵出口阀 V18；④关闭运行泵出口阀 V17；⑤停运行泵 GA412A；⑥关闭运行泵入口阀 V19。

6. 回流控制阀 FC104 阀卡

原因：回流控制阀 FC104 阀卡。

现象：回流量减小，塔顶温度上升，压力增大。

处理：打开旁路阀 V14，保持回流。

项目三 吸收-解吸单元仿真操作

▣▣▣ 任务一 认识吸收-解吸单元仿真流程 ▣▣▣

一、操作装置及流程

本单元以 C_6 油为吸收剂，分离气体混合物（其中 C_4：25.13％，CO 和 CO_2：6.26％，N_2：64.58％，H_2：3.5％，O_2：0.53％）中的 C_4 组分（吸收质）。图 8-5～图 8-8 为吸收解吸系统 DCS 图和现场图。

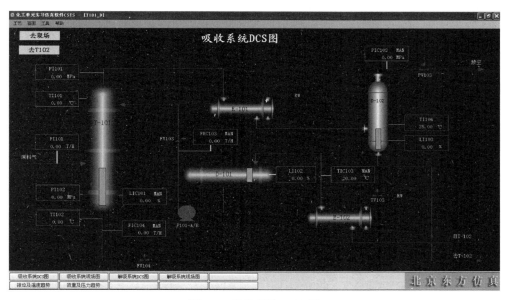

图 8-5 吸收系统 DCS 图

从界区外来的富气从底部进入吸收塔 T-101。界区外来的纯 C_6 油吸收剂贮存于 C_6 油贮罐 D-101 中，由 C_6 油泵 P-101A/B 送入吸收塔 T-101 的顶部，C_6 流量由 FRC103 控制。吸收剂 C_6 油在吸收塔 T-101 中自上而下与富气逆向接触，富气中 C_4 组分被溶解在 C_6 油中。不溶解的贫气自 T-101 顶部排出，经盐水冷却器 E-101 被-4℃的盐水冷却至 2℃进入尾气分离罐 D-102。吸收了 C_4 组分的富油（C_4：8.2％，C_6：91.8％）从吸收塔底部排出，经贫富油换热器 E-103 预热至 80℃进入解吸塔 T-102。吸收塔塔釜液位由 LIC101 和 FIC104 通过调节塔釜富油采出量串级控制。

来自吸收塔顶部的贫气在尾气分离罐 D-102 中回收冷凝的 C_4、C_6 后，不凝气在 D-102 压力控制器 PIC103（1.2MPa）控制下排入放空总管进入大气。回收的冷凝液（C_4、C_6）与吸收塔釜排出的富油一起进入解吸塔 T-102。

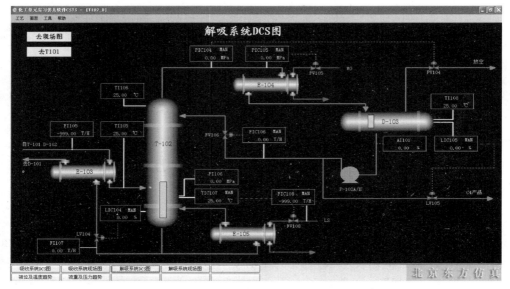

图 8-6　解吸系统 DCS 图

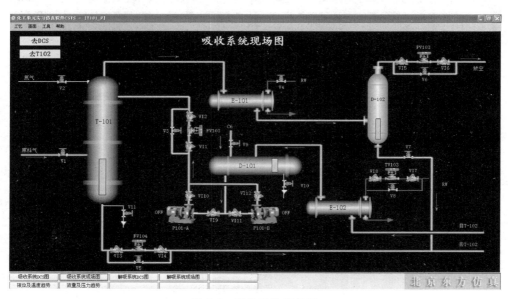

图 8-7　吸收系统现场图

　　预热后的富油进入解吸塔 T-102 进行解吸分离。塔顶气相出料（C₄：95％）经全冷器 E-104 换热降温至 40℃全部冷凝进入塔顶回流罐 D-103，其中一部分冷凝液由 P-102A/B 泵打回流至解吸塔顶部，回流量 8.0t/h，由 FIC106 控制，其他部分做为 C₄ 产品在液位控制（LIC105）下由 P-102A/B 泵抽出。塔釜 C₆ 油在液位控制（LIC104）下，经贫富油换热器 E-103 和盐水冷却器 E-102 降温至 5℃返回至 C₆ 油贮罐 D-101 再利用，返回温度由温度控制器 TIC103 通过调节 E-102 循环冷却水流量控制。

　　T-102 塔釜温度由 TIC104 和 FIC108 通过调节塔釜再沸器 E-105 的蒸汽流量串级控制，控制温度 102℃。塔顶压力由 PIC-105 通过调节塔顶冷凝器 E-104 的冷却水流量控制，另有一塔顶压力保护控制器 PIC-104，在塔顶有凝气压力高时通过调节 D-103 放空量降压。

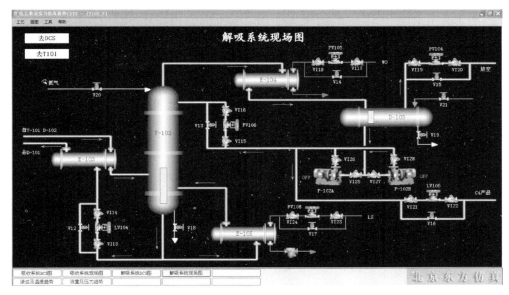

图 8-8　解吸系统现场图

　　因为塔顶 C_4 产品中含有部分 C_6 油及其他 C_6 油损失，所以随着生产的进行，要定期观察 C_6 油贮罐 D-101 的液位，补充新鲜 C_6 油。

二、设备

　　吸收解吸单元仿真操作仪表如表 8-5。

表 8-5　吸收解吸单元仿真操作仪表

设备位号	设备名称	设备位号	设备名称
T-101	吸收塔	T-102	解吸塔
D-101	C_6 油贮罐	D-103	解吸塔顶回流罐
D-102	气液分离罐	E-103	贫富油换热器
E-101	吸收塔顶冷凝器	E-104	解吸塔顶冷凝器
E-102	循环油冷却器	E-105	解吸塔釜再沸器
P-101A/B	C_6 油供给泵	P-102A/B	解吸塔顶回流、塔顶产品采出泵

三、仪表

　　吸收解吸单元仿真操作仪表如表 8-6。

表 8-6　吸收解吸单元仿真操作仪表

位号	说明	正常值	量程上限	量程下限	工程单位
AI101	回流罐 C_4 组分	＞95.0	100.0	0	％
FI101	T-101 进料	5.0	10.0	0.	t/h
FI102	T-101 塔顶气量	3.8	6.0	0	t/h
FRC103	吸收油流量控制	13.50	20.0	0	t/h

续表

位号	说明	正常值	量程上限	量程下限	工程单位
FIC104	富油流量控制	14.70	20.0	0	t/h
FI105	T-102 进料	14.70	20.0	0	t/h
FIC106	回流量控制	8.0	14.0	0	t/h
FI107	T-101 塔底贫油采出	13.41	20.0	0	t/h
FIC108	加热蒸汽量控制	2.963	6.0	0	t/h
LIC101	吸收塔液位控制	50	100	0	%
LI102	D-101 液位	60.0	100	0	%
LI103	D-102 液位	50.0	100	0	%
LIC104	解吸塔釜液位控制	50	100	0	%
LIC105	回流罐液位控制	50	100	0	%
PI101	吸收塔顶压力显示	1.22	20	0	MPa
PI102	吸收塔塔底压力	1.25	20	0	MPa
PIC103	吸收塔顶压力控制	1.2	20	0	MPa
PIC104	解吸塔顶压力控制	0.55	1.0	0	MPa
PIC105	解吸塔顶压力控制	0.50	1.0	0	MPa
PI106	解吸塔底压力显示	0.53	1.0	0	MPa
TI101	吸收塔塔顶温度	6	40	0	℃
TI102	吸收塔塔底温度	40	100	0	℃
TIC103	循环油温度控制	5.0	50	0	℃
TI104	C_4 回收罐温度显示	2.0	40	0	℃
TI105	预热后温度显示	80.0	150.0	0	℃
TI106	吸收塔顶温度显示	6.0	50	0	℃
TIC107	解吸塔釜温度控制	102.0	150.0	0	℃
TI108	回流罐温度显示	40.0	100	0	℃

▣▣▣ 任务二　吸收解吸单元仿真操作 ▣▣▣

一、冷态开车

第一步，登陆仿真软件系统，选择吸收-解吸单元仿真-冷态开车工艺。

第二步，根据操作质量评分系统进行操作。整个过程共分为八大步。

装置的开工状态为吸收塔解吸塔系统均处于常温常压下，各调节阀处于手动关闭状态，各手操阀处于关闭状态，氮气置换已完毕，公用工程已具备条件，可以直接进行氮气充压。

1. 氮气充压

（1）确认所有手阀处于关状态。

（2）氮气充压

① 打开氮气充压阀，给吸收塔系统充压。

② 当吸收塔系统压力升至 1.0MPa（g）左右时，关闭 N_2 充压阀。

③ 打开氮气充压阀，给解吸塔系统充压。

④ 当吸收塔系统压力升至 0.5MPa（g）左右时，关闭 N_2 充压阀。

2. 吸收塔进吸收油

① 打开引油阀 V9 至开度 50％左右，给 C_6 油贮罐 D-101 充 C_6 油至液位 70％。

② 打开 C_6 油泵 P-101A（或 B）的入口阀，启动 P-101A（或 B）。

③ 打开 P-101A（或 B）出口阀，手动打开 FV103 阀至 30％左右给吸收塔 T-101 充液至 50％。充油过程中注意观察 D-101 液位，必要时给 D-101 补充新油。

3. 解吸塔系统进吸收油

① 手动打开调节阀 FV104 开度至 50％左右，给解吸塔 T-102 进吸收油至液位 50％。

② 给 T-102 进油时注意给 T-101 和 D-101 补充新油，以保证 D-101 和 T-101 的液位均不低于 50％。

4. C_6 油冷循环

（1）确认

① 贮罐，吸收塔，解吸塔液位 50％左右。

② 吸收塔系统与解吸塔系统保持合适压差。

（2）建立冷循环

① 手动逐渐打开调节阀 LV104，向 D-101 倒油。

② 当向 D-101 倒油时，同时逐渐调整 FV104，以保持 T-102 液位在 50％左右，将 LIC104 设定在 50％设自动。

③ 由 T-101 至 T-102 油循环时，手动调节 FV103 以保持 T-101 液位在 50％左右，将 LIC101 设定在 50％投自动。

④ 手动调节 FV103，使 FRC103 保持在 13.50t/h，投自动，冷循环 10min。

5. 向 D-103 进 C_4

打开 V21 向 D-103 灌 C_4 至液位为 20％。

6. T-102 再沸器投入使用

① 设定 TIC103 于 5℃，投自动。

② 手动打开 PV105 至 70％。

③ 手动控制 PIC105 于 0.5MPa，待回流稳定后再投自动。

④ 手动打开 FV108 至 50％，开始给 T-102 加热。

7. 建立 T-102 回流

① 随着 T-102 塔釜温度 TIC107 逐渐升高，C_6 油开始汽化，并在 E-104 中冷凝至回流罐 D-103。

② 当塔顶温度高于 50℃时，打开 P-102A/B 泵的入出口阀 VI25/27、VI26/28，打开 FV106 的前后阀，手动打开 FV106 至合适开度，维持塔顶温度高于 51℃。

③ 当 TIC107 温度指示达到 102℃时，将 TIC107 设定在 102℃投自动，TIC107 和 FIC108 投串级。

④ 热循环 10min。

8. 进富气

（1）确认 C_6 油热循环已经建立。

（2）进富气

① 逐渐打开富气进料阀 V1，开始富气进料。

② 随着 T-101 富气进料，塔压升高，手动调节 PIC103 使压力恒定在 1.2MPa（表）。当富气进料达到正常值后，设定 PIC103 于 1.2MPa（表），投自动。

③ 当吸收了 C_4 的富油进入解吸塔后，塔压将逐渐升高，手动调节 PIC105，维持 PIC105 在 0.5MPa（表），稳定后投自动。

④ 当 T-102 温度，压力控制稳定后，手动调节 FIC106 使回流量达到正常值 8.0t/h，投自动。

⑤ 观察 D-103 液位，液位高于 50 时，打开 LIV105 的前后阀，手动调节 LIC105 维持液位在 50%，投自动。

⑥将所有操作指标逐渐调整到正常状态。

二、正常运行

第一步，登陆仿真软件系统，选择吸收-解吸单元仿真-正常操作工艺。

第二步，熟悉工艺流程和正常工况下的各工艺参数，根据操作质量评分系统，密切关注各参数的变化，发现不正常时，分析原因，及时作出相应的调节。

正常工况下的工艺参数如下。

① 吸收塔顶压力控制 PIC103：1.20MPa（表）。

② 吸收油温度控制 TIC103：5.0℃。

③ 解吸塔顶压力控制 PIC105：0.50MPa（表）。

④ 解吸塔顶温度：51.0℃。

⑤ 解吸塔釜温度控制 TIC107：102.0℃。

三、正常停车

具体步骤如下。

1. 停富气进料

① 关富气进料阀 V1，停富气进料。

② 富气进料中断后，T-101 塔压会降低，手动调节 PIC103，维持 T-101 压力＞1.0MPa（表）。

③ 手动调节 PIC105 维持 T-102 塔压力在 0.20MPa（表）左右。

④ 维持 T-101→T-102→D-101 的 C6 油循环。

2. 停 C_6 油进料

① 停 C_6 油泵 P-101A/B。

② 关闭 P-101A/B 入出口阀。

③ FRC103 置手动，关 FV103 前后阀。

④ 手动关 FV103 阀，停 T-101 油进料。

注意：保持 T-101 的压力，压力低时可用 N_2 充压，否则 T-101 塔釜 C_6 油无法排出。

3. 吸收塔系统泄油

① LIC101 和 FIC104 置手动，FV104 开度保持 50%，向 T-102 泄油。

②当 LIC101 液位降至 0% 时，关闭 FV108。

③ 打开 V7 阀，将 D-102 中的凝液排至 T-102 中。

④ 当 D-102 液位指示降至 0% 时，关 V7 阀。

⑤ 关 V4 阀，中断盐水停 E-101。

⑥ 手动打开 PV103，吸收塔系统泄压至常压，关闭 PV103。

4. T-102 降温

① TIC107 和 FIC108 置手动，关闭 E-105 蒸汽阀 FV108，停再沸器 E-105。

② 停止 T-102 加热的同时，手动关闭 PIC105 和 PIC104，保持解吸系统的压力。

5. 停 T-102 回流

① 再沸器停用，温度下降至泡点以下后，油不再汽化，当 D-103 液位 LIC105 指示小于 10％时，停回流泵 P-102A/B，关 P-102A/B 的入出口阀。

② 手动关闭 FV106 及其前后阀，停 T-102 回流。

③ 打开 D-103 泄液阀 V19。

④ 当 D-103 液位指示下降至 0％时，关 V19 阀。

6. T-102 泄油

① 手动置 LV104 于 50％，将 T-102 中的油倒入 D-101。

② 当 T-102 液位 LIC104 指示下降至 10％时，关 LV104。

③ 手动关闭 TV103，停 E-102。

④ 打开 T-102 泄油阀 V18，T-102 液位 LIC104 下降至 0％时，关 V18。

7. T-102 泄压

① 手动打开 PV104 至开度 50％；开始 T-102 系统泄压。

② 当 T-102 系统压力降至常压时，关闭 PV104。

8. 吸收油贮罐 D-101 排油

① 当停 T-101 吸收油进料后，D-101 液位必然上升，此时打开 D-101 排油阀 V10 排污油。

② 直至 T-102 中油倒空，D-101 液位下降至 0％，关 V10。

四、事故处理

第一步，登陆仿真软件系统，进入吸收-解吸工艺操作-冷却水中断、加热蒸汽中断、仪表风中断、停电、泵坏、阀卡、结垢、蒸汽压力高或低、解吸塔超压、吸收塔超压、解吸塔釜温度指示坏、随机事故等工艺。

第二步，根据操作质量评分系统进行操作。

1. 冷却水中断

主要现象：①冷却水流量为 0；②入口路各阀常开状态。

处理方法：①停止进料，关 V1 阀；②手动关 PV103 保压；③手动关 FV104，停 T-102 进料；④手动关 LV105，停出产品；⑤手动关 FV103，停 T-101 回流；⑥手动关 FV106，停 T-102 回流；⑦关 LIC104 前后阀，保持液位。

2. 加热蒸汽中断

主要现象：①加热蒸汽管路各阀开度正常；②加热蒸汽入口流量为 0；③塔釜温度急剧下降。

处理方法：①停止进料，关 V1 阀；②停 T-102 回流；③停 D-103 产品出料；④停 T-102 进料；⑤关 PV103 保压；⑥关 LIC104 前后阀，保持液位。

3. 仪表风中断

主要现象：各调节阀全开或全关。

处理方法：①打开 FRC103 旁路阀 V3；②打开 FIC104 旁路阀 V5；③打开 PIC103 旁路阀 V6；④打开 TIC103 旁路阀 V8；⑤打开 LIC104 旁路阀 V12；⑥打开 FIC106 旁路阀 V13；⑦打开 PIC105 旁路阀 V14；⑧打开 PIC104 旁路阀 V15；⑨打开 LIC105 旁路阀 V16；⑩打开 FIC108 旁路阀 V17。

4. 停电

主要现象：①泵 P-101A/B 停；②泵 P-102A/B 停。

处理方法：①打开泄液阀 V10，保持 LI102 液位在 50%；②打开泄液阀 V19，保持 LI105 液位在 50%；③关小加热油流量，防止塔温上升过高；④停止进料，关 V1 阀。

5. P-101A 泵坏

主要现象：①FRC103 流量降为 0；②塔顶 C_4 上升，温度上升，塔顶压上升；③釜液位下降。

处理方法：①停 P-101A，注，先关泵后阀，再关泵前阀；②开启 P-101B，先开泵前阀，再开泵后阀；③由 FRC-103 调至正常值，并投自动。

6. LIC104 调节阀卡

主要现象：①FI107 降至 0；②塔釜液位上升，并可能报警。

处理方法：①关 LIC104 前后阀 VI13，VI14；②开 LIC104 旁路阀 V12 至 60% 左右；③调整旁路阀 V12 开度，使液位保持 50%。

7. 换热器 E-105 结垢严重

主要现象：①调节阀 FIC108 开度增大；②加热蒸汽入口流量增大；③塔釜温度下降，塔顶温度也下降，塔釜 C_4 组成上升。

处理方法：①关闭富气进料阀 V1；②手动关闭产品出料阀 LIC102；③手动关闭再沸器后，清洗换热器 E-105。

项目一　初级工复习试题

一、选择题

1. 目前对人类环境造成危害的酸雨主要是由下列哪种气体造成的（　　）。
   A. CO_2　　　　　　　B. H_2S　　　　　　　C. SO_2　　　　　　　D. CO

2. 影响化学反应平衡常数数值的因素是（　　）。
   A. 反应物浓度　　　　B. 温度　　　　　　C. 催化剂　　　　　D. 产物浓度

3. 在乡村常用明矾溶于水，其目的是（　　）。
   A. 利用明矾使杂质漂浮而得到纯水　　　　B. 利用明矾吸附后沉降来净化水
   C. 利用明矾与杂质反应而得到纯水　　　　D. 利用明矾杀菌消毒来净化水

4. 下列物质不需用棕色试剂瓶保存的是（　　）。
   A. 浓 HNO_3　　　　　B. $AgNO_3$　　　　　C. 氯水　　　　　D. 浓 H_2SO_4

5. 单元操作精馏主要属于（　　）的传递过程。
   A. 热量　　　　　　B. 动量　　　　　　C. 能量　　　　　D. 质量

6. 蒸馏分离的依据是混合物中各组分的（　　）不同。
   A. 浓度　　　　　　B. 挥发度　　　　　C. 温度　　　　　D. 溶解度

7. 关于热力学第一定律正确的表述是（　　）。
   A. 热力学第一定律就是能量守恒与转化的定律
   B. 第一类永动机是可以创造的
   C. 在隔离体系中，自发过程向着熵增大的方向进行
   D. 第二类永动机是可以创造的

8. 间歇精馏的特点是（　　）。
   A. 只有提馏段　　　　　　　　　　B. 只有精馏段
   C. 既有精馏段又有提馏段　　　　　D. 塔顶馏出液中易挥发组分浓度一直不变

9. "三苯"指的是（　　）
   A. 苯，甲苯，乙苯　　　　　　　　B. 苯，甲苯，苯乙烯
   C. 苯，苯乙烯，乙苯　　　　　　　D. 苯，甲苯，二甲苯

10. 有四种两组分组成的理想溶液，其相对挥发度 α 值如下，其中最容易分离的是（　　）。

       A. $\alpha=2.0$ B. $\alpha=2.4$ C. $\alpha=1.0$ D. $\alpha=1.2$

11. 按照国家环保排放标准规定，排放废水的 pH 值（　　）为合格。

    A. 小于 6   B. 6～9   C. 9   D. 6

12. 以下气体哪些可以用于灭火设施（　　）。

    A. 空气   B. 氢气   C. 氧气   D. 氮气

13. 有毒物体进入人体的主要途径通过（　　）。

    A. 呼吸道   B. 皮肤   C. 以上两种   D. 消化道

14. 工业上所谓的"三酸两碱"中的两碱通常指的是（　　）。

    A. 氢氧化钠和氢氧化钾   B. 碳酸钠和碳酸氢钠

    C. 氢氧化钠和碳酸氢钠   D. 氢氧化钠和碳酸钠

15. 下列哪种材质的设备适用于次氯酸钠的储存（　　）

    A. 碳钢   B. 不锈钢   C. 玻璃钢   D. 铸铁

16. 爆炸按性质分类，可分为（　　）。

    A. 轻爆、爆炸和爆轰   B. 物理爆炸、化学爆炸和核爆炸

    C. 物理爆炸、化学爆炸   D. 不能确定

17. 精馏塔中精馏段的作用是（　　）。

    A. 提高产品浓度   B. 浓缩重组分

    C. 浓缩轻组分   D. 提高产品质量

18. 在湿空气中，水蒸气处于（　　）状态。

    A. 饱和   B. 过热   C. 过冷   D. 不变

19. 适宜的回流比取决于（　　）。

    A. 生产能力   B. 生产能力和操作费用

    C. 塔板数   D. 操作费用和设备折旧费

20. 灭火的基本方法有（　　）。

    A. 冷却、窒息、阻断   B. 窒息、冷却、隔离

    C. 阻断、冷却、隔离   D. 窒息、阻断

21. 在沸点-组成图中，液相线又叫（　　）

    A. 露点线   B. 泡点线   C. 操作线   D. 都可以

22. COD 是指在一定条件下，用（　　）氧化废水中有机物所消耗的氧量。

    A. 还原剂   B. 强氧化剂   C. 酸溶液   D. 碱溶液

23. 小批量、多品种的精细化学品生产适用于（　　）过程。

    A. 连续操作   B. 间歇操作   C. 半连续操作   D. 半间歇操作

24. 电动机铭牌上为 20kW，效率为 0.8，输出功率为（　　）。

    A. 16kW   B. 20kW   C. 25kW   D. 28kW

25. ——|✕|—— 表示：（　　）。

    A. 螺纹连接，手动截止阀   B. 焊接连接，自动闸阀

    C. 法兰连接，自动闸阀   D. 法兰连接，手动截止阀

26. 结晶是一个（　　）过程。

    A. 吸热   B. 放热   C. 传热   D. 多变

27. 压强增大时，气体的溶解度（　　）。

A. 降低　　　　　　　B. 增大　　　　　　　C. 不变　　　　　　　　D. 先增大，后不变

28. 随着化学工业的发展，能源的种类也变得越来越多样化了，现在很多城市都开始使用天然气，天然气的主要成分是（　　　）。
    A. CO　　　　　　　B. CO_2　　　　　　C. H_2　　　　　　　D. CH_4

29. 影响化学反应平衡常数数值的因素是（　　　）。
    A. 反应物浓度　　　B. 温度　　　　　　　C. 催化剂　　　　　　D. 产物浓度

30. 国际上常用（　　　）的产量来衡量一个国家的石油化学工业水平。
    A. 乙烯　　　　　　B. 甲烷　　　　　　　C. 乙炔　　　　　　　D. 苯

31. 国家禁止用工业酒精配制饮料，这是因为工业酒精中含有少量会使人中毒的（　　　）。
    A. 甲醇　　　　　　B. 乙醇　　　　　　　C. 乙酸乙酯　　　　　D. 乙醚

32. 下列物质中，不能作干燥剂的是（　　　）。
    A. 生石灰　　　　　B. 烧碱　　　　　　　C. 石灰石　　　　　　D. 浓硫酸

33. 分析结果对误差的要求是（　　　）。
    A. 在允许误差范围内　　B. 符合要求　　　C. 越小越好　　　　　D. 无要求

34. 不适合废水的治理方法是（　　　）。
    A. 过滤法　　　　　B. 固化法　　　　　　C. 生物处理法　　　　D. 萃取法

35. 工艺流程图包含（　　　）。
    A. 方案流程图　　　　　　　　　　　　　B. 物料流程图和首页图
    C. 管道及仪表流程图　　　　　　　　　　D. 以上都是

36. 在0℃和1个大气压下，任何气体的摩尔体积均为（　　　）L/mol。
    A. 22.4　　　　　　B. 2.24　　　　　　　C. 224　　　　　　　　D. 2240

37. 物质从固态直接变成气态叫（　　　）。
    A. 汽化　　　　　　B. 蒸发　　　　　　　C. 升华　　　　　　　D. 凝华

38. 当某溶液的氢氧根浓度为10^{-9}mol/L时，则它的pH值为（　　　）。
    A. 9　　　　　　　　B. -9　　　　　　　C. 5　　　　　　　　　D. -5

39. 下列物质不属于纯净物的是（　　　）。
    A. 氨气　　　　　　B. 浓盐酸　　　　　　C. 干冰　　　　　　　D. 氯酸钾

40. 芳烃C_9H_{10}的同分异构体有（　　　）
    A. 3种　　　　　　B. 6种　　　　　　　　C. 7种　　　　　　　　D. 8种

41. 凡有电子得失的化学反应叫（　　　）反应。
    A. 分解　　　　　　B. 氧化-还原　　　　C. 化合　　　　　　　D. 复分解

42. 要准确量取一定量的液体，最适当的仪器是（　　　）。
    A. 量筒　　　　　　B. 烧杯　　　　　　　C. 试剂瓶　　　　　　D. 滴定管

43. 下列气体中不能用浓硫酸做干燥剂的是（　　　）。
    A. NH_3　　　　　B. Cl_2　　　　　　　C. N_2　　　　　　　D. O_2

44. 下列物质中氧元素的百分含量为50%的是（　　　）。
    A. CO_2　　　　　B. CO　　　　　　　　C. SO_2　　　　　　　D. H_2O

45. 容易随着人的呼吸而被吸入呼吸系统，危害人体健康的气溶胶是（　　　）。
    A. 有毒气体　　　　B. 有毒蒸汽　　　　　C. 烟　　　　　　　　D. 不能确定

46. 以下气体哪些可以用于灭火设施（　　　）。

A. 空气　　　　　　B. 氢气　　　　　　C. 氧气　　　　　　D. 氮气

47. 对于吸收的有利条件是（　　　）。
　　A. 高压、低温　　B. 高压、高温　　C. 低压、高温　　D. 低压、低温

48. 将苯一甲苯混合液经精馏后，塔顶冷凝液中（　　　）。
　　A. 苯、甲苯含量都提高了　　　　　　B. 苯的含量提高了
　　C. 甲苯的含量较高　　　　　　　　　D. 苯、甲苯含量都未提高

49. 将具有热敏性的液体混合物加以分离，常采用（　　　）方法。
　　A. 蒸馏　　　　　　B. 蒸发　　　　　　C. 萃取　　　　　　D. 吸收

50. 工艺流程图基本构成是（　　　）
　　A. 图形　　　　　B. 图形和标注　　C. 标题栏　　D. 图形、标注和标题栏

51. 已知苯的沸点为80℃，甲苯的沸点为110℃，则由苯-甲苯混合液的沸点为（　　　）。
　　A. 95℃　　　　　　B. 80℃　　　　　　C. 110℃　　　　　D. 80～110℃

52. （　　　）可能导致液泛的操作。
　　A. 液体流量过小　　B. 气体流量太小　　C. 过量液沫夹带　　D. 严重漏液

53. 物质从液态变成气态现象叫（　　　）。
　　A. 升华　　　　　　B. 沸腾　　　　　　C. 冷凝　　　　　　D. 汽化

54. 对某一气体组分来说，采取（　　　）的方法对冷凝有利。
　　A. 加压　　　　　　B. 减压　　　　　　C. 提温　　　　　　D. 降温

55. 亨利系数的单位是（　　　）。
　　A. Pa　　　　　　B. cP　　　　　　C. 无单位　　　　　D. Pa·s

56. 普通弹簧管压力表用于不同介质时，应喷涂不同的颜色，如燃料气用（　　　）。
　　A. 褐色　　　　　　B. 红色　　　　　　C. 深绿色　　　　　D. 白色

57. 在一定空气状态下，用对流干燥方法干燥湿物料时，能除去的水分为（　　　）。
　　A. 结合水分　　　B. 非结合水分　　C. 平衡水分　　　D. 自由水分

58. 通常所说的流体指的是（　　　）。
　　A. 气体　　　　　B. 液体　　　　C. 气体和液体　　　D. 气体、液体和固体

59. 下列四种阀门，可用于调节流量的阀门是（　　　）。
　　A. 截止阀　　　　　B. 闸阀　　　　　　C. 考克阀　　　　　D. 蝶阀

60. 用净油吸收苯，入塔气体中苯的体积分数为0.04，出塔气体中苯的体积分数为0.008，吸收率为（　　　）。
　　A. 50%　　　　　　B. 60%　　　　　　C. 70%　　　　　　D. 80%

61. 对于H_2O_2性质的描述正确的是（　　　）
　　A. 只有强氧化性　　　　　　　　　　B. 既有氧化性，又有还原性
　　C. 只有还原性　　　　　　　　　　　D. 很稳定，不易发生分解

62. 成熟的水果在运输途中容易因挤压颠簸而破坏腐烂，为防止损失常将未成熟的果实放在密闭的箱子里使水果自身产生的（　　　）聚集起来，达到催熟目的。
　　A. 乙炔　　　　　　B. 甲烷　　　　　　C. 乙烯　　　　　　D. 丙烯

63. 福尔马林液的有效成分是（　　　）
　　A. 石炭酸　　　　　B. 甲醛　　　　C. 谷氨酸钠　　　D. 对甲基苯酚

64. 有四种两组分组成的理想溶液，其相对挥发度 α 值如下，其中最容易分离的是（　　　）。

  A. $\alpha=2.0$　　　　　B. $\alpha=2.4$　　　　　C. $\alpha=1.0$　　　　　D. $\alpha=1.2$

65. 输送液体的黏度越大，则液体在泵内的能量损失越大，使离心泵的扬程、流量（　　），而功率（　　）。

  A. 减小　　　　　B. 增大　　　　　C. 不变　　　　　D. 不一定

66. 离心泵在停泵时，应先关闭出口阀，再停电动机，这是为了防止（　　）。

  A. 汽蚀现象　　　B. 电流过大　　　C. 高压流体倒流　　D. 气缚现象

67. 压缩机的启动过程中，应快速通过（　　）。

  A. 跳车速度　　　B. 设计速度　　　C. 临界速度　　　D. 正常速度

68. 启动往复泵前，其出口阀必须（　　）

  A. 关闭　　　　　B. 打开　　　　　C. 微开　　　　　D. 无所谓

69. 氧气呼吸器属于（　　）。

  A. 隔离式防毒面具　　　　　　　　　B. 过滤式防毒面具

  C. 长管式防毒面具　　　　　　　　　D. 复合型防尘口罩

70. 化工企业生产车间作业场所的工作地点，噪声标准为（　　）dB。

  A. 80　　　　　　B. 85　　　　　　C. 90　　　　　　D. 95

71. 化工生产过程的"三废"是指（　　）。

  A. 废水、废气、废设备　　　　　　　B. 废管道、废水、废气

  C. 废管道、废设备、废气　　　　　　D. 废水、废气、废渣

72. 下列属于公用工程的是（　　）。

  A. 原料处理　　　B. 净化处理　　　C. 供水，供电　　　D. 生产设备

73. 相同条件下，质量相同的下列物质，所含分子数最多的是（　　）。

  A. 氢气　　　　　B. 氯气　　　　　C. 氯化氢　　　　　D. 二氧化碳

74. 关于热力学第一定律正确的表述是（　　）。

  A. 热力学第一定律就是能量守恒与转化的定律

  B. 第一类永动机是可以创造的

  C. 在隔离体系中，自发过程向着熵增大的方向进行

  D. 第二类永动机是可以创造的

75. 化工容器应优先选用的材料是（　　）。

  A. 碳钢　　　　　B. 低合金钢　　　C. 不锈钢　　　　D. 钛钢

76. 一般情况下，安全帽能抗（　　）kg 铁锤自 1m 高度落下的冲击。

  A. 2　　　　　　　B. 3　　　　　　　C. 4　　　　　　　D. 5

77. 工艺流程图中，表示辅助物料管线的是（　　）。

  A. 粗实线　　　　B. 细实线　　　　C. 粗虚线　　　　D. 细虚线

78. 设备内的真空度越高，即说明设备内的绝对压强（　　）。

  A. 越大　　　　　B. 越小　　　　　C. 越接近大气压　　D. 无法判断

79. 触电急救的要点是（　　）。

  A. 迅速使触电者脱离电源　　　　　　B. 动作迅速，救护得法

  C. 立即通知医院　　　　　　　　　　D. 直接用手作为救助工具迅速救助

80. 液体流过大小变径管路，变径前后流体的（　　）值发生了变化。

  A. 质量流量　　　B. 流速　　　　　C. 体积　　　　　D. 质量

81. 当流体从高处向低处流动时，其能量转化关系是（　　）。

    A. 静压能转化为动能
    B. 位能转化为动能
    C. 位能转化为动能和静压能
    D. 动能转化为静压能和位能

82. 燃烧的充分条件是（   ）。
    A. 一定浓度的可燃物，一定比例的助燃剂，一定能量的点火源，以及可燃物、助燃物、点火源三者要相互作用
    B. 一定浓度的可燃物，一定比例的助燃剂，一定能量的点火源
    C. 一定浓度的可燃物，一定比例的助燃剂，点火源，以及可燃物、助燃物、点火源三者要相互作用
    D. 可燃物，一定比例的助燃剂，一定能量的点火源，以及可燃物、助燃物、点火源三者要相互作用

83. 金属钠着火时，可以用来灭火的物质或器材是（   ）。
    A. 煤油   B. 砂子   C. 泡沫灭火器   D. 浸湿的布

84. 禁止用工业酒精配制饮料酒，是因为工业酒精中含有下列物质中的（   ）。
    A. 甲醇   B. 乙二醇   C. 丙三醇   D. 异戊醇

85. 热电偶是测量（   ）参数的元件。
    A. 液位   B. 温度   C. 压力   D. 流量

86. 对于低压下放热的可逆气相反应，温度升高，则平衡常数（   ）。
    A. 增大   B. 减小   C. 不变   D. 不能确定

87. 在其他条件不变的情况下，升高温度会使反应平衡向（   ）方向移动。
    A. 放热
    B. 吸热
    C. 既不吸热，也不放热
    D. 不能确定

88. 在其他条件不变的情况下，增压气体反应的总压力，平衡将向气体分子数（   ）的方向移动。
    A. 增加   B. 减少   C. 不变   D. 不能确定

89. 对于反应后分子数增加的反应，提高反应的平衡产率的方法有（   ）。
    A. 增大压力
    B. 升高温度
    C. 充入惰性气体，并保持总压不变
    D. 采用催化剂

90. 安全阀的功用：（   ）。
    A．排放泄压和报警   B. 泄压   C. 阻断火   D. 报警

91. （   ）在管路上安装时，应特别注意介质出入阀口的方向，使其"低进高出"。
    A. 闸阀   B. 截止阀   C. 蝶阀   D. 旋塞阀

92. 在化工管路中，对于要求强度高、密封性能好、能拆卸的管路，通常采用（   ）。
    A. 法兰连接   B. 承插连接   C. 焊接   D. 螺纹连接

93. 管件中连接管路支管的部件称为（   ）。
    A. 弯头   B. 三通或四通   C. 丝堵   D. 活接头

94. 流体在变径管中作稳定流动，在管径缩小的地方其静压能将（   ）。
    A. 减小   B. 增加   C. 不变   D. 无法确定

95. 小批量、多品种的精细化学品生产适用于（   ）过程。
    A. 连续操作   B. 间歇操作   C. 半连续操作   D. 半间歇操作

96. 液体内部任意一点的压强与（   ）无关。
    A. 深度   B. 密度   C. 容器形状   D. 液面上方压力

97. 压强表上的读数表示被测流体的绝对压强比大气压强高出的数值，称为（　　）。

    A. 真空度　　　　　　B. 表压强　　　　　　C. 相对压强　　　　　　D. 附加压强

98. 压力表上显示的压力，即为被测流体的（　　）。

    A. 绝对压　　　　　　B. 表压　　　　　　C. 真空度　　　　　　D. 压强

99. 某设备压力表示值为 0.8MPa，则此设备内的绝对压力是（　　）。注：当地大气压为 100kPa。

    A. 0.8MPa　　　　　　B. 0.9MPa　　　　　　C. 0.7MPa　　　　　　D. 1atm

100. 绝对压强与表压、真空度间的关系为（　　）。

    A. 绝对压强＝大气压强-真空度、绝对压强＝大气压强＋表压

    B. 绝对压强＝大气压强＋真空度、绝对压强＝大气压强＋表压

    C. 绝对压强＝大气压强＋真空度、绝对压强＝大气压强－表压

    D. 绝对压强＝大气压强－真空度、绝对压强＝大气压强－表压

101. 某塔高 30m，进行水压试验时，离塔底 10m 高处的压力表的读数为 500kPa（塔外大气压强为 100kPa）。那么塔顶处水的压强（　　）。

    A. 403.8kPa　　　　　　B. 698.1kPa　　　　　　C. 600kPa　　　　　　D. 无法确定

102. "U" 形管液柱压力计两管的液柱差稳定时，在管中任意一个截面上左右两端所受压力（　　）。

    A. 相等　　　　　　B. 不相等　　　　　　C. 有变化　　　　　　D. 无法确定

103. 标准节流装置测流量时，对流动介质的要求是（　　）。

    A. 介质满管流动　　　　　　　　　　B. 可以半管流动

    C. 在节流件处有相变　　　　　　　　D. 管内有流体流动即可

104. 流体所具有的机械能不包括（　　）。

    A. 位能　　　　　　B. 动能　　　　　　C. 静压能　　　　　　D. 内能

105. 流体由 1-1 截面流入 2-2 截面的条件是（　　）。

    A. $gz_1 + p_1/\rho = gz_2 + p_2/\rho$　　　　　　B. $gz_1 + p_1/\rho > gz_2 + p_2/\rho$

    C. $gz_1 + p_1/\rho < gz_2 + p_2/\rho$　　　　　　D. 以上都不是

106. 当圆形直管内流体的 Re 值为 45600 时，其流动型态属（　　）。

    A. 层流　　　　　　B. 湍流　　　　　　C. 过渡状态　　　　　　D. 无法判断

107. 当流量 V 保持不变时，将管道内径缩小一半，则 Re 是原来的（　　）。

    A. 1/2　　　　　　B. 2 倍　　　　　　C. 4 倍　　　　　　D. 8 倍

108. 以 2m/s 的流速从内径为 50mm 的管中稳定地流入内径为 100mm 的管中，水在 100mm 的管中的流速为（　　）m/s。

    A. 4　　　　　　B. 2　　　　　　C. 1　　　　　　D. 0.5

109. 亨利定律在总压不超过（　　）的情况下适用。

    A. 101.3kPa　　　　　　B. 506.5kPa　　　　　　C. 760mmHg　　　　　　D. 1atm

110. 层流与湍流的本质区别是（　　）。

    A. 湍流流速＞层流流速

    B. 流道截面大的为湍流，截面小的为层流

    C. 层流的雷诺数＜湍流的雷诺数

    D. 层流无径向脉动，而湍流有径向脉动

111. 下列四种流量计，哪种不属于差压式流量计（　　）。

A. 孔板流量计　　　　B. 喷嘴流量计　　　　C. 文丘里流量计　　　　D. 转子流量计

112. 离心泵的工作原理是利用叶轮高速运转产生的（　　　）。

A. 向心力　　　　B. 重力　　　　C. 离心力　　　　D. 拉力

113. 某泵在运行的时候发现有气蚀现象应（　　　）。

A. 停泵，向泵内灌液　　　　　　　　B. 降低泵的安装高度

C. 检查进口管路是否漏液　　　　　　D. 检查出口管阻力是否过大

114. 离心泵铭牌上标明的扬程是（　　　）。

A. 功率最大时的扬程　　　　　　　　B. 最大流量时的扬程

C. 泵的最大量程　　　　　　　　　　D. 效率最高时的扬程

115. 离心泵的轴功率是（　　　）。

A. 在流量为零时最大　　　　　　　　B. 在压头最大时最大

C. 在流量为零时最小　　　　　　　　D. 在工作点处为最小

116. 离心泵的特性曲线有（　　　）条。

A. 2　　　　B. 3　　　　C. 4　　　　D. 5

117. 离心泵的特性曲线不包括（　　　）。

A. 流量扬程线　　　　B. 流量功率线　　　　C. 流量效率线　　　　D. 功率扬程线

118. 泵壳的作用是（　　　）。

A. 汇集能量　　　　　　　　　　　　B. 汇集液体

C. 汇集热量　　　　　　　　　　　　D. 将位能转化为动能

119. 离心泵的流量称为（　　　）。

A. 吸液能力　　　　B. 送液能力　　　　C. 漏液能力　　　　D. 处理液体能力

120. 关闭出口阀启动离心泵的原因是（　　　）。

A. 轴功率最大　　　　B. 能量损失最小　　　　C. 启动电流最小　　　　D. 处于高效区

121. 若某精馏塔精馏段操作线方程为 $y=0.75x+0.216$，则操作回流比为（　　　）。

A. 0.75　　　　B. 0.216　　　　C. 3　　　　D. 1.5

122. 离心泵最常用的调节方法是（　　　）。

A. 改变吸入管路中阀门开度　　　　　B. 改变出口管路中阀门开度

C. 安装回流支路，改变循环量的大小　D. 车削离心泵的叶轮

123. 离心泵是依靠离心力对流体作功，其作功的部件是（　　　）。

A. 泵壳　　　　B. 泵轴　　　　C. 电动机　　　　D. 叶轮

124. 孔板流量计是（　　　）式流量计。

A. 恒截面、变压差　　　　　　　　　B. 恒压差、变截面

C. 变截面、变压差　　　　　　　　　D. 变压差、恒截面

125. 流速、质量流量、体积流量的关系式为（　　　）。

A. $u=QA \quad u=\dfrac{W}{\rho A}$　　　　　　　B. $u=\rho A \quad u=W\rho A$

C. $u=\dfrac{Q}{A} \quad u=\dfrac{W}{\rho A}$　　　　　　　D. $u=\dfrac{Q}{A} \quad u=WP_a$

126. 离心泵离心力的大小除转速和叶轮直径外，还和（　　　）有关。

A. 流体密度　　　　B. 出口管径　　　　C. 泵壳结构　　　　D. 流体温度

127. 离心泵停止操作时，宜（　　　）。

    A. 先关出口阀后停电   B. 先停电后关出口阀

    C. 先关出口阀或先停电均可   D. 单级泵先停电，多级泵先关出口阀

128. 离心泵内的叶轮有开式、半闭式和闭式三种，其中闭式叶轮的（　　　）。

    A. 效率最低   B. 效率最高   C. 效率适中   D. 无法判断

129. 调节泵的工作点可采用改变管路特性曲线的方法来达到，其具体措施是（　　　）。

    A. 调节泵的进口阀   B. 调节泵的转速

    C. 调节泵的出口阀   D. 调节支路阀

130. 用泵将液体从低处送往高处的高度差称为（　　　）。

    A. 升扬高度   B. 吸上高度   C. 扬程   D. 安装高度

131. 离心泵运转时，其扬程随流量的增大而（　　　）；而往复泵的实际流量会随扬程的增大而不变。

    A. 减小   B. 增大   C. 不变   D. 不一定

132. 当离心压缩机的操作流量小于规定的最小流量时，即可能发生（　　　）现象。

    A. 喘振   B. 气蚀   C. 气塞   D. 气缚

133. 增加吸收塔压力，液相应增加了混合气体中被吸收气体的（　　　），对气体吸收有利。

    A. 分压   B. 浓度   C. 温度   D. 流速

134. 待分离的混合液在常压下为气态时，则可采用的蒸馏是（　　　）。

    A. 加压蒸馏   B. 减压蒸馏   C. 常压蒸馏   D. 常减压蒸馏

135. 用于分离气固非均相混合物的离心设备是（　　　）。

    A. 降尘室   B. 旋风分离器

    C. 过滤式离心机   D. 转鼓真空过滤机

136. 吸收操作是利用气体混合物中各组分（　　　）的不同而进行分离的。

    A. 相对挥发度   B. 溶解度   C. 气化速度   D. 电离度

137. 固体颗粒直径增加，其沉降速度（　　　）。

    A. 减小   B. 不变   C. 增加   D. 不能确定

138. 用于分离气固非均相混合物的离心设备是（　　　）。

    A. 降尘室   B. 旋风分离器

    C. 过滤式离心机   D. 转鼓真空过滤机

139. 对流传热速率＝系数×推动力，其中推动力是（　　　）。

    A. 两流体的温度差速度差   B. 流体温度与壁面温度差

    C. 同一流体的温度差   D. 两流体的速度差

140. 工业生产中常用的热源与冷源是（　　　）。

    A. 蒸汽与冷却水   B. 蒸汽与冷冻盐水

    C. 电加热与冷却水   D. 导热油与冷冻盐水

141. 套管换热器的换热方式为（　　　）。

    A. 混合式   B. 间壁式   C. 蓄热式   D. 其他方式

142. 下列不属于强化传热的方法是（　　　）。

    A. 定期清洗换热设备   B. 增大流体的流速

    C. 加装挡板   D. 加装保温层

143. 强化传热的途径一般不采用（　　　）。

    A. 提高流体流速　　　　　　　　　　　　B. 增大换热面积

    C. 增大传热平均温差　　　　　　　　　　D. 提高传热系数

144. 下列几类物质中，导热性能最好的是（　　　）。

    A. 金属　　　　　　B. 固体非金属　　　　C. 液体　　　　　　D. 气体

145. 空气、水、固体金属导热系数分别是 λ_1、λ_2、λ_3，其大小顺序为（　　　）。

    A. $\lambda_1 > \lambda_2 > \lambda_3$　　B. $\lambda_1 < \lambda_2 < \lambda_3$　　C. $\lambda_2 > \lambda_3 > \lambda_1$　　D. $\lambda_2 < \lambda_3 < \lambda_1$

146. W/（m^2·K）是下列（　　　）中两个物理量的单位。

    A. 热导率与给热系数　　　　　　　　　　B. 热导率与传热系数

    C. 给热系数与传热系数碍　　　　　　　　D. 传热系数与污垢热阻

147. $Q = KA\Delta t_m$ 中 Δt_m 是（　　　）。

    A. 壁面两侧温度差　　　　　　　　　　　B. 流体与壁面平均温度差

    C. 壁面与流体平均温度差　　　　　　　　D. 冷热流体平均温度差

148. 列管两侧流体的对流传热膜系数分别为 $\alpha_1 = 10$W/（m^2·K），$\alpha_2 = 1000$W/（m^2·K），则提高 K 值关键在于（　　　）。

    A. 提高 α_1　　　　　　　　　　　　B. 提高 α_2

    C. α_1、α_2 都提高　　　　　　　　D. 增大传热面积 A

149. 热导率的单位为（　　　）。

    A. W/（m·℃）　　B. W/（m^2·℃）　　C. W/（kg·℃）　　D. W/（s·℃）

150. 化工过程两流体间宏观上发生热量传递的条件是存在（　　　）。

    A. 保温　　　　　　B. 不同传热方式　　　C. 温度差　　　　　D. 传热方式相同

151. 棉花保温性能好，主要是因为（　　　）。

    A. 棉纤维素热导率小

    B. 棉花中含有相当数量的油脂

    C. 棉花中含有大量空气，而空气的运动又受到极为严重的阻碍

    D. 棉花白色，因而黑度小

152. 在传热过程中，使载热体用量最少的两流体的流动方向是（　　　）。

    A. 并流　　　　　　B. 逆流　　　　　　　C. 错流　　　　　　D. 折流

153. 在房间中利用火炉进行取暖时，其传热方式为（　　　）。

    A. 传导和对流

    B. 传导和辐射

    C. 传导、对流和辐射，但对流和辐射是主要的

    D. 辐射

154. 在换热器，计算得知 $\Delta t_大 = 70$K，$\Delta t_小 = 30$K，则平均温差 $\Delta t =$（　　　）。

    A. 47.2K　　　　　　B. 50K　　　　　　　C. 40K　　　　　　D. 118K

155. 在间壁式换热器中，冷、热两流体换热的特点是（　　　）。

    A. 直接接触换热　　B. 间接接触换热　　　C. 间歇换热　　　　D. 连续换热

156. 对流传热速率方程式为 $Q = \alpha A\Delta t$，方程式中 Δt 是指（　　　）。

    A. 冷热两液体间的平均温差　　　　　　　B. 平壁两侧表面上的温度差

    C. 液体进出口温度差　　　　　　　　　　D. 固体壁面与流体之间的温度差

157. 化工厂常见的间壁式换热器是（　　　）。

    A. 固定管板式换热器　　　　　　　　　　B. 板式换热器

    C. 釜式换热器   D. 蛇管式换热器

158. 影响液体对流传热系数的因素不包括（　　）。
    A. 流动型态   B. 液体的物理性质   C. 操作压力   D. 传热面尺寸

159. 下列属于可再生燃料的是（　　）
    A. 煤   B. 石油   C. 天然气   D. 柴草

160. 精馏分离操作完成如下任务（　　）。
    A. 混合气体的分离   B. 气、固相分离
    C. 液、固相分离   D. 溶液系的分离

161. 蒸馏操作属于（　　）。
    A. 传热   B. 传质   C. 传热＋传质   D. 动量传递

162. 蒸馏分离的依据是混合物中各组分的（　　）不同。
    A. 浓度   B. 挥发度   C. 温度   D. 溶解度

163. 精馏操作中液体混合物应被加热到（　　）时，可实现精馏的目的。
    A. 泡点   B. 露点   C. 泡点和露点间   D. 高于露点

164. 两组分液体混合物，其相对挥发度 α 越大，表示用普通蒸馏方法进行分离（　　）。
    A. 较容易   B. 较困难   C. 很困难   D. 不能够

165. 在精馏过程中，回流的作用是（　　）。
    A. 提供下降的液体   B. 提供上升的蒸汽
    C. 提供塔顶产品   D. 提供塔底产品

166. 回流比的计算公式是（　　）。
    A. 回流量比塔顶采出量   B. 回流量比塔顶采出量加进料量
    C. 回流量比进料量   D. 回流量加进料量比全塔采出量

167. 回流比的（　　）值为全回流。
    A. 上限   B. 下限   C. 平均   D. 混合

168. 精馏操作中，全回流的理论塔板数（　　）。
    A. 最多   B. 最少   C. 为零   D. 适宜

169. 精馏段操作线的斜率为 $R/(R+1)$，全回流时其斜率等于（　　）。
    A. 0   B. 1   C. ∞ D. -1

170. 可用来分析蒸馏原理的相图是（　　）。
    A. $p\text{-}y$ 图   B. $x\text{-}y$ 图   C. $t\text{-}x\text{-}y$ 图   D. $p\text{-}x$ 图

171. 蒸馏塔板的作用是（　　）。
    A. 热量传递   B. 质量传递   C. 热量和质量传递   D. 停留液体

172. 某二元混合物，其中 A 为易挥发组分，当液相组成 $x_A=0.6$，相应的泡点为 t_1，与之平衡的汽相组成为 $y_A=0.7$，与该 $y_A=0.7$ 的汽相相应的露点为 t_2，则 t_1 与 t_2 的关系为（　　）。
    A. $t_1=t_2$ B. $t_1<t_2$ C. $t_1>t_2$ D. 不一定

173. 区别精馏与普通蒸馏的必要条件是（　　）。
    A. 相对挥发度大于 1   B. 操作压力小于饱和蒸气压
    C. 操作温度大于泡点温度   D. 回流

174. 下面（　　）不是精馏装置所包括的设备。
    A. 分离器   B. 再沸器   C. 冷凝器   D. 精馏塔

175. 下列精馏塔中，哪种形式的塔操作弹性最大（　　）。
　　A. 泡罩塔　　　　　　B. 填料塔　　　　　　C. 浮阀塔　　　　　　D. 筛板塔

176. 在精馏塔中，加料板以上（不包括加料板）的塔部分称为（　　）。
　　A. 精馏段　　　　　　B. 提馏段　　　　　　C. 进料段　　　　　　D. 混合段

177. 吸收操作的目的是分离（　　）。
　　A. 气体混合物　　　　　　　　　　　B. 液体均相混合物
　　C. 气液混合物　　　　　　　　　　　D. 部分互溶的均相混合物

178. 吸收过程是溶质（　　）的传递过程。
　　A. 从气相向液相　　B. 气液两相之间　　C. 从液相向气相　　D. 任一相态

179. 混合气体中被液相吸收的组分称为（　　）。
　　A. 吸收剂　　　　　　B. 吸收质　　　　　　C. 吸收液　　　　　　D. 溶剂

180. （　　）对解吸有利。
　　A. 温度高、压力高　　　　　　　　　B. 温度低、压力高
　　C. 温度高、压力低　　　　　　　　　D. 温度低、压力低

181. 氨水的摩尔分率为20%，而它的摩尔比应是（　　）%。
　　A. 15　　　　　　　　B. 20　　　　　　　　C. 25　　　　　　　　D. 30

182. 若混合气体中氨的体积分率为0.5，其摩尔比为（　　）。
　　A. 0.5　　　　　　　B. 1　　　　　　　　C. 0.3　　　　　　　D. 0.1

183. 根据双膜理论，用水吸收空气中的氨的吸收过程是（　　）。
　　A. 气膜控制　　　　　B. 液膜控制　　　　　C. 双膜控制　　　　　D. 不能确定

184. 吸收效果的好坏可用（　　）来表示。
　　A. 转化率　　　　　　B. 变换率　　　　　　C. 吸收率　　　　　　D. 合成率

185. 一般情况下吸收剂用量为最小用量的（　　）倍。
　　A. 2　　　　　　　　B. 1.1～2.0　　　　　C. 1.1　　　　　　　D. 1.5～2.0

186. 选择适宜的（　　）是吸收分离高效而又经济的主要因素。
　　A. 溶剂　　　　　　　B. 溶质　　　　　　　C. 催化剂　　　　　　D. 吸收塔

187. 吸收的极限是由（　　）决定的。
　　A. 温度　　　　　　　B. 压力　　　　　　　C. 相平衡　　　　　　D. 溶剂量

188. 在 Y-X 图上，吸收操作线总是位于平衡线的（　　）。
　　A. 上方　　　　　　　B. 下方　　　　　　　C. 重合线上　　　　　D. 不知道

189. 物质对流扩散的速率主要取决于（　　）。
　　A. 流体的性质　　　　　　　　　　　B. 流体的湍流程度
　　C. 物质在气相中的浓度　　　　　　　D. 物质在液相中的浓度

190. 目前应用最广的气体吸收理论为（　　）。
　　A. 双膜理论　　　　　B. 边界层理论　　　　C. 溶质渗透理论　　　D. 吸附理论

191. 一定量的溶液里所含溶质的量叫做溶液的（　　）。
　　A. 密度　　　　　　　B. 溶解度　　　　　　C. 浓度　　　　　　　D. 热容

192. 吸收塔出口气体达到有少量液滴产生时的流速称（　　）流速。
　　A. 空塔　　　　　　　B. 截点　　　　　　　C. 泛点　　　　　　　D. 质量

193. 混合气体中能被液相吸收的组分称为（　　）。
　　A. 吸收剂　　　　　　B. 吸收质　　　　　　C. 吸收液　　　　　　D. 溶液

194. 氢气和氮气反应生成氨是属于（　　　）反应。
　　　A. 分解　　　　　　　B. 置换　　　　　　　C. 化合　　　　　　　D. 复分解

195. 由气体和液体流量过大两种原因共同造成的是（　　　）现象。
　　　A. 漏液　　　　　　　B. 液沫夹带　　　　　C. 气泡夹带　　　　　D. 液泛

196. 凡温度下降至（　　　）K以下者称为深度冷冻。
　　　A. 273　　　　　　　B. 173　　　　　　　　C. 73　　　　　　　　D. 0

197. 物料在干燥过程中能够被除去的水分是（　　　）。
　　　A. 非结合水分　　　B. 结合水分　　　　　C. 平衡水分　　　　　D. 自由水分

198. 干燥介质经过预热后（　　　）。
　　　A. 降低湿度　　　　　　　　　　　　　　B. 降低相对湿度
　　　C. 提高进气温度　　　　　　　　　　　　D. 提高传热速率

199. 干燥过程中，使用预热器的目的是（　　　）。
　　　A. 提高空气露点　　　　　　　　　　　　B. 降低空气的湿度
　　　C. 降低空气的相对湿度　　　　　　　　　D. 增大空气的比热容

200. 物料在实际干燥过程中，能被除去的水分是（　　　）。
　　　A. 非结合水分　　　B. 结合水分　　　　　C. 平衡水分　　　　　D. 全部水分

二、判断题

1. 烧碱的化学名称为氢氧化钠，而纯碱的化学名称为碳酸钠。（　　　）

2. 所谓"三烯，三苯，一炔，一萘"是基本的有机原料，其中三烯是指乙烯、丙烯、丁烯。（　　　）

3. 温度升高，电解质溶液的电离度降低，金属的电阻率升高。（　　　）

4. 转子流量计在水平安装时应特别注意转子应与管道中心重合。（　　　）

5. 垫片的厚度越大，变形量越大，密封效果越好。（　　　）

6. 截止阀出入口安装反了没有影响。（　　　）

7. 蒸馏与蒸发都是将混合液加热沸腾使之部分汽化，因此这两种操作原理是一致的。（　　　）

8. 选择压力表时，精度等级越高，则仪表的测量误差越小。（　　　）

9. 饱和蒸汽压较小的液体沸点较低。（　　　）

10. 双膜理论在任何情况下，对吸收操作都适用。（　　　）

11. 在一定压强下，纯组分液体的泡点、露点、沸点均为同一个数值。（　　　）

12. 在一定压强下，液体混合物没有恒定的沸点。（　　　）

13. 蒸发是一个主要体现传热过程基本规律的单元操作。（　　　）

14. 间歇蒸馏过程中，塔顶馏出液和塔釜残液中易挥发组成均将随着过程的进行越来越少。（　　　）

15. 过饱和度是结晶过程必不可少的推动力。（　　　）

16. 蒸馏是分离均相液体的一种单元操作。（　　　）

17. 从业人员发现直接危及人身安全的紧急情况时，有权停业。（　　　）

18. 物质的量的单位摩尔是国际单位制单位。（　　　）

19. 泵的扬程就是指泵的升扬高度。（　　　）

20. 跑、冒、滴、漏是石油化工生产中的大害之一。（　　　）

21. 当溶液中氢氧根离子大于氢离子浓度时溶液呈碱性。（　　）

22. 75％的乙醇水溶液中，乙醇称为溶质，水称为溶剂。（　　）

23. 精馏操作线方程是指相邻两块塔板之间蒸气组成与液体组成之间的关系。（　　）

24. 气体的溶解度与气体的性质有关，与浓度、压力关系不大。（　　）

25. 滴定分析是以化学反应为基础的分析方法。（　　）

26. 防爆泄压设施包括采用安全阀、爆破片、防爆门和放空导管。（　　）

27. 处于平衡的气液相接触时，若气相中吸收质分压大于平衡分压，吸收过程继续进行。（　　）

28. 气相混合物中某一组分的摩尔分率＝压力分率＝体积分率。（　　）

29. 精馏塔板的作用主要是支撑液体。（　　）

30. 干燥过程的实质是传质、传热同时进行。（　　）

31. 升高温度物质的溶解度一定增大。（　　）

32. 对同一种气体，温度越高，气体分压越大，则气体溶解度越大。（　　）

33. 吸收过程的推动力是浓度差，因此气相浓度大于液相浓度时，气体就被吸收。（　　）

34. 灵敏度高的仪表精确度一定高。（　　）

35. 温度升高时，气体在液体中的溶解度降低，亨利系数增大。（　　）

36. 在吸收操作中，吸收剂是从塔底部进入吸收塔中。（　　）

37. 工业毒物侵入人体的途径有呼吸道、皮肤和消化道。（　　）

38. 运用过程平衡关系可判断过程能否进行或进行的程度。（　　）

39. 过程进行的速率总是与过程的推动力成正比，与过程阻力成反比。（　　）

40. 一个物系如果不是处在平衡状态，则必然会向平衡方向发展；反之，处于平衡状态的物系也必然会向不平衡方向发展。（　　）

41. 物质发生相变时温度不变，所以潜热与温度无关。（　　）

42. 热量衡算式主要用于物料物理变化过程的热量平衡，对于有化学变化的过程不一定适用。（　　）

43. 热量衡算式适用于整个过程，也适用于某一部分或某一设备的热量衡算。（　　）

44. 气体的密度随温度与压力而变化，因此气体是可压缩流体。（　　）

45. 流体的黏度越大，表示流体在相同流动情况下内摩擦阻力越大，流体的流动性能越差。（　　）

46. 根据物质不灭定律，参加化学反应前的物质种类数一定等于反应后物质的种类数。（　　）

47. 热量平衡方程是 $Q_出＝Q_入＋Q_损$。（　　）

48. 精度为 1.5 级的压力表，其允许误差为表刻度极限的 1.5％。（　　）

49. 在精馏过程中，塔顶产品流量总是小于塔釜产品流量。（　　）

50. 高温物体比低温物体热量多。（　　）

51. 流体的静压头就是指流体的静压强。（　　）

52. 某工厂发生氯气泄漏事故，人员紧急撤离时，应向上风处转移。（　　）

53. 稳定流动过程中，流体流经各截面处的体积流量相等。（　　）

54. 压力容器的安全阀应垂直安装，并尽可能安装在容器的入口处。（　　）

55. 纯水的氢离子浓度等于氢氧根离子，等于 $10^{-7} mol/L$。（　　）

56. 在稳定流动过程中，流体流经各截面处的体积流量相等。（　　）

57. 流体在管道中流动，把各截面处的流速、流量、压强均相等的流动称为稳定流动。（　　）

58. "三级"安全教育是指厂级、车间级、工段或班组级三个层次的安全教育。（　　）

59. 蒸发操作一般都是在沸点的温度下进行的操作。（　　）

60. 进行管线、设备强度试验，其水压试验压力为正常压力的 2 倍。（　　）

61. DCS 实质上就是一种控制集中、管理分散的工业控制计算机系统。（　　）

62. 《安全生产法》的基本原则是诚实守信的原则。（　　）

63. 压力表使用范围通常为全量程的 $1/3\sim1/2$。（　　）

64. 以石墨为电极，电解氯化铜水溶液，阴极的产物是铜。（　　）

65. 稀释定律表示溶液在稀释后溶液中的溶质量保持不变。（　　）

66. 摩擦是机器能量损失的主要原因。（　　）

67. 单向阀，在生产中常用于只允许流体向一定方一向流动，防止在流体压力下降时发生倒流的现象。（　　）

68. 设备是生产的物质基础，润滑是设备运行的必要条件。（　　）

69. 操作时用右手开闭电源时，要注意左手不要与仪器（设备）相搭连。（　　）

70. 温度与压力升高，有利于解吸的进行。（　　）

71. 筛板精馏塔的操作弹性大于泡罩精馏塔的操作弹性。（　　）

72. 为了保证塔顶产品的质量，回流越大越好。（　　）

73. "三烯，三苯，一炔，一萘"，其中三烯是指乙烯、丙烯、丁烯。（　　）

74. 在化工管路中，通常在管路的相对低点安装有排气阀。（　　）

75. 跑、冒、滴、漏是石油化工生产中的大害之一。（　　）

76. 从安全角度考虑，化工生产的自控阀常用气开和气关阀。（　　）

77. 精度为 1.5 级的压力表，其允许误差为表刻度极限的 1.5%。（　　）

78. 具备可燃物、助燃物、着火源三个条件一定会发生燃烧。（　　）

79. 排放有毒有害废水的建设项目，应安排在生活用水水源的下游。（　　）

80. 离心泵停车时，先关闭泵的出口阀门，避免压出管内的液体倒流。（　　）

81. 溶液被蒸发时，若不排除二次蒸汽，将导致溶液沸点下降，使蒸发无法进行。（　　）

82. 液体的黏度随温度升高而增大。（　　）

83. 在吸收操作中，影响工艺的经济性的指标是吸收气液比。（　　）

84. 化工单元操作是一种物理操作，只改变物料的性能，而不改变其化学性质。（　　）

85. 不同生产过程中的同一种化工单元操作，它们所遵循的基本原理相同，所使用的设备结构相似。（　　）

86. 精馏是一种既符合传质规律，又符合传热规律的单元操作。（　　）

87. 稳定操作条件下，物料衡算式 $W_{产品}＝W_{原}＋W_{损}$。（　　）

88. 液体在稳定流动时，流速和流过截面成正比。（　　）

89. 自来水管内水的流动，可以看成是稳定流动。（　　）

90. 柏努力方程说明了流体在流动过程中能量间的转换关系。（　　）

91. 稳定流动的连续性方程是质量守恒定律在流体流动中的一种表达形式。（　　）

92. 流体的流动方向总是从高压头向低压头处流动。（　　）

93. 流体的位能只是一个相对值，它与基准面选取有关。（　　）

94. 大气压强的数值是一个固定值，等于760mmHg。（　　）

95. 因为流体具有流动性，所以具有动能。（　　）

96. Re 值越大，流体阻力越大。（　　）

97. 泵的扬程就是泵的升扬高度。（　　）

98. 泵铭牌上标的功率是指泵的轴功率。（　　）

99. 泵的效率越高，说明这台泵输送给液体的能量越多。（　　）

100. 选用泵时，应使泵的流量和扬程大于生产上需要的流量和外加压头数值。（　　）

101. 泵的安装高度越高，泵入口处真空度越大。（　　）

102. 为防止气蚀现象的发生，必须使泵入口处压强大于流体的饱和蒸汽压。（　　）

103. 输送流体的密度增大，对泵的扬程没有影响。（　　）

104. 输送流体密度增大，泵的轴功率将增加。（　　）

105. 离心泵铭牌上标志的泵流量、扬程和功率都是在最高效率点时的数值。（　　）

106. 改变泵出口阀门的开启度，可以调节泵的工作点。（　　）

107. 用改变泵出口阀的开启度来调节流量，其实质是改变了管路特性曲线。（　　）

108. 旋风分离器的压力损失是指气体通过旋风分离器前后的压降。（　　）

109. 过滤操作的推动力是指料浆在过滤前后的浓度差。（　　）

110. 过滤操作的推动力是指滤渣和过滤介质两侧的压力差。（　　）

111. 板框式过滤机是一种连续式过滤机。（　　）

112. 转筒真空过滤机是一种连续式过滤机。（　　）

113. 离心机是借离心力作用分离悬浮液的常用设备。（　　）

114. 传热过程中，热量总是自发地由热量多的物体向热量少的物体传递。（　　）

115. 当两物体温度相等时，传热过程就停止。（　　）

116. 太阳的热量传递到地面上，主要靠空气作为传热介质。（　　）

117. 导热系数是表示物体导热性能的一个物理量，因此不受外界因素的影响。（　　）

118. 多层壁导热过程中，传热总推动力为各层壁面温差之和。（　　）

119. 多层壁导热过程中，总传热量等于各层传热量之和。（　　）

120. 稳定传热的特点是单位时间内通过传热间壁的热量是一个常量。（　　）

121. 用饱和水蒸气加热物料，主要是用水蒸气在冷凝时放出的冷凝潜热。（　　）

122. 黑体是指近乎黑色的物体。（　　）

123. 相同温度下，黑体的辐射能力比灰体的要大。（　　）

124. 烯烃的同分异构体现象，是因双键的位置不同而产生的。（　　）

125. 由电石制得的乙炔有难闻的气味，所以乙炔是有气味的气体。（　　）

126. 伯、仲、叔三种不同醇类加卢长斯试剂，溶液首先出现混浊的是伯醇。（　　）

127. 醇于卤烷作用生成醚的反应叫威廉姆逊反应。（　　）

128. 在170℃条件下，硫酸作脱水剂，乙醇分子内脱水生成乙烯。（　　）

129. 筛板精馏塔的操作弹性大于泡罩精馏塔的操作弹性。（　　）

130. 化学纤维分人造纤维和合成纤维。（　　）

131. 玻璃化温度越低，橡胶分子越柔顺，耐寒性越差。（　　）

132. 合成树脂是指由单体合成的方式将某些天然高分子化合物进化学改性所得的高聚物。（　　）

133. 湿性天然气是含水多的天然气。（　　）

134. 新购回的催化剂不经任何处理即可投入生产。（　　）

135. 催化剂的活性是指催化剂提高反应的能力。（　　）

136. 辛烷值是衡量燃料油抗爆震性能的指标。（　　）

137. 乙烯和氯气加成反应的产物只能是1,2-二氯乙烷。（　　）

138. 乙炔和氯化氢加成反应只能产生氯乙烯，而无副产物。（　　）

139. 含碳的化合物都是有机物。（　　）

140. 助催化剂的作用是帮助活性组分依附于载体，减少催化剂对毒物的敏感性。（　　）

141. 精馏塔压力升高，液相中易挥发组分浓度升高。（　　）

142. 开停车的生产操作是衡量操作工人技术水平高低的一个重要标准。（　　）

143. 化工生产中，一般用白土来吸收重质烃成分。（　　）

144. 加热时，蒸汽应从换热器下部进入。（　　）

145. 能从根本上解决污染物处理的方法是稀释法。（　　）

146. 凡具有一定生命的有机体就叫有机物。（　　）

147. 有人认为一个分子只能有一个结构式。（　　）

148. 具有相同组成和分子式的物质一定是同种化合物。（　　）

149. 从地下开采出来的石油是各种烃类的复杂混合物。（　　）

150. 气体的黏度随压力的升高而增大。（　　）

151. 层流内层的厚度随流体湍动程度的增加而增加。（　　）

152. 流体在管路中作稳定流动时，任一截面处流体的流速、密度与截面积的乘积均相等。（　　）

153. 当液体内部某点压强一定时，则液体的密度越大，此点距液面的高度也越大。（　　）

154. 实际过滤操作中，多为恒压过滤。（　　）

155. 离心机适用分离颗粒小，黏度小的悬浮液。（　　）

156. 绝对黑体的辐射能力与其摄氏温度的四次方成正比。（　　）

157. 列管式换热器主要由壳体、管束、管板和端盖等组成。（　　）

158. 根据热补偿方式列管式换热器分为固定管板式、浮头式、蛇管式。（　　）

159. 热导率，给热系数，传热系数，都是物质的物理性质。（　　）

160. 一定温度下，物体的辐射能力越大，则吸收率越大。（　　）

161. 普通精馏操作可分离所有的液体混合物。（　　）

162. 简单蒸馏属于间歇性操作。（　　）

163. 精馏塔的进料板属于精馏段。（　　）

164. 饱和蒸汽进料的进料线是一条与 x 轴垂直的直线。（　　）

165. 气体在液体中溶解度大小与物系的温度和压强无关。（　　）

166. 对于易溶气体，液膜阻力控制吸收速率。（　　）

167. 基本有机化工的三大原料是煤、石油、天然气。（　　）

168. 石油化工三大起原料是油田气、炼厂气、液体石油馏分。（　　）

169. 工业上除去裂解气中乙炔的方法主要有催化加氢和溶剂吸收。（　　）

170. 根据石油中所含的主要成分，可把它分为烷基、环烷基、石蜡基三大类。（　　）

171. 当塔顶产品重组分增加时，应适当提高回流量。（   ）

172. 精馏是传热和传质同时发生的单元操作过程。（   ）

173. 芳烃生产的主要原料是煤焦油和石油烃。（   ）

174. 天然气按其组分可分为干气和湿气两大类。（   ）

175. 蒸馏塔总是塔顶作为产品，塔底作为残液排放。（   ）

176. 在蒸馏中，回流比的作用是维持蒸馏塔的正常操作，提高蒸馏效果。（   ）

177. 在吸收过程中不能被溶解的气体组分叫惰性气体。（   ）

178. 换热器中，逆流的平均温差总是大于并流的平均温差。（   ）

179. 蒸发操作只适用于溶质不挥发的操作。（   ）

180. 精馏塔的温度随易挥发组分浓度增大而降低。（   ）

181. 降尘室的生产能力不仅与降尘室的宽度和长度有关，而且与降尘室的高度有关。（   ）

182. 转筒真空过滤机是一种间歇性的过滤设备。（   ）

183. 在精馏塔内任意一块理论板，其气相露点温度大于液相的泡点温度。（   ）

184. 用来表达蒸馏平衡关系的定律叫亨利定律。（   ）

185. 在一般过滤操中，实际上起到主要介质作用的是滤饼层而不是过滤介质本身。（   ）

186. 沉降分离满足的基本条件是，停留时间不小于沉降时间，且停留时间越大越好。（   ）

187. 板框压滤机的整个操作过程为过滤、洗涤、卸渣和重装四个阶段。根据经验，当板框压滤机的过滤时间等于其他辅助操作时间总和时其生产能力最大。（   ）

188. 精馏操作中，塔顶馏分重组分含量增加时，常采用降低回流比来使产品质量合格。（   ）

189. 提高传热系数 K，应从降低最大热阻着手。（   ）

190. 列冷凝器的内管走空气，管间走饱和水蒸气。如果蒸汽压力一定，空气进口温度一定，当空气流量增加时，总传热系数 K 应增大，空气出口温度会提高。（   ）

191. 热量由固体壁面传递给流体或者相反的过程称为给热。（   ）

192. 用饱和水蒸气在套管换热中加热冷空气，此时壁温接近与冷空气侧的温度。（   ）

193. 在列管式换热器中，当热流体为饱和水蒸气时，流体的逆流平均温差和并流平均温差相等。（   ）

194. 增大单位体积的传热面积是强化传热的最有效途径。（   ）

195. 在列管式换热器中，具有腐蚀性的物料应走壳程。（   ）

196. 实际生产中（特殊情况除外）传热一般都采用并流操作。（   ）

197. 列管式换热器采用多管层的目的是提高管内流体的对流传热系数 α。（   ）

198. 对流传热过程是流体与流体之间的传热过程。（   ）

199. 保温层应该选用热导率小的绝热材料。（   ）

200. 在列管式换热器中，用水冷却某气体，气体中有稀酸冷凝出来，应将气体安排走管程。（   ）

201. 对流传热的热阻主要集中在滞流内层中。（   ）

202. 采用错流和折流可以提高换热器的传热速率。（   ）

203. 热负荷是指换热器本身的换热能力。（　　）

204. 在传热实验中用饱和水蒸气加热空气，总传热系数 K 接近于空气侧的对流传热系数，而壁温接近于饱和水蒸气温度值。（　　）

205. 由多层等厚平壁构成的导热壁面中，所采用材料的热导率越大，则该壁面的热阻越大，其两侧的温度越大。（　　）

206. 饱和水蒸气和空气通过间壁进行稳定热交换，由于空气侧的膜系数远远小于饱和水蒸气侧的膜系数。故空气侧的传热速率比水蒸气侧的传热速率小。（　　）

207. 在列管换热器中，采用多层结构，可增大换热面积。（　　）

208. 当换热器中热流体的质量流量，进出口温度及冷流体进出口温度一定时，采用并流操作可节省冷流体用量。（　　）

209. 在列管换热器，用饱和水蒸气加热某反应物料，让水蒸气走管程，以减少热量损失。（　　）

210. 溶剂蒸汽在蒸发设备内的长时间停留对蒸发速率没有影响。（　　）

211. 溶液在中央循环管蒸发器中的自然循环是由于压强差造成的。（　　）

212. 蒸发器的加热蒸气中有少量的不凝性气体对蒸发影响不是很大。（　　）

213. 蒸发操作既属传热操作，又属传质操作。（　　）

214. 多效蒸发的目的主要是通过二次蒸气的再利用，以节约能源，从而提高蒸发装置的经济性，所以效数越多越好。（　　）

215. 单效蒸发操作中，二次蒸气温度低于生蒸气温度，这是由传热推动力和溶液沸点升高（温差损失）造成的。（　　）

216. 在逆流加料法的蒸发流程中必须采用泵输送原料液。（　　）

217. 根据二次蒸气的利用情况，蒸发操作可分为单效蒸发和多效蒸发。（　　）

218. 蒸发操作只适用于溶质不挥发的操作。（　　）

219. 在蒸发操作，由于溶液中含有溶质，故其沸点必然低于纯溶剂在同一压力下的沸点。（　　）

220. 蒸发器主要由加热室和分离室两部分组成。（　　）

三、简答题

1. 什么叫液气比？
2. 蒸馏与吸收有何异同？
3. 什么是萃取？萃取和吸收有何不同？
4. 传热的基本方式有哪几种？
5. 生产过程中，精馏塔的五种进料的热状况及它们的 q 值？
6. 热负荷的计算方法有几种？各是什么？
7. 吸收操作在化工生产中有哪些用途。
8. 精馏塔中精馏段的作用是什么？
9. 工业上对吸收剂有何要求？
10. 工业上常用的对流干燥器有哪些？
11. 什么叫闪燃？什么叫闪点？
12. 什么是爆炸？

13. 什么是泡点和露点？

14. 什么是催化剂的选择性？

15. 离心泵在启动时为什么要关闭出口阀要？

16. 什么是气缚现象？

17. 离心泵流量调节有哪些方法？

18. 提高换热器传热效率的途径有哪些？

19. 什么是显热、潜热？

20. 干燥过程得以进行的条件是什么？

四、计算题

1. 用 5mL 1mol/L 溶液，能稀释成 0.5mol/L 的溶液多少毫升？

2. 在一双组分连续精馏塔中，已知回流比为 3，测得从精馏段第二层塔板下降液体的组成为 0.82（摩尔分数，下同），从第三层塔板上升的蒸气组成为 0.86，则馏出液组成是多少？

3. 在一密闭的容器内，盛有相对密度为 1.2 的溶液，液面上方的压强为 $P_0 = 100kPa$，求距液面 6 米处所受的压力强度是多少？

4. 如图 9-1 所示输水系统，已知供水量为 30t/h，①设容器直径为 2m，求容器中水的流速；②设已知吸入管内径为 100mm，压出管和吸入管的管径比为 1∶1.5，求压出管的流速。

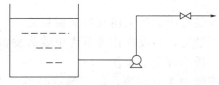

图 9-1　计算题 4 附图

5. 某离心泵输送 30%硫酸，压出管上压强计的读数是 177kPa，吸入管上真空计读数是 3.87kPa。压强计装在比真空计高 0.5m 处，吸入管和压出管的直径相等。试求泵的压头（已知 30%硫酸的密度是 1220kg/m³）。

6. 有一炉壁，热导率 $\lambda = 0.9W/(m \cdot K)$，厚度为 200mm，面积为 10m²。已知内壁温度为 1000K，外壁温度为 350K。求此炉壁单位时间内的热损失量。

7. 今欲配制 0.5mol/L，H_2SO_4 400mL，须用 96.0%，相对密度 1.84 的浓 H_2SO_4 多少毫升？

8. 某地区大气压力为 100kPa，有一设备需在真空度为 80kPa 条件下，试求该设备绝对压力为多少？

9. 空气和 CO_2 的混合气体中含 CO_2 的体积分数是 20%，求 CO_2 的摩尔分数和摩尔比。

10. 用水吸收含 30%（体积分数）CO_2 的某原料气，吸收温度为 303K，总压力为 101.3kPa，试求 CO_2 的最大含量。（303K，CO_2 的亨利系数为 188400kPa）。

11. 在一填料塔中，用洗油逆流吸收混合气体中的苯。已知混合气体的流量为 1600m³/h，进塔气体中含苯 5%（摩尔分数，下同）要求吸收率为 90%，操作温度为 25℃，压力为 101.3kPa，洗油进塔浓度为 0.0015，相平衡关系为 $Y^* = 26X$，操作液气比为最小液气比的 1.3 倍。试求吸收剂用量及出塔洗油中苯的含量。

初级工复习试题参考答案

一、选择题

1. C	2. B	3. B	4. D	5. D	6. B	7. A	8. B	9. D	10. B
11. B	12. D	13. C	14. D	15. C	16. B	17. C	18. B	19. D	20. B
21. B	22. B	23. B	24. A	25. D	26. B	27. B	28. D	29. B	30. A
31. A	32. C	33. A	34. B	35. D	36. A	37. C	38. C	39. B	40. D
41. B	42. D	43. A	44. C	45. C	46. D	47. A	48. B	49. C	50. D
51. D	52. C	53. D	54. A	55. A	56. B	57. D	58. C	59. A	60. D
61. B	62. C	63. B	64. B	65. B	66. C	67. C	68. B	69. A	70. B
71. D	72. C	73. A	74. A	75. B	76. B	77. B	78. B	79. B	80. B
81. B	82. A	83. B	84. A	85. A	86. B	87. B	88. B	89. C	90. A
91. B	92. A	93. B	94. A	95. B	96. C	97. B	98. B	99. B	100. A
101. A	102. A	103. A	104. D	105. B	106. B	107. B	108. D	109. B	110. D
111. D	112. C	113. B	114. D	115. C	116. B	117. D	118. B	119. B	120. C
121. C	122. B	123. D	124. A	125. A	126. A	127. A	128. B	129. C	130. A
131. A	132. A	133. A	134. A	135. B	136. B	137. C	138. B	139. B	140. A
141. B	142. D	143. A	144. A	145. B	146. A	147. D	148. A	149. A	150. C
151. C	152. B	153. C	154. A	155. B	156. D	157. A	158. C	159. B	160. D
161. C	162. B	163. C	164. B	165. A	166. B	167. C	168. B	169. B	170. C
171. C	172. A	173. D	174. A	175. C	176. A	177. A	178. A	179. B	180. C
181. C	182. B	183. A	184. C	185. B	186. A	187. C	188. A	189. B	190. A
191. C	192. B	193. B	194. C	195. D	196. B	197. A	198. B	199. C	200. A

二、判断题

1. √	2. ×	3. ×	4. ×	5. ×	6. ×	7. ×	8. ×	9. ×	10. ×
11. √	12. √	13. √	14. √	15. √	16. √	17. √	18. √	19. ×	20. √
21. √	22. ×	23. √	24. ×	25. √	26. √	27. √	28. √	29. √	30. √
31. ×	32. ×	33. ×	34. √	35. √	36. ×	37. √	38. √	39. √	40. ×
41. ×	42. ×	43. √	44. √	45. √	46. ×	47. ×	48. √	49. √	50. ×
51. ×	52. √	53. √	54. ×	55. √	56. ×	57. √	58. ×	59. √	60. ×
61. √	62. ×	63. ×	64. √	65. √	66. √	67. √	68. ×	69. √	70. ×
71. ×	72. ×	73. ×	74. √	75. √	76. √	77. √	78. ×	79. √	80. √
81. ×	82. ×	83. √	84. √	85. √	86. √	87. √	88. ×	89. √	90. ×
91. √	92. √	93. √	94. √	95. ×	96. ×	97. ×	98. √	99. √	100. √
101. √	102. √	103. √	104. √	105. √	106. √	107. √	108. √	109. ×	110. √
111. ×	112. ×	113. ×	114. ×	115. √	116. ×	117. ×	118. √	119. ×	120. √
121. √	122. √	123. √	124. √	125. √	126. √	127. √	128. √	129. √	130 ×
131. ×	132. √	133. ×	134. ×	135. ×	136. ×	137. ×	138. ×	139. ×	140. ×
141. √	142. √	143. √	144. √	145. ×	146. √	147. √	148. ×	149. √	150. √
151. ×	152. √	153. √	154. √	155. √	156. √	157. √	158. √	159. √	160. √
161. ×	162. √	163. ×	164. √	165. ×	166. ×	167. √	168. ×	169. √	170. ×
171. √	172. √	173. √	174. √	175. ×	176. ×	177. √	178. √	179. √	180. √
181. ×	182. ×	183. ×	184. ×	185. √	186. ×	187. ×	188. ×	189. √	190. ×

191. ×	192. ×	193. √	194. ×	195. ×	196. ×	197. √	198. ×	199. √	200. √
201. √	202. ×	203. ×	204. √	205. ×	206. ×	207. ×	208. ×	209. ×	210. ×
211. √	212. ×	213. ×	214. ×	215. √	216. √	217. √	218. √	219. ×	220. √

三、简答题

1. 答：处理单位惰性气体所需的吸收剂用量称为液气比。

2. 答：蒸馏和吸收的过程相同点在于它们都属于传质过程；不同点：（1）分离对象不同，蒸馏分离的是液体混合物，吸收分离的是气体混合物；（2）依据不同，蒸馏是利用组分沸点、挥发度的差异，而吸收是利用各组分在同一吸收剂中的溶解度不同；（3）传质过程不同，蒸馏是汽液之间的双向传质，而吸收只是汽相转入液相的单向传质。

3. 答：萃取是利用液体混合物各组分在溶剂中溶解度的差异来分离液体混合物的操作。萃取和吸收的不同点，一是萃取分离的是液体混合物，而吸收分离的是气体混合物；二是吸收中处理的是气液两相，而萃取中则是液液两相。

4. 答：传导、对流、辐射。

5. 答：原料的五种热状况及 q 值为：①冷液进料，$q > 1$；②饱和液体进料，又称泡点进料，$q = 1$；③气、液混合物进料，$q = 0 \sim 1$；④饱和蒸气进料，又称露点进料，$q = 0$；⑤过热蒸气进料，$q < 0$。

6. 答：有三种 。焓差法、温差法、潜热法。

7. 答：（1）制造产品；（2）分离气体混合物；（3）气体净制；（4）回收有用气体。

8. 答：此段是利用回流液把上升蒸气中难挥发的组分逐步冷凝下来，同时回流中挥发组分汽化出来，从而在塔顶得到较纯的易挥发组分。

9. 答：①吸收剂对所吸收气体的溶解度尽可能大，选择性要好，对其他组分的溶解度尽可能小，这样吸收的效率高；②吸收剂的蒸气压要低，吸收剂不易汽化，损失小；③无毒、无腐蚀、难燃、化学稳定性好、价廉易得。

10. 答：厢式干燥器、气流干燥器、流化床干燥器、喷雾干燥器和转筒干燥器。

11. 答：在一定温度下，易燃或可燃液体产生的蒸气与空气混合后，达到一定浓度时遇火源产生一闪即灭的现象，这种瞬间燃烧现象就叫闪燃。液体发生闪燃时的最低温度，叫做闪点。

12. 答：爆炸是物质由一种状态迅速转变成另一种状态，并在瞬时间周围压力发生急剧的突变，放出大量能量，同时产生巨大的响声。

13. 答：在一定的压力下，升温后液体混合物开始汽化，刚出现第一个汽泡时的温度叫泡点。把气体混合物在压力不变的条件下降温冷却，当冷却到某一温度时，产生第一个微小的液滴，此时温度叫做该混合物在指定压力下的露点。

14. 答：将原料转化为目的产品的能力。

15. 答：根据离心泵的特性曲线，功率随流量的增加而上升，流量为零时，功率最小，所以离心泵在开车时将出口阀关闭，使泵在流量为零的状况下启动，减小启动电流，以防止电动机因超载而烧坏。

16. 答：当泵启动时，如果泵内存在空气，由于空气的密度比液体的密度小得多，产生的离心力也小，此时叶轮中心只能造成很小的负压，不足以形成吸上液体的真空度，所以泵也就无法输送液体，这种现象称为气缚。

17. 答：离心泵的流量调节就是改变泵的特性曲线和管路特性曲线。

18. 答：（1）增大传热面积；（2）提高冷热流体的平均温差；（3）提高传热系数。

19. 答：物质升温或降温过程，不改变原有相态而吸收或放出的热量叫显热。物质在相变过程中（汽化或冷凝）过程中吸收或放出的热量叫潜热。

20. 答：（1）物料表面水汽压力大于干燥介质中水汽分压；（2）干燥介质要将汽化的水分及时带走。

四、计算题

1. 解：设加入水量为 V mL，则根据稀释前后溶质质量相等，有

$$\frac{5}{1000} \times 1 = \frac{5+V}{1000} \times 0.05$$

$$V = \frac{5 \times (1-0.05)}{0.05} = 95 \text{mL}$$

2. 解：已知 $R=3$，精馏段 $x_2=0.82$，$y_3=0.86$

由精馏段操作线方程得：

$$y_3 = \frac{R}{R+1}x_2 + \frac{x_D}{R+1},$$

代入已知量，即：

$$0.86 = \frac{3}{4} \times 0.82 + \frac{x_D}{4}$$

得：

$$x_D = 0.98$$

3. 解：$P = P_0 + \rho gh = 170.6\text{kPa}$

4. 解：已知 $W=30\text{t/h}$

根据公式得：$u = \dfrac{W}{A\rho} = \dfrac{\dfrac{30 \times 10^3}{3600}}{0.785 \times 2^2 \times 10^3} = 0.0027\text{m/s}$

根据公式得：$u_\lambda = u\left(\dfrac{D}{d_\lambda}\right)^2 = 0.0027 \times \left(\dfrac{2}{0.1}\right)^2 = 1.08\text{m/s}$

$$u' = u_\lambda\left(\frac{d_\lambda}{d'}\right)^2 = 1.08 \times (1.5)^2 = 2.43\text{m/s}$$

从题解可以看出，由于储槽的面积较大而流速很小，故一般工程中忽略不计，即认为 $u=0$。

5. 解：30%硫酸的密度是 1220kg/m^3，故泵的压头按公式求出，因吸入管和压出管的直径相等，计算式为 $H = (Z_2 - Z_1) + \dfrac{p' + p''}{\rho g} = 0.5 + \dfrac{(177 + 3.87) \times 10^3}{1220 \times 9.81} = 15.6\text{m}$

6. 解：通过平面壁的导热量可由下式计算，即 $q = \lambda\dfrac{A(t_1 - t_2)}{\delta}$

已知　　　　　　　$\lambda = 0.9\text{W/(m·K)}$　　　$\delta = 200\text{mm} = 0.2\text{m}$

$t_1 = 1000\text{K}$　　　$t_2 = 350\text{K}$　　　$A = 10\text{m}^2$

将数据代入上式得：

$$q = \lambda\frac{A(t_1 - t_2)}{\delta} = 0.9 \times \frac{10 \times (1000 - 350)}{0.2} = 29250\text{W} = 29.25\text{kW}$$

7. 解：稀释后 H_2SO_4 的摩尔数为：$0.5 \times 0.4 = 0.2\text{mol}$

稀释前浓 H_2SO_4 的摩尔浓度为：$(1000 \times 1.84 \times 96.0\%)/98.08 = 18.0\text{mol/L}$

稀释前后溶质的摩尔浓度不变，故 $18.0 \times V_1 = 0.2$　　　$V_1 = 0.011\text{L} = 11\text{mL}$

所以须用浓 H_2SO_4 11mL。

8. 解

$$P_{绝} = P_{大} - P_{真} = 100 - 80 = 20\text{kPa}$$

该设备绝对压力为 20kPa。

9. 解　CO_2 的摩尔比 $Y = \dfrac{y_A}{1 - y_A} = \dfrac{0.2}{1 - 0.2} = 0.25$

10. 解　在本题操作条件下，CO_2 溶于水形成稀溶液，所以达到平衡时

$$x = p^*/E$$

$$p^* = 101.3 \times 30\% = 30.4\text{ kPa}$$

$$x = 30.4/188400 = 0.000166$$

即液相中 CO_2 的最大摩尔分数为 0.000166。

11. 解　先将摩尔分数换算为摩尔比

$$y_1 = 0.05 \qquad Y_1 = \frac{y_1}{1 - y_1} = \frac{0.05}{1 - 0.05} = 0.0526$$

根据吸收率的定义　　$Y_2 = Y_1(1 - \eta) = 0.0526(1 - 0.90) = 0.00526$

$$x_2 = 0.00015 \qquad X_2 = \frac{x_2}{1 - x_2} = \frac{0.00015}{1 - 0.00015} = 0.00015$$

混合气体中惰性气体量为

$$V = \frac{1600}{22.4} \times \frac{273}{273 + 25} \times (1 - 0.05) = 62.2\text{kmol/h}$$

由于气液相平衡关系 $Y^* = 26X$，则

$$\left(\frac{L}{V}\right)_{min} = \frac{Y_1 - Y_2}{\dfrac{Y_1}{m} - X_2} = \frac{0.0526 - 0.00526}{\dfrac{0.0526}{26} - 0.00015} = 25.3$$

实际液气比为

$$\frac{L}{V} = 1.3\left(\frac{L}{V}\right)_{min} = 1.3 \times 25.3 = 32.9 \qquad L = 32.9V = 32.9 \times 62.2 = 2.05 \times 10^3 \text{ kmol/h}$$

出塔洗油苯的含量为

$$X_1 = \frac{V(Y_1 - Y_2)}{L} + X_2 = \frac{62.2}{2.05 \times 10^3} \times (0.0526 - 0.00526) + 0.00015$$

$$= 1.59 \times 10^{-3} \text{ kmol(A)/kmol(S)}$$

项目二　中级工复习试题

一、选择题

1. 精馏塔操作时，回流比与理论塔板数的关系是（　　　）。
   A. 回流比增大时，理论塔板数也增多
   B. 回流比增大时，理论塔板数减少
   C. 全回流时，理论塔板数最多，但此时无产品
   D. 回流比为最小回流比时，理论塔板数最小

2. 在化工管路中，对于要求强度高、密封性能好、能拆卸的管路，通采用（　　　）。
   A. 法兰连接　　　　　B. 承插连接　　　　　C. 焊接　　　　　D. 螺纹连接

3. 下列塔设备中，操作弹性最小的是（　　　）。
   A. 筛板塔　　　　　B. 浮阀塔　　　　　C. 泡罩塔　　　　　D. 舌板塔

4. 下列属于可再生燃料的是（　　　）
   A. 煤　　　　　B. 石油　　　　　C. 天然气　　　　　D. 柴草

5. 盛烧碱溶液的瓶口，常有白色固体物质，其成分是（　　　）。
   A. 氧化钠　　　　　B. 氢氧化钠　　　　　C. 碳酸钠　　　　　D. 过氧化钠

6. 化学反应热不仅与化学反应有关，而且与（　　　）。
   A. 反应温度和压力有关　　　　　B. 参加反应物质的量有关
   C. 物质的状态有关　　　　　D. 与以上三种情况都有关

7. 熔融指数与分子量的关系是（　　　）。
   A. 分子量越高，熔融指数低　　　　　B. 分子量越低，熔融指数低
   C. 分子量越高，熔融指数高　　　　　D. 无关系

8. 单位质量的某物质温度升高或降低 1K 时，所吸收或放出的热量称这种物质的（　　　）。
   A. 焓　　　　　B. 比热　　　　　C. 显热　　　　　D. 潜热

9. 转化率指的是（　　　）。
   A. 生产过程中转化掉的原料量占投入原料量的百分数
   B. 生产过程中得到的产品量占理论上所应该得到的产品量的百分数
   C. 生产过程中所得到的产品量占所投入原料量的百分比
   D. 在催化剂作用下反应的收率

10. 蒸馏分离的依据是混合物中各组分的（　　　）不同。
    A. 浓度　　　　　B. 挥发度　　　　　C. 温度　　　　　D. 溶解度

11. 反应温度过高对化工生产造成的不良影响可能是（　　　）。
    A. 催化剂烧结　　　　　B. 副产物增多
    C. 爆炸危险性增大　　　　　D. 以上都有可能

12. 干燥介质经过预热后（　　）。
    A. 降低湿度
    B. 降低相对湿度
    C. 提高进气温度
    D. 提高传热速率

13. 滴定管在待装溶液加入前应（　　）
    A. 用水润洗　　　B. 用蒸馏水润洗　　　C. 用待装溶液润洗　　D. 只要用蒸馏水洗净即可

14. 安全阀应（　　）安装。
    A. 倾斜
    B. 铅直
    C. 视现场安装方便而定
    D. 水平

15. 评价催化剂的指标主要有：比表面和内表面利用率、孔隙率和堆积密度、（　　）、机械强度等。
    A. 形状
    B. 毒物的影响
    C. 活性温度范围
    D. 使用年限

16. 催化剂具有（　　）特性。
    A. 改变反应速度
    B. 改变化学平衡
    C. 既改变反应速度又改变化学平衡
    D. 反应速度和化学平衡均不改变，只改变反应途径

17. 加氢反应催化剂的活性组分是：（　　）。
    A. 单质金属　　　B. 金属氧化物　　　C. 金属硫化物　　　D. 都不是

18. 化工污染物都是在生产过程中产生的，其主要来源（　　）。
    A. 化学反应副产品，化学反应不完全
    B. 燃烧废气，产品和中间产品
    C. 化学反应副产品，燃烧废气，产品和中间产品
    D. 化学反应不完全的副产品，燃烧废气，产品和中间产品

19. 回流比的计算公式是（　　）。
    A. 回流量比塔顶采出量
    B. 回流量比塔顶采出量加进料量
    C. 回流量比进料量
    D. 回流量加进料量比全塔采出量

20. 在再沸器中溶液（　　）而产生上升蒸气，是精馏得以连续稳定操作的一个必不可少条件。
    A. 部分冷凝　　　B. 全部冷凝　　　C. 部分气化　　　D. 全部气化

21. 化工工艺的主要工艺影响因素有（　　）。
    A. 温度、压力和流量等
    B. 温度、压力、流量和空速等
    C. 温度、压力、流量、空速和停留时间等
    D. 温度、压力、流量、空速、停留时间和浓度等

22. 裂解乙烯过程正确的操作条件是（　　）。
    A. 低温、低压、长时间
    B. 高温、低压、短时间
    C. 高温、低压、长时间
    D. 高温、高压、短时间

23. 反应温度过高对化工生产造成的不良影响可能是（　　）。
    A. 催化剂烧结
    B. 副产物增多
    C. 爆炸危险性增大
    D. 以上都有可能

24. 在实际生产过程中，为提高反应过程目的产物的单程收率，宜采用以下哪种措施（　　）。

A. 延长反应时间，提高反应的转化率，从而提高目的产物的收率

B. 缩短反应时间，提高反应的选择性，从而提高目的产物的收率

C. 选择合适的反应时间和空速，从而使转化率与选择性的乘积（单程收率）达到最大

D. 选择适宜的反应器类型，从而提高目的产物的收率

25. 吸收操作气速一般（　　）。

A. 大于泛点气速　　　　　　　　　　B. 小于载点气速

C. 大于泛点气速而小于载点气速　　　D. 大于载点气速而小于泛点气速

26. 工业上固体催化剂是由（　　）组成的。

A. 正催化剂和负催化剂　　　　　　　B. 主催化剂和辅催化剂

C. 活性组分、助催化剂和载体　　　　D. 活性组分、助剂和载体

27. 下列叙述中不是催化剂特征的是（　　）。

A. 催化剂的存在能提高化学反应热的利用率

B. 催化剂只缩短达到平衡的时间，而不能改变平衡状态

C. 催化剂参与催化反应，但反应终了时，催化剂的化学性质和数量都不发生改变

D. 催化剂对反应的加速作用具有选择性

28. 催化剂按形态可分为（　　）。

A. 固态，液态、等离子态　　　　　　B. 固态、液态、气态、等离子态

C. 固态、液态　　　　　　　　　　　D. 固态、液态、气态

29. 气体的黏度随着温度的升高而（　　）。

A. 减小　　　　　　B. 增大　　　　　　C. 不变　　　　　　D. 不一定

30. 温度对流体的黏度有一定的影响，当温度升高时，（　　）。

A. 液体和气体的黏度都降低

B. 液体和气体的黏度都升高

C. 液体的黏度升高、而气体的黏度降低

D. 液体的黏度降低、而气体的黏度升高

31. 精馏操作中液体混合物应被加热到（　　）时，可实现精馏的目的。

A. 泡点　　　　　　B. 露点　　　　　　C. 泡点和露点间　　　D. 高于露点

32. 萃取剂 S 与稀释剂 B 的互溶度越（　　），分层区面积越（　　），可能得到的萃取液的最高浓度 y_{max} 较高。（　　）

A. 大、大　　　　　　B. 小、大　　　　　　C. 小、小　　　　　　D. 大、小

33. 气液两相在筛板上接触，其分散相为液相的接触方式是（　　）。

A. 鼓泡接触　　　　　　　　　　　　B. 喷射接触

C. 泡沫接触　　　　　　　　　　　　D. 以上三种都不对

34. 下列说法错误的是（　　）。

A. CO_2 无毒，所以不会造成污染

B. CO_2 浓度过高时会造成温室效应的污染

C. 工业废气之一 SO_2 可用 NaOH 溶液或氨水吸收

D. 含汞、镉、铅、铬等重金属的工业废水必须经处理后才能排放

35. 有时采用双动或三联往复泵的目的是（　　　）。
    A. 为了使流量增大
    B. 使出口压力增大
    C. 为了改善单动泵流量的不均匀性
    D. 使扬程减小

36. 玻璃板液位计原理是（　　　）。
    A. 毛细现象
    B. 虹吸现象
    C. 连通器原理
    D. A、B、C 均不是

37. 当流体从高处向低处流动时，其能量转化关系是（　　　）。
    A. 静压能转化为动能
    B. 位能转化为动能
    C. 位能转化为动能和静压能
    D. 动能转化为静压能和位能

38. 物质导热系数的顺序是：（　　　）。
    A. 金属＞一般固体＞液体＞气体
    B. 金属＞液体＞一般固体＞气体
    C. 金属＞气体＞液体＞一般固体
    D. 金属＞液体＞气体＞一般固体

39. 某液体连续地从粗管流入细管，管径比为 4∶3，则流速比为（　　　）。
    A. 4∶3
    B. 9∶16
    C. 16∶9
    D. 3∶5

40. 吸收过程产生的液泛现象的主要原因是（　　　）。
    A. 液体流速过大
    B. 液体加入量不当
    C. 气体速度过大
    D. 温度控制不当

41. 其它条件不变，吸收剂用量增加，填料塔压强降（　　　）。
    A. 减小
    B. 不变
    C. 增加
    D. 不能确定

42. 在一定空气状态下，用对流干燥方法干燥湿物料时，能除去的水分为（　　　）。
    A. 结合水分
    B. 非结合水分
    C. 平衡水分
    D. 自由水分

43. 为了保证循环水泵的正常运转，要求轴承最高温度不大于（　　　）℃。
    A. 80
    B. 70
    C. 65
    D. 60

44. 工业上用（　　　）表示含水气体的水含量。
    A. 百分比
    B. 密度
    C. 摩尔比
    D. 露点

45. 兰州地区大气压一般为（　　　）mmHg。
    A. 635
    B. 650
    C. 700
    D. 735

46. 可直接采用出口阀门调节流量的泵是（　　　）。
    A. 齿轮泵
    B. 离心泵
    C. 往复泵
    D. 三个都行

47. 在静止流体中，液体内部某一点的压强与（　　　）有关。
    A. 液体的密度与深度
    B. 液体的黏度与深度
    C. 液体的质量与深度
    D. 液体的体积与深度

48. 只要组分在气相中的分压（　　　）液相中该组分的平衡分压，解吸就会继续进行，直至达到一个新的平衡为止。
    A. 大于
    B. 小于
    C. 等于
    D. 不等于

49. 流体在套管的外管内流动，已知外管内径为 45mm，内管外径为 25mm，流速为 1m/s，黏度为 0.9mPa·s，相对密度为 0.9，则它的 Re 值为（　　　）。
    A. 42500
    B. 20000
    C. 2000
    D. 4250

50. 根据牛顿冷却定律 $Q = \alpha A \Delta t$，其中式中 Δt 是（　　　）。
    A. 间壁两侧的温度差
    B. 两流体的温度差

C. 两流体的平均温度差　　　　　　　　　D. 流体主体与壁面之间的温度差

51. 适宜的回流比取决于（　　　）。
    A. 生产能力　　　　　　　　　　　　　B. 生产能力和操作费用
    C. 塔板数　　　　　　　　　　　　　　D. 操作费用和设备折旧费

52. （　　　）可能导致液泛的操作。
    A. 液体流量过小　　　　　　　　　　　B. 气体流量太小
    C. 过量液沫夹带　　　　　　　　　　　D. 严重漏液

53. 离心泵特性曲线通常是以（　　　）为试验用液体。
    A. 清水　　　　　　B. 物料　　　　　　C. 酒精　　　　　　D. 油品

54. 气固相催化反应器，分为固定床反应器，（　　　）反应器。
    A. 流化床　　　　　B. 移动床　　　　　C. 间歇　　　　　　D. 连续

55. 下列列管式换热器操作程序哪一种操作不正确（　　　）。
    A. 开车时，应先进冷物料，后进热物料
    B. 停车时，应先停热物料，后停冷物料
    C. 开车时要排出不凝气
    D. 发生管堵或严重结垢时，应分别加大冷、热物料流量，以保持传热量

56. 氯乙烯聚合只能通过（　　　）。
    A. 自由基聚合　　　B. 阳离子聚合　　　C. 阴离子聚合　　　D. 配位聚合

57. 对于属于易燃易爆性质的压缩气体，在启动往复式压缩机前，应该采用（　　　）将缸内、管路和附属容器内的空气或其他非工作介质置换干净，并达到合格标准，以杜绝爆炸和设备事故的发生。
    A. 氮气　　　　　　B. 氧气　　　　　　C. 水蒸气　　　　　D. 过热蒸汽

58. 透平式压缩机属于（　　　）压缩机。
    A. 往复式　　　　　B. 离心式　　　　　C. 轴流式　　　　　D. 流体作用式

59. 通风机日常维护保养要求做到（　　　）。
    A. 保持轴承润滑良好，温度不超过 65℃
    B. 保持冷却水畅通，出水温度不超过 35℃
    C. 注意风机有无杂音、振动、地脚螺栓和紧固件是否松动，保持设备清洁，零部件齐全
    D. 以上三种要求

60. 在使用往复泵时，发现流量不足，其引发的可能原因是（　　　）。
    A. 进出口滑阀不严、弹簧损坏　　　　　B. 过滤器堵塞或缸内有气体
    C. 往复次数减少　　　　　　　　　　　D. 以上三种原因

61. 列管换热器内外侧对流传热系数分别是 α_i 和 α_o，且 $\alpha_i \gg \alpha_o$，要提高总传热系数，关键是（　　　）。
    A. 减小 α_i　　　　B. 增大 α_i　　　　C. 减小 α_o　　　　D. 增大 α_o

62. 当压送的流体在管道内流动时，任一截面处的流速与（　　　）成反比。
    A. 流量　　　　　　B. 压力　　　　　　C. 管径　　　　　　D. 截面积

63. 吸收过程是溶质从气相转移到（　　　）的质量传递过程。
    A. 气相　　　　　　B. 液相　　　　　　C. 固相　　　　　　D. 任一相态

64. 其他条件不变，吸收剂用量增加，填料塔压强降（　　　）。

A. 减小　　　　　　B. 不变　　　　　　C. 增加　　　　　　D. 不能确定

65. 在精馏塔操作中，若出现淹塔时，可采取的处理方法有（　　）。
A. 调进料量，降釜温，停采出　　　　　B. 降回流，增大采出量
C. 停车检修　　　　　　　　　　　　　D. 以上三种方法

66. 萃取是利用各组分间的（　　）差异来分离液体混合物的。
A. 挥发度　　　　　　B. 离散度　　　　　　C. 溶解度　　　　　　D. 密度

67. 化工生产中的主要污染物是"三废"，下列那个有害物质不属于"三废"。（　　）
A. 废水　　　　　　B. 废气　　　　　　C. 废渣　　　　　　D. 有毒物质

68. 当温度升高时，纯金属的导热系数（　　）。
A. 不变　　　　　　B. 升高　　　　　　C. 降低　　　　　　D. 无法确定

69. 对于工业生产来说，提高传热膜系数最容易的方法是（　　）。
A. 改变工艺条件　　　　　　　　　　　B. 改变传热面积
C. 改变流体性质　　　　　　　　　　　D. 改变流体的流动状态

70. 节流过程（　　）不变。
A. 温度　　　　　　B. 熵值　　　　　　C. 焓值　　　　　　D. 潜热

71. 某液体通过由大管至小管的水平异径管时，变径前后的能量转化的关系是（　　）。
A. 动能转化为静压能　　　　　　　　　B. 位能转化为动能
C. 静压能转化为动能　　　　　　　　　D. 动能转化为位能

72. 孔板流量计是流体以一定的流量经过孔板时，产生变化（　　）来度量流体流量。
A. 流速差　　　　　　B. 温度差　　　　　　C. 流量差　　　　　　D. 压强差

73. 泵体振动幅度应小于（　　）μm。
A. 15　　　　　　B. 20　　　　　　C. 25　　　　　　D. 30

74. 下列化合物，属于烃类的是（　　）
A. CH_3CHO　　　　B. CH_3CH_2OH　　　　C. C_4H_{10}　　　　D. C_6H_5Cl

75. 滴定管在待装溶液加入前应（　　）
A. 用水润洗　　　　　　　　　　　　　B. 用蒸馏水润洗
C. 用待装溶液润洗　　　　　　　　　　D. 只要用蒸馏水洗净即可

76. 精馏操作中液体混合物应被加热到（　　）时，可实现精馏的目的。
A. 泡点　　　　　　B. 露点　　　　　　C. 泡点和露点间　　　　D. 高于露点

77. 两组分液体混合物，其相对挥发度 α 越大，表示用普通蒸馏方法进行分离（　　）。
A. 较容易　　　　　　B. 较困难　　　　　　C. 很困难　　　　　　D. 不能够

78. 热电偶是测量（　　）参数的元件。
A. 液位　　　　　　B. 流量　　　　　　C. 压力　　　　　　D. 温度

79. 减小垢层热阻的目的是（　　）。
A. 提高传热面积　　　　　　　　　　　B. 减小传热面积
C. 提高传热系数　　　　　　　　　　　D. 增大温度差

80. 合成氨中氨合成塔属于（　　）。
A. 低压容器　　　　B. 中压容器　　　　C. 高压容器　　　　D. 超高压容器

81. 热电偶通常用来测量（　　）500℃的温度。
A. 高于等于　　　　B. 低于等于　　　　C. 等于　　　　　　D. 不等于

82. 热继电器在电路中的作用是（　　）。

A. 短路保护   B. 过载保护   C. 欠压保护   D. 失压保护

83. 在典型反应器中，釜式反应器是按照（   ）的。

     A. 物料聚集状态分类   B. 反应器结构分类

     C. 操作方法分类   D. 与外界有无热交换分类

84. 工业反应器的设计评价指标有：①转化率；②选择性；③（   ）。

     A. 效率   B. 产量   C. 收率   D. 操作性

85. 平推流的特征是（   ）。

     A. 进入反应器的新鲜质点与留存在反应器中的质点能瞬间混合

     B. 出口浓度等于进口浓度

     C. 流体物料的浓度和温度在与流动方向垂直的截面上处处相等，不随时间变化

     D. 物料一进入反应器，立即均匀地发散在整个反应器中

86. 一个反应过程在工业生产中采用什么反应器并无严格规定，但首先以满足（   ）为主。

     A. 工艺要求   B. 减少能耗   C. 操作简便   D. 结构紧凑

87. 对于纯物质来说，在一定压力下，它的泡点温度和露点温度的关系是（   ）。

     A. 相同   B. 泡点温度大于露点温度

     C. 泡点温度小于露点温度   D. 无关系

88. 间歇反应器是（   ）。

     A. 一次加料，一次出料   B. 二次加料，一次出料

     C. 一次加料，二次出料   D. 二次加料，二次出料

89. 下列物质中，属于石油化工基础原料的是（   ）。

     A. 乙烯   B. 染料   C. 苯乙烯   D. 苯

90. 流体在内径为 2cm 的圆管内流动，其流速为 1m/s，若流体的黏度为 0.9mPa·s，相对密度为 0.9，则它的 Re 值为（   ）。

     A. 20   B. 200   C. 2000   D. 20000

91. 水在直径为 20mm 的管内流动，欲使水做层流运动，已知水的密度为 1000kg/m³，粘度为 1.0mPa·s，测其临界流速为（   ）。

     A. 0.01m/s   B. 0.1m/s   C. 0.2m/s   D. 0.02m/s

92. 吸收过程中一般多采用逆流流程，主要是因为（   ）。

     A. 流体阻力最小   B. 传质推动力最大   C. 流程最简单   D. 操作最方便

93. 只要组分在气相中的分压（   ）液相中该组分的平衡分压，解吸就会继续进行，直至达到一个新的平衡为止。

     A. 大于   B. 小于   C. 等于   D. 不等于

94. 在工艺管架中管路采用 U 形管的目的是（   ）。

     A. 防止热胀冷缩   B. 操作方便   C. 安装需要   D. 美观

95. 物质从液态变成气态现象叫（   ）。

     A. 升华   B. 沸腾   C. 冷凝   D. 汽化

96. 传热速率与热负荷相比，传热速率（   ）热负荷。

     A. 等于   B. 小于   C. 大于或等于   D. 大于

97. 任何牌号的聚丙烯必须要加的稳定剂是（   ）。

     A. 抗氧剂   B. 爽滑剂   C. 卤素吸收剂   D. 抗老化剂

98. 合成树脂原料中，一般都含有一定量的抗氧剂，其目的是（　　）。

　　A. 为了便于保存　　　B. 增加成本　　　　C. 降低成本　　　　D. 有利于反应

99. 流体运动时，能量损失的根本原因是由于流体存在着（　　）。

　　A. 压力　　　　　　　B. 动能　　　　　　C. 湍流　　　　　　D. 黏性

100. 采用两台离心泵串联操作，通常是为了增加（　　）。

　　A. 流量　　　　　　　B. 扬程　　　　　　C. 效率　　　　　　D. 上述三者

101. 标准状态指的是（　　）。

　　A. 1atm，20℃　　　B. 1atm，0℃　　　C. 1atm，4℃　　　D. 1atm，25℃

102. 公用工程系统管线漆为黑色，表示管内输送的是（　　）。

　　A. 蒸汽　　　　　　　B. 冷却水　　　　　C. 氮气　　　　　　D. 氨

103. 有四种两组分组成的理想溶液，其相对挥发度 α 值如下，其中最容易分离的是（　　）。

　　A. $\alpha=2.0$　　　　B. $\alpha=2.4$　　　　C. $\alpha=1.0$　　　　D. $\alpha=1.2$

104. 化学工业用水主要包括四类，其中用水量最大的是（　　）。

　　A. 锅炉用水　　　　　B. 工艺用水　　　　C. 清洗用水　　　　D. 冷却用水

105. 连续精馏过程，当汽－液混合进料时，其温度（　　）泡点温度。

　　A. 小于　　　　　　　B. 等于　　　　　　C. 大于　　　　　　D. 小于或等于

106. 导致透平压缩机喘振现象的原因是（　　）。

　　A. 吸气量太大，致使管网压强大于压缩机出口压强

　　B. 吸气量减小，致使管网压强大于压缩机出口压强

　　C. 吸气量太大，致使管网压强小于压缩机出口压强

　　D. 吸气量减小，致使管网压强小于压缩机出口压强

107. a，b，c 三敞口容器内盛有同样高度的同一种液体，容器底面积比 $S_a : S_b : S_c = 1 : 2 : 3$，则三容器底部的静压强之间的关系为（　　）。

　　A. $P_a=2P_b=3P_c$　　B. $P_a=P_b=P_c$　　C. $P_a<P_b<P_c$　　D. $P_a>P_b>P_c$

108. 长期使用的列管式换热器，可以用化学和机械方法清除列管内外的污垢，这样做的目的是（　　）。

　　A. 增大传热面积　　　　　　　　　　B. 增大传热温差

　　C. 减小污垢热阻　　　　　　　　　　D. 提高污垢热阻

109. 液体流过大小变径管路，变径前后流体的（　　）值发生了变化。

　　A. 质量流量　　　　　B. 流速　　　　　　C. 体积流量　　　　D. 质量

110. 以高聚物为基础，加入某些助剂和填料混炼而成的可塑性材料，主要用作结构材料，该材料称为（　　）。

　　A. 塑料　　　　　　　B. 橡胶　　　　　　C. 纤维　　　　　　D. 合成树脂

111. 俗称"人造羊毛"的聚丙烯腈纤维（即腈纶）的缩写代号是（　　）。

　　A. PE　　　　　　　　B. PVC　　　　　　C. PET　　　　　　D. PAN

112. 合成氨生产的特点是：（　　）、易燃易爆、有毒有害。

　　A. 高温高压　　　　　B. 大规模　　　　　C. 生产连续　　　　D. 高成本低回报

113. 采用出口阀门调节离心泵流量时，开大出口阀门扬程（　　）。

　　A. 增大　　　　　　　B. 不变　　　　　　C. 减小　　　　　　D. 先增大后减小

114. 要使微粒从气流中除去，必须使微粒在降尘室内的停留时间（　　）微粒的沉降

时间。

    A. ≥   B. ≤   C. ＜   D. ＞

115. 化工过程中常用到下列类型的机泵：a. 离心泵 b. 往复泵 c. 齿轮泵 d. 螺杆泵。其中属于正位移泵的是（   ）。

    A. a，b，c   B. b，c，d   C. a，d   D. a

116. 在进行吸收操作时，吸收操作线总是位于平衡线的（   ）。

    A. 上方；   B. 下方；   C. 重合；   D. 不一定

117. 精馏操作时，增大回流比，其他操作条件不变，则精馏液气比 L/V（   ），馏出液组成 x_D（   ），釜残液组成 x_w（   ）。

    A. 增加、增加、减小   B. 不变、增加、减小

    C. 增加、不确定、减小   D. 减小、增加、减小

118. 两组分液体混合物，其相对挥发度 α 越大，表示用普通蒸馏方法进行分离（   ）。

    A. 较容易   B. 较困难   C. 很困难   D. 不能够

119. 某吸收过程，已知气膜吸收系数 k_Y 为 $4×10^{-4}$ kmol/(m² · s)，液膜吸收系数 k_X 为 8kmol/(m² · s)，由此可判断该过程（   ）

    A. 气膜控制   B. 液膜控制   C. 判断依据不足   D. 双膜控制

120. 离心泵的工作性能曲线指的是（   ）。

    A. $Q-H$ B. $Q-N$ C. $Q-\eta$ D. 前面三种都是

121. 下列气体中不能用浓硫酸做干燥剂的是（   ）。

    A. NH_3 B. Cl_2 C. N_2 D. O_2

122. 在氧化还原法滴定中，高锰酸钾法使用的是（   ）

    A. 特殊指示剂   B. 金属离子指示剂   C. 氧化还原指示剂   D. 自身指示剂

123. 膜式蒸发器适用于（   ）的蒸发。

    A. 普通溶液   B. 热敏性溶液   C. 恒沸溶液   D. 不能确定

124. 为了提高蒸发器的强度，可（   ）

    A. 采用多效蒸发   B. 加大加热蒸汽侧的对流传热系数

    C. 增加换热面积   D. 提高沸腾侧的对流传热系数

125. 在蒸发操作中，若使溶液在（   ）下沸腾蒸发，可降低溶液沸点而增大蒸发器的有效温度差。

    A. 减压   B. 常压   C. 加压   D. 变压

126. 下列四种流量计，哪种不属于差压式流量计（   ）。

    A. 孔板流量计   B. 喷嘴流量计   C. 文丘里流量计   D. 转子流量计

127. 有结晶析出的蒸发过程，适宜流程是（   ）。

    A. 并流加料   B. 逆流加料   C. 分流（平流）加料   D. 错流加料

128. 苯、液溴、铁粉放在烧瓶中发生的反应是（   ）。

    A. 加成反应   B. 氧化反应   C. 水解反应   D. 取代反应

129. 旋风分离器的进气口宽度 B 值增大，其临界直径（   ）。

    A. 减小   B. 增大   C. 不变   D. 不能确定

130. 会引起列管式换热器冷物料出口温度下降的事故有（   ）。

    A. 正常操作时，冷物料进口管堵   B. 热物料流量太大

C. 冷物料输送泵损坏   D. 热物料输送泵损坏

131. 导致列管式换热器传热效率下降的原因可能是（   ）。

     A. 列管结垢或堵塞   B. 不凝气或冷凝液增多

     C. 管道或阀门堵塞   D. 以上三种情况

132. 对于列管式换热器，当壳体与换热管温度差（   ）时，产生的温度差应力具有破坏性，因此需要进行热补偿。

     A. $>45℃$ B. $>50℃$ C. $>55℃$ D. $>60℃$

133. 管道与机器最终连接时，应在联轴节上架设百分表监视机器位移，当转速小于或等于 6000r/min 时，其位移值应小于（   ）mm。

     A. 0.02   B. 0.05   C. 0.10   D. 1

134. 离心泵在正常运转时，其扬程与升扬高度的大小比较是（   ）。

     A. 扬程＞升扬高度   B. 扬程＝升扬高度   C. 扬程＜升扬高度   D. 不能确定

135. 对于吸收的有利条件是（   ）。

     A. 高压、低温   B. 高压、高温   C. 低压、高温   D. 低压、低温

136. 下面（   ）不是精馏装置所包括的设备。

     A. 分离器   B. 再沸器   C. 冷凝   D. 精馏塔

137. 精馏过程中采用负压操作可以（   ）。

     A. 使塔操作温度提高   B. 使物料的沸点升高

     C. 使物料的沸点降低   D. 适当减少塔板数

138. 影响干燥速率的主要因素除了湿物料、干燥设备外，还有一个重要因素是（   ）。

     A. 绝干物料   B. 平衡水分   C. 干燥介质   D. 湿球温度

139. 化学工业中分离挥发性溶剂与不挥发性溶质的主要方法是（   ）。

     A. 蒸馏   B. 蒸发   C. 结晶   D. 吸收

140. 下列操作中（   ）会造成塔底轻组分含量大。

     A. 塔顶回流量小   B. 塔釜蒸汽量大   C. 回流量大   D. 进料温度高

141. 离心泵抽空、无流量，其发生的原因可能有：

     ①启动时泵内未灌满液体   ④泵轴反向转动

     ②吸入管路堵塞或仪表漏气   ⑤泵内漏进气体

     ③吸入容器内液面过低   ⑥底阀漏液

     你认为可能的是（   ）。

     A. ①、③、⑤   B. ②、④、⑥   C. 全都不是   D. 全都是

142. 相变潜热是指（   ）。

     A. 物质发生相变时吸收的热量或释放的热量   B. 物质发生相变时吸收的热量

     C. 物质发生相变时释放的热量   D. 不能确定

143. 工厂中保温常用玻璃棉是因为它的热导率（   ）。

     A. 大   B. 小   C. 适中   D. 最大

144. 两台型号相同的泵并联时，实际流量是（   ）。

     A. $Q_并 > 2Q_单$ B. $Q_并 < 2Q_单$ C. $Q_并 = 2Q_单$ D. $Q_并 = Q_单$

145. 我国现在工程上常见的单位制是（   ）。

     A. 物理单位制   B. 工程单位制   C. 绝对单位制   D. 国际单位制

146. 对某一气体组分来说，采取 （   ） 的方法对冷凝有利。
     A. 加压   B. 减压   C. 提温   D. 降温

147. 泵的吸液高度是有极限的，而且与当地大气压和液体的 （   ） 有关。
     A. 质量   B. 密度   C. 体积   D. 流量

148. 蒸汽作为加热介质主要是利用它的 （   ）。
     A. 压力   B. 显热   C. 潜热   D. 焓

149. 在金属固体中，热传导是由 （   ） 引起的。
     A. 分子的不规则运动   B. 自由电子运动
     C. 个别分子的动量传递   D. 原子核振动

150. 催化剂中毒有 （   ） 两种情况。
     A. 短期性和长期性   B. 短期性和暂时性
     C. 暂时性和永久性   D. 暂时性和长期性

151. 薄层固定床反应器主要用于：（   ）。
     A. 快速反应   B. 强放热反应   C. 可逆平衡反应   D. 可逆放热反应

152. 釜式反应器的换热方式有夹套式、蛇管式、回流冷凝式和 （   ）。
     A. 列管式   B. 间壁式   C. 外循环式   D. 直接式

153. 在乙烷裂解制乙烯过程中，投入反应器的乙烷量为5000kg/h，裂解气中含有未反应的乙烷量为1000kg/h，获得的乙烯量为3400kg/h，乙烷的转化率为 （   ）。
     A. 68%   B. 80%   C. 90%   D. 91.1%

154. 由乙烷裂解制乙烯，投入反应器的乙烷量为5000kg/h，裂解气中含有未反应的乙烷量为1000kg/h，获得的乙烯量为3400kg/h，乙烯的收率为 （   ）。
     A. 54.66%   B. 91.08%   C. 81.99%   D. 82.99%

155. 转化率 Z、选择性 X 与单程收率 S 的关系是：（   ）。
     A. $Z = XS$ B. $X = ZS$
     C. $S = ZX$ D. 以上关系都不是

156. 间歇式反应器出料组成与反应器内物料的最终组成 （   ）。
     A. 不相同   B. 可能相同   C. 相同   D. 可能不相同

157. 蒸发操作的目的是将溶液进行 （   ）。
     A. 浓缩   B. 结晶
     C. 溶剂与溶质的彻底分离   D. 不能确定

158. 乙炔和氯化氢反应生成氯乙烯，原料乙炔与氯化氢的分子比为 1∶1.1，当乙炔转化率为50%时，氯化氢的转化率为 （   ）。
     A. 大于50%   B. 小于50%   C. 45.45%   D. 50%

159. 乙炔与氯化氢加成生产氯乙烯，通入反应器的原料乙炔量为1000kg/h，出反应器的产物组成中乙炔含量为300kg/h，已知按乙炔计生成氯乙烯的选择性为90%，则按乙炔计氯乙烯的收率为 （   ）
     A. 30%   B. 70%   C. 63%   D. 90%

160. 在化工生产过程中常涉及的基本规律有 （   ）。
     A. 物料衡算和热量衡算
     B. 热量衡算和平衡关系
     C. 物料衡算、热量衡算和过程速率

D. 物料衡算、热量衡算、平衡关系和过程速率

161. 化工生产过程是指从原料出发，完成某一化工产品生产的全过程，其核心即（　　　）。

　　A. 工艺过程　　　　　B. 设备选择　　　　C. 投料方式　　　　D. 生产程序

162. 小批量、多品种的精细化学品生产适用于（　　　）过程。

　　A. 连续操作　　　　　B. 间歇操作　　　　C. 半连续操作　　　　D. 半间歇操作

163. $CH_4 + H_2O \Longrightarrow CO + 3H_2 + Q$ 达到平衡时，升高温度化学平衡向（　　　）移动。

　　A. 正反应方向　　　　B. 逆反应方向　　　　C. 不移动　　　　D. 无法判断

164. 加热过程在 200℃ 以下用的热源一般是（　　　）。

　　A. 低压蒸汽　　　　　B. 中压蒸汽　　　　C. 熔盐　　　　D. 烟道气

165. 在套管换热器中，用热流体加热冷流体。操作条件不变，经过一段时间后管壁结垢，则传热系数 K（　　　）。

　　A. 变大　　　　　　　B. 不变　　　　　　C. 变小　　　　D. 不确定

166. 在卧式列管换热器中，用常压饱和蒸汽对空气进行加热（冷凝液在饱和温度下排出），饱和蒸汽应走（　　　），蒸气流动方向（　　　）。

　　A. 管程、从上到下　　　　　　　　　　B. 壳程、从下到上

　　C. 管程、从下到上　　　　　　　　　　D. 壳程、从上到下

167. 对于 $CO + 2H_2 = CH_3OH$，正反应为放热反应。如何通过改变温度、压力来提高甲醇的产率？（　　　）。

　　A. 升温、加压　　　　B. 降温、降压　　　　C. 升温、降压　　　　D. 降温、加压

168. 利用空气作介质干燥热敏性物料，且干燥处于降速阶段，欲缩短干燥时间，则可采取的最有效措施是（　　　）。

　　A. 提高介质温度　　　　　　　　　　　B. 增大干燥面积，减薄物料厚度

　　C. 降低介质相对湿度　　　　　　　　　D. 提高介质流速

169. 只要组分在气相中的分压（　　　）液相中该组分的平衡分压，解吸就会继续进行，直至达到一个新的平衡为止。

　　A. 大于　　　　　　　B. 小于　　　　　　C. 等于　　　　D. 不等于

170. 精馏操作有五种进料状况，其中（　　　）进料时，进料位置最高；而在（　　　）进料时，进料位置最低。

　　A. 过冷液体、过热蒸汽　　　　　　　　B. 饱和液体、过热蒸汽

　　C. 过冷液体、气液混合　　　　　　　　D. 气液混合、过热蒸气

171. 吸收塔开车操作时，应（　　　）。

　　A. 先通入气体后进入喷淋液体

　　B. 增大喷淋量总是有利于吸收操作的

　　C. 先进入喷淋液体后通入气体

　　D. 先进气体或液体都可以

172. 当离心泵的入口压强等于液体温度相应的饱和蒸汽压时会出现（　　　）现象。

　　A. 气阻　　　　　　　B. 气蚀　　　　　　C. 气缚　　　　D. 吸不上液

173. 离心泵的能量损失是指（　　　）。

　　A. 容积损失，机械损失　　　　　　　　B. 机械损失，水力损失

　　C. 容积损失，水力损失　　　　　　　　D. 容积损失，机械损失，水力损失

174. 对流给热热阻主要集中在（　　）。
　　 A. 虚拟膜层　　　　　　B. 缓冲层　　　　　　C. 湍流主体　　　　　　D. 层流内层

175. 对于间壁式换热器，流体的流动速度增加，其热交换能力将（　　）
　　 A. 减小　　　　　　　　B. 不变　　　　　　　C. 增加　　　　　　　　D. 不能确定

176. 处理不适宜于热敏性溶液的蒸发器有（　　）。
　　 A. 升膜式蒸发器　　　　　　　　　　　　　B. 强制循环蒸发器
　　 C. 降膜式蒸发器　　　　　　　　　　　　　D. 水平管型蒸发器

177. 液体的流量一定时，流道截面积减小，液体的压强将（　　）。
　　 A. 减小　　　　　　　　B. 不变　　　　　　　C. 增加　　　　　　　　D. 不能确定

178. 某台离心泵开动不久，泵入口处的真空度逐渐降低为零，泵出口处的压力表也逐渐降低为零，此时离心泵完全打不出水。发生故障的原因可能是（　　）。
　　 A. 忘了灌水　　　　　B. 吸入管路堵塞　　　C. 压出管路堵塞　　　D. 吸入管路漏气

179. 水在内径一定的圆管中稳定流动，若水的质量流量保持恒定，当水温升高时，Re 值将（　　）。
　　 A. 变大　　　　　　　　B. 变小　　　　　　　C. 不变　　　　　　　　D. 不确定

180. 1kg(f) ＝（　　）N。
　　 A. 0.981　　　　　　　B. 0.0981　　　　　　C. 9.81　　　　　　　　D. 98.1

181. 气体在管径不同的管道内稳定流动时，它的（　　）不变。
　　 A. 流量　　　　　　　　　　　　　　　　　　B. 质量流量
　　 C. 体积流量　　　　　　　　　　　　　　　　D. 质量流量和体积流量都

182. 泵赋予流体的外加能量称为泵的（　　）。
　　 A. 扬程　　　　　　　　B. 升扬高度　　　　　C. 功率　　　　　　　　D. 效率

183. 某液体连续地从粗管流入细管，管径比为 4∶3，则流速比为（　　）。
　　 A. 4∶3　　　　　　　　B. 9∶16　　　　　　　C. 16∶9　　　　　　　　D. 3∶5

184. 要切断而不需要流量调节的地方，为减小管道阻力一般选用（　　）。
　　 A. 截止阀　　　　　　　B. 针型阀　　　　　　C. 闸阀　　　　　　　　D. 止回阀

185. 流体由 1-1 截面流入 2-2 截面的条件是（　　）。
　　 A. $gz_1 + p_1/\rho = gz_2 + p_2/\rho$　　　　　　　　B. $gz_1 + p_1/\rho > gz_2 + p_2/\rho$
　　 C. $gz_1 + p_1/\rho < gz_2 + p_2/\rho$　　　　　　　　D. 以上都不是

186. 试比较下述三种离心泵流量调节方式能耗的大小：（1）阀门调节（节流法）（2）旁路调节（3）改变泵叶轮的转速或切削叶轮。（　　）
　　 A. （2）＞（1）＞（3）　　　　　　　　　　B. （1）＞（2）＞（3）
　　 C. （2）＞（3）＞（1）　　　　　　　　　　D. （1）＞（3）＞（2）

187. 离心泵铭牌上所标明的流量 Q 是指（　　）。
　　 A. 泵的最大流量　　　　　　　　　　　　　B. 泵效率最高时的流量
　　 C. 扬程最大时的流量　　　　　　　　　　　D. 扬程最小时的流量

188. 在讨论旋风分离器分离性能时，临界直径这一术语是指（　　）。
　　 A. 旋风分离效率最高时的旋风分离器直径
　　 B. 旋风分离器允许的最小直径
　　 C. 旋风分离器能够全部分离出来的最小颗粒的直径。
　　 D. 能保持滞流流型时的最大颗粒直径。

189. 以下哪种是连续式过滤机（　　）。

A. 箱式叶滤机　　　B. 真空叶滤机　　　C. 回转真空过滤机　　D. 板框压滤机

190. 水在内径一定的圆管中稳定流动，若水的质量流量保持恒定，当水温升高时，Re 值将（　　）。

A. 变大　　　　　　B. 变小　　　　　　C. 不变　　　　　　D. 不确定

191. 离心机在运行中，以下不正确的说法是（　　）。

A. 要经常检查筛篮内滤饼厚度和含水分程度以便随时调节

B. 加料时应该同时打开进料阀门和洗水阀门

C. 严禁超负荷运行和带重大缺陷运行

D. 发生断电、强烈振动和较大的撞击声，应紧急停车

192. 反应物流经床层时，单位质量催化剂在单位时间内所获得目的产物量称为（　　）。

A. 空速　　　　　　　　　　　　　　B. 催化剂负荷

C. 催化剂空时收率　　　　　　　　　D. 催化剂选择性

193. 裂解气中酸性气体的脱除，通常采用乙醇胺法和碱洗法，两者比较（　　）。

A. 乙醇胺法吸收酸性气体更彻底

B. 乙醇胺法乙醇胺可回收重复利用

C. 碱洗法更适用于酸性气体含量高的裂解气

D. 碱洗法由于碱液消耗量小更经济

194. 基本化工生产过程中不包括的任务是（　　）。

A. 研究产品生产的基本过程和反应原理

B. 研究化工生产的工艺流程和最佳工艺条件

C. 研究主要设备的结构、工作原理及强化方法

D. 研究安全与环保

195. 化工过程一般不包含（　　）。

A. 原料准备过程　　　　　　　　　　B. 原料预处理过程

C. 反应过程　　　　　　　　　　　　D. 反应产物后处理过程

196. 某人进行离心泵特性曲线测定实验，泵启动后，出水管不出水，泵进口处真空表指示真空度很高。你认为以下四种原因中，哪一个是真正的原因（　　）。

A. 水温太高　　　B. 真空表坏了　　　C. 吸入管路堵塞　　D. 排除管路堵塞

197. 电除尘器的操作电压一般选择（　　）。

A. 10V　　　　　　B. 220V　　　　　　C. 380V　　　　　　D. 50～90kV

198. 用饱和水蒸气加热空气进行传热实验，传热壁面温度应接近于（　　）。

A. 空气的温度　　　　　　　　　　　B. 水蒸气的温度

C. 二者的算术平均温度　　　　　　　D. 不能确定

199. 为减少圆形管导热损失，采用三种保温材料 A、B、C 进行包覆，若三层保温材料厚度相同，导热系数分别为 $\lambda_a > \lambda_b > \lambda_c$，则包覆的顺序从内到外依次为（　　）。

A. A、B、C　　　B. B、A、C　　　C. C、A、B　　　D. C、B、A

200. 在下列四种不同的对流给热过程中，空气自然对流 α_1，空气强制对流 α_2（流速为 3m/s），水强制对流 α_3（流速为 3m/s），水蒸气冷凝 α_4。α 值的大小关系应为（　　）。

A. $\alpha_3 > \alpha_4 > \alpha_1 > \alpha_2$　　　　　　B. $\alpha_4 > \alpha_3 > \alpha_2 > \alpha_1$

C. $\alpha_4 > \alpha_2 > \alpha_1 > \alpha_3$　　　　　　D. $\alpha_3 > \alpha_2 > \alpha_1 > \alpha_4$

二、判断题

1. 对于一个反应体系，转化率越高，则目的产物的产量就越大。（　　）
2. 催化剂的组成中，活性组分就是含量最大的成分。（　　）
3. 乙烯装置中甲烷化反应是指脱除甲烷的反应。（　　）
4. 离心水泵吸水管浸入高度不够，会造成流量与扬程下降。（　　）
5. 能加快反应速度的催化剂为正催化剂。（　　）
6. 工业反应器按换热方式可分为：等温反应器、绝热反应器、非等温非绝热反应器等。（　　）
7. 灵敏度高的仪表精确度一定高。（　　）
8. 压力表使用范围通常为全量程的 1/3～1/2 之间。（　　）
9. 进行管线、设备强度试验，其水压试验压力为正常压力的 2 倍。（　　）
10. 压力表是测量容器内部压力的仪表，最常见的压力表有弹簧式和活塞式两种。（　　）
11. 流体的黏度越大，则产生的流动阻力越大。（　　）
12. 油品组分越轻，其蒸汽压越高。（　　）
13. 自发过程一定是不可逆的，所以不可逆过程一定是自发的。（　　）
14. 无论是暂时性中毒后的再生，还是高温烧积炭后的再生，均不会引起固体催化剂结构的损伤，活性也不会下降。（　　）
15. 在一定接触时间内，一定反应温度和反应物配比下，主反应的转化率越高，说明催化剂的活性越好。（　　）
16. 空速大，接触时间短；空速小，接触时间长。（　　）
17. 绝热式固定床反应器适合热效应不大的反应，反应过程无需换热。（　　）
18. 固定床反应器的传热热速率比流化床反应器的传热速率快。（　　）
19. 当离心泵发生气缚或汽蚀现象时，处理的方法均相同。（　　）
20. 降尘室的生产能力不仅与降尘室的宽度和长度有关，而且与降尘室的高度有关。（　　）
21. 冷热流体在换热时，并流时的传热温度差要比逆流时的传热温度差大。（　　）
22. 利用苯作为原料生产某一有机化合物，平均月产量 1000t，月消耗苯 1100t。苯的消耗额为 1.1。（　　）
23. 乙烯、丙烯属于有机化工基本化工原料。（　　）
24. 影响化工反应过程的主要因素有原料的组成和性质、催化剂性能、工艺条件和设备结构等。（　　）
25. 当离心泵发生气缚或汽蚀现象时，处理的方法均相同。（　　）
26. 利用电力来分离非均相物系，可以彻底将非均相物系分离干净。（　　）
27. 化工原料的组成和性质对加工过程没有影响。（　　）
28. 对于同一根直管，不管是垂直或水平安装，克服阻力损失的能量相同。（　　）
29. 离心式压缩机气量调节的常用方法是调节出口阀的开度。（　　）
30. 升高反应温度，有利于放热反应。（　　）
31. 板框压滤机的滤板和滤框可根据生产要求进行任意排列。（　　）
32. 提高传热速率的最有效途径是提高传热面积。（　　）

33. 当钠和钾着火时可用大量的水去灭火。（　　）

34. 煤、石油、天然气三大能源，是不可以再生的，我们必须节约使用。（　　）

35. 往复泵启动前不需要灌泵，因为它具有自吸能力。（　　）

36. 调节阀气开、气关作用形式选择原则是一旦信号中断，调节阀的状态能保证人员和设备的安全。（　　）

37. 工业废水的处理方法有物理法、化学法和生物法。（　　）

38. 密炼机前两个转子的转速相同。（　　）

39. 仓库、车库等于二级用火区。（　　）

40. 选择性是目的产品的理论产量以参加反应的某种原料量为基准计算的理论产率。（　　）

41. 浸渍法是制造催化剂广泛使用的一种方法。（　　）

42. 裂解原料的芳烃指数越大，表示其裂解性能越好。（　　）

43. 压强就是压力。（　　）

44. 离心泵在低于最小流量状态下运行，会造成泵体的振动。（　　）

45. 固体物质的粉碎及物料的搅拌不属于化工单元操作过程。（　　）

46. 任何一个化工生产过程都是由一系列的化学反应操作和一系列物理操作构成。（　　）

47. 石油中有部分烃的分子量很大，所以石油化工为高分子化工。（　　）

48. 对气固催化反应，工业上为了减小系统阻力，常常都采用较低的操作气速。（　　）

49. 聚合反应中，氮气常用于置换反应装置和输送催化剂等多种用途。（　　）

50. 化工工艺的特点是生产过程综合化、装置规模大型化和产品精细化。（　　）

51. 75％的乙醇水溶液中，乙醇称为溶质，水称为溶剂。（　　）

52. 纯水的氢离子浓度等于氢氧根离子，等于 10^{-7} mol/L 。（　　）

53. 压力容器的安全阀应垂直安装，并尽可能安装在容器的入口处。（　　）

54. 防爆泄压设施包括采用安全阀、爆破片、防爆门和放空导管。（　　）

55. 跑、冒、滴、漏是石油化工生产中的大害之一。（　　）

56. 转子流量计只能垂直安装不能水平安装。（　　）

57. 离心式压缩机的气量调节严禁使用出口阀来调节。（　　）

58. 釜式反应器属于气液相反应。（　　）

59. 间歇反应器的一个生产周期应包括：反应时间、加料时间、出料时间、加热（或冷却）时间、清洗时间等。（　　）

60. 非均相反应器可分为：气固相反应器、气液相反应器。（　　）

61. 生产合成氨、甲醛、丙烯腈等反应器属于固定床反应器。（　　）

62. 化工生产上，一般收率越高，转化率越高。（　　）

63. 离心泵安装高度过高，则会产生气缚现象。（　　）

64. 蒸发过程中，溶液在加热时必须是汽化的。（　　）

65. 物质的相对密度是指物质的密度与纯水的密度之比。（　　）

66. 汽蚀现象发生的原因是启动前泵内没有装满液体。（　　）

67. 离心压缩机的"喘振"现象是由于进气量超过上限所引起的。（　　）

68. 节流式流量计的安装，当测量液体时，取压口应在管道下半部，最好在水平线上或与管道成 $0°～45°$ 夹角。（　　）

69. 常温下能用铝制容器盛浓硝酸是因为常温下，浓硝酸根本不与铝反应。（　　）

70. 当泵由于过负荷而跳闸时，应查找原因，消除后电器复位重新启动泵。（　　）

71. 当泵发生严重"气缚"现象时，可打开泵头堵塞，排出气体后即能消除"气缚"现象。（　　）

72. 离心泵的出口压力随出口阀的开启而减小。（　　）

73. 往复泵启动前必须将回流支路上的控制阀打开。（　　）

74. 热水泵在冬季启动前必须预热。（　　）

75. 甲烷/乙烯比是反映裂解深度的指标之一。（　　）

76. 过滤、沉降属传质分离过程。（　　）

77. 当溶液中氢氧根离子大于氢离子浓度时溶液呈碱性。（　　）

78. 绝大多数的有机化合物都是由八大基础原料制造的。（　　）

79. 提高传热速率的最有效途径是提高传热面积。（　　）

80. 对液体馏分油来说，其沸点不是一个值，而是一个较宽的温度范围。（　　）

81. 蒸发操作是溶剂从液相转移到气相的过程，故属传质过程。（　　）

82. 饱和蒸汽压越大的液体越难挥发。（　　）

83. 蒸发过程中操作压力增加，则溶质的沸点提高。（　　）

84. 提高蒸发器的蒸发能力，其主要途径是提高传热系数。（　　）

85. 对于同一个产品的生产，因其组成、化学特性、分离要求、产品　质量等相同，所以须采用同一操作方式。（　　）

86. 天然气就是甲烷气。（　　）

87. 离心分离因数越大，其分离能力越强。（　　）

88. 在普钙生产中，浓硫酸稀释后冷却时常用石墨冷却器，这是因为石墨的传热系数比一般金属材料如碳钢的大。（　　）

89. 热负荷是指换热器本身具有的换热能力。（　　）

90. 往复式真空泵的轴封用来密封汽缸与活塞杆之间的间隙。（　　）

91. 在减压精馏过程中，可提高溶液的沸点。（　　）

92. 烧碱的化学名称为氢氧化钠，而纯碱的化学名称为碳酸钠。（　　）

93. 转子流量计在水平安装时应特别注意转子应与管道中心重合。（　　）

94. 放空阀的作用主要用于设备及系统的减压，它应安装在设备及系统的中部。（　　）

95. 在物质的三种聚集状态中，液体分子的间距一定大于固体分子的间距。（　　）

96. 合成材料大部分为合成橡胶和合成塑料。（　　）

97. 化工生产过程包括原料的预处理、化学反应、产品分离三个基本过程。（　　）

98. 开车前的阀门应处于开启状态。（　　）

99. 催化剂活性是判断催化剂性能高低的标准。（　　）

100. 液化石油气在常温下为液体。（　　）

101. 滴定分析是以化学反应为基础的分析方法。（　　）

102. 精馏塔板的作用主要是支撑液体。（　　）

103. 热导率越大，说明物质的导热性能越好。（　　）

104. 管式反应器亦可进行间歇或连续操作。（　　）

105. 判断离心泵反转的最好办法是启动后看出口压力。（　　）

106. 高压泵的小回流阀当开车正常后可关闭。（　　）

107. 通常对裂解原料所说的氢含量，是指烃混合物中 H_2 的含量。（　　）

108. 垫片的厚度越大，变形量越大，密封效果越好。（　　）

109. 截止阀出入口安装反了没有影响。（　　）

110. 选择压力表时，精度等级越高，则仪表的测量误差越小。（　　）

111. 催化剂中毒后经适当处理可使催化剂的活性恢复，这种中毒称为暂时性中毒。（　　）

112. 石油化工是以石油和天然气为原料的化工。（　　）

113. 搅拌釜式反应器应用范围广，但基本上不用于气-液-固三相反应。（　　）

114. 一定条件下，乙烷裂解生产乙烯，通入反应器的乙烷为 5000kg/h，裂解气中含乙烯为 1500kg/h，则乙烯的收率为 30％。（　　）

115. 双膜理论在任何情况下，对吸收操作都适用。（　　）

116. 过饱和度是结晶过程必不可少的推动力。（　　）

117. 含碳、氢的化合物往往都是有机化合物，而尿素的分子式为 $CO(NH_2)_2$，所以尿素生产属于有机化工。（　　）

118. 化工工艺是指根据技术上先进、经济上合理的原则来研究各种化工原材料、半成品和成品的加工方法及过程的科学。（　　）

119. 离心泵停车时，先关闭泵的出口阀门，避免压出管内的液体倒流。（　　）

120. 在一般过滤操作中，实际上起主要介质作用的是滤饼层而不是过滤介质本身。（　　）

121. 提高换热器的传热系数，能够有效地提高传热速率。（　　）

122. 传热速率是指生产上要求换热器在单位时间所具有的换热能力。（　　）

123. 转化率是指理论原料用量与实际原料用量的比值。（　　）

124. 一般来说泵出口管径比进口管径要细些。（　　）

125. 真空度等于绝压减去大气压。（　　）

126. 往复泵在启动前必须打开旁通阀，运转正常后再用出口阀调节流量。（　　）

127. 蒸发是一个主要体现传热过程基本规律的单元操作。（　　）

128. 压缩机的压缩比是指 P_1/P_2，即进口压力与出口压力之比。（　　）

129. 换热器在使用前的试压重点检查列管是否泄漏。（　　）

130. 蒸汽发生器的初始液位不得超过发生器高位的 80％，液位不得低于规定的警戒液位。（　　）

131. 在连通着的同一种静止流体内，处于同一水平面的各点压强相等，但与容器的形状有关。（　　）

132. 气体、液体和固体都是能流动的，故总称为流体。（　　）

133. 所谓"三烯，三苯，一炔，一萘"是基本的有机原料，其中三烯是指乙烯、丙烯、丁烯。（　　）

134. 温度升高，电解质溶液的电离度降低，金属的电阻率升高。（　　）

135. "气缚"发生后，应先停泵，重新灌泵后再启动。（　　）

136. 化工生产上，生产收率越高，说明反应转化率越高，反之亦然。（　　）

137. 放空阀的作用主要用于设备及系统的减压，它应安装在设备及系统的中部。（　　）

138. 提高反应温度，对所有反应均可提高反应速度。（　　）

139. 换热器投产时，应先打开冷态工作液体阀和放空阀，向其注液。（　　　）

140. 干燥过程的实质是传质、传热同时进行。（　　　）

141. 升高温度物质的溶解度一定增大。（　　　）

142. 大气压是指空气柱的重力作用在地层表面所产生的压力。（　　　）

143. 往复压缩机启动前应检查返回阀是否处于全开位置。（　　　）

144. 齿轮泵启动前可以不考虑旁通阀所处的位置。（　　　）

145. 换热设备操作正常平稳的主要关键在于防止泄漏，正确开停。（　　　）

146. 机泵运转时，其最小回流阀处于全开状态，目的是为了防止泵憋压。（　　　）

147. 间歇反应器由于剧烈搅拌、混合，反应器内有效空间中各位置的物料温度、浓度均相同。（　　　）

148. 设备的生产强度越高，则该设备的生产能力就越大。也可说设备的生产能力越大，则该设备的生产强度就越高。（　　　）

149. 从业人员发现直接危及人身安全的紧急情况时，有权停业。（　　　）

150. 泵的扬程就是指泵的升扬高度。（　　　）

151. 在物质的三种聚集状态中，液体分子的间距一定大于固体分子的间距。（　　　）

152. 水中总固体包括悬浮固体、溶解固体两部分。（　　　）

153. 溶液被蒸发时，若不排除二次蒸汽，将导致溶液沸点下降，使蒸发无法进行。（　　　）

154. 离心泵在输送热液体时，应安装在液面以下。（　　　）

155. 蒸发操作一般都是在沸点的温度下进行的操作。（　　　）

156. 真空泵的活塞环起着润滑气缸的作用。（　　　）

157. 离心泵体内有气体，则会出现气缚现象。（　　　）

158. 在列管式换热器中，用冷却水冷却腐蚀性酸时，应让酸走管外。（　　　）

159. 液体的黏度随温度升高而增大。（　　　）

160. 往复压缩机的实际工作循环是由压缩-吸气-排气-膨胀四个过程组成的。（　　　）

161. 蒸汽冷凝器出现水锤现象是由于蒸汽压力太高。（　　　）

162. 催化剂存在的状态一定是固体。（　　　）

163. 对于一个反应体系，转化率越高，则目的产物的产量就越大。（　　　）

164. 流体的流动过程实质上就是系统中各种能量的转换过程。（　　　）

165. 泵在理论上最大安装高度是 10.33m。（　　　）

166. 输送液体的密度越大，泵的扬程越小。（　　　）

167. 静力学基本方程式，只适用于连通着的同一流体中。（　　　）

168. 提高传热速率最有效的途径是提高传热温度差。（　　　）

169. 催化剂的组成中，活性组分就是含量最大的成分。（　　　）

170. 乙烯装置中甲烷化反应是指脱除甲烷的反应。（　　　）

171. 在吸收操作中，吸收剂是从塔底部进入吸收塔中。（　　　）

172. 《安全生产法》的基本原则是诚实守信的原则。（　　　）

173. 化工生产的目的就是为了得到成品。（　　　）

174. 把单体变成高分子聚合物的过程叫聚合。（　　　）

175. 增大长径比，可以提高塑料挤出机的产量。（　　　）

176. 大气压的单位只能是帕。（　　　）

177. 注射机按结构可分为柱塞式和螺杆式两种，在注射样条时，应使用螺杆。（　　　）

178. 离心水泵吸水管浸入高度不够，会造成流量与扬程下降。（　　　）

179. 绝大多数的有机化合物都是由八大基础原料制造的。（　　　）

180. 提高传热速率的最有效途径是提高传热面积。（　　　）

181. 物质的量的单位摩尔是国际单位制。（　　　）

182. 在石油化工生产中，工艺控制方面常采用风关和风开两种控制阀，这主要是从方便角度考虑的。（　　　）

183. 真空泵入口管带水可能引起的后果有：泵超载跳车、抽真空受影响、水罐水满等。（　　　）

184. 聚合装置生产时，常用于控制聚合物性能的指标有熔融指数、分子量分布和密度。（　　　）

185. 分液漏斗用以分离不相混合的两种液体。（　　　）

186. 载体是催化活性物质的分散剂、粘合物或支持物。（　　　）

187. 物质的相对密度是指物质的密度与纯水的密度之比。（　　　）

188. 汽蚀现象发生的原因是启动前泵内没有装满液体。（　　　）

189. 离心压缩机的"喘振"现象是由于进气量超过上限所引起的。（　　　）

190. 节流式流量计的安装，当测量液体时，取压口应在管道下半部，最好在水平线上或与管道成 $0°\sim45°$ 夹角。（　　　）

191. 用高压法生产的聚乙烯是高密度聚乙烯。（　　　）

192. 在对流传热中流体质点有明显位移。（　　　）

193. 离心泵开车前，必须打开进口阀和出口阀。（　　　）

194. 某流体的绝对粘度与其密度之比称为运动粘度。（　　　）

195. 由于流体蒸发时它要从周围的物体吸收热量，使之温度降低，因此液体蒸发有制冷作用。（　　　）

196. 离心泵气蚀现象是泵打不上量。（　　　）

197. 换热器生产过程中，物料的流动速度越大，换热效果越好，故流速越大越好。（　　　）

198. 节流式流量计的安装，当测量气体时，取压口应在管道下部，并与管道中心线成 $0°\sim45°$ 夹角。（　　　）

199. 离心泵的入口管一般均比出口管细，并要安装止逆阀。（　　　）

200. 往复泵的流量调节，一般均用出口阀的开启程度来调节。（　　　）

三、简答题

1. 放空阀的作用是什么？安装位置如何？

2. 强化传热速率的途径有哪些？其主要途径和采取措施是什么？

3. 全回流和最小回流比的意义是什么？一般适宜回流比为最小回流比的多少倍？

4. 倒淋阀的作用是什么？安装在什么位置？

5. 什么是管路的特性曲线？

6. 实际生产中为什么一般选择逆流操作？

7. 什么叫换热器？常见的换热器有哪些？

8. 灭火的基本方法有哪些？

9. 什么叫集散控制系统？

10. 什么叫转化率、产率和收率？

11. 什么叫过热蒸汽及蒸汽的过热度？

12. 连续精馏流程中主要由哪些设备所组成？还有哪些辅助设备？

13. 在化工生产装置中，为什么要严格控制跑、冒、滴、漏现象？

14. 何谓机械密封？

15. 环保监测中的 COD 是指什么？

16. 物料中平衡水分和自由水分是怎样划分的？

17. 我国环境保护的三大政策什么？

18. 阻火设备由哪几部分组成？其作用是什么？

19. 原子核外电子排布规律有哪些？

20. 离心泵安装时应注意哪些事项？

21. 静止流体内部的压力变化有什么规律？

22. 精馏塔在一定条件下操作时，将加料口向上移动两层塔板，此时塔顶和塔底产品组成将有何变化？为什么？

23. 泵打不出物料是什么原因？

24. 循环冷却水如何防止结垢？

25. 怎样启动离心泵？

26. 什么是公用工程？

27. 怎样维护保养电气设备？

28. 什么是稳定传热和不稳定传热？化工生产中什么阶段属于不稳定传热和稳定传热？

29. 在流量一定的情况下，管径是否越小越好？为什么？

30. 影响石油烃裂解的主要因素有哪些？

四、作图题

1. 请画出某精馏塔的进料流量自动调节系统。

2. 画出连续精馏塔流程的典型图。

3. 请画出两台同型号离心泵并联操作时的特性曲线示意图。

4. 请画出两台同型号离心泵串联操作时的特性曲线示意图。

5. 画出离心泵特性曲线示意图。

6. 请画出某反应器的温度自动调节系统。

五、计算题

1. 某厂用内径为 100mm 的钢管输送原油，每小时输送量为 38t，已知该油的相对密度为 0.9，黏度为 72mPa·s，试判断其流动类型。

2. 用水测定某台离心泵的性能时，得到以下实验数据：流量是 12m³/h，泵出口处压强计的读数是 373kPa，泵入口处真空计的读数是 26.7kPa，压强计和真空计之间的垂直距离是 0.4m，泵的轴功率是 2.3kW，叶轮转速是 2900r/min，水的密度是 1000kg/m³，压出管和吸入管的直径相等。试求这次实验中泵的扬程和效率。

3. 用 5mL 1mol/L 溶液，能稀释成 0.5mol/L 的溶液多少 mL？

4. 在一双组分连续精馏塔中，已知回流比为 3，测得从精馏段第二层塔板下降液体的组

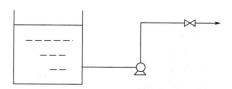

图 9-2 计算题 5 题附图输水系统

成为 0.82（摩尔分数，下同），从第三层塔板上升的蒸气组成为 0.86，则馏出液组成是多少？

5. 如图 9-2 所示输水系统，已知供水量为 30t/h，①设容器直径为 2m，求容器中水的流速；②设已知吸入管内径为 100mm，压出管和吸入管的管径比为 1：1.5，求压出管的流速。

6. 一填料吸收塔中用净油来吸收混合气体中的苯，已知混合气体的总量为 1000m³/h，其中苯的体积分数为 4%，操作压强为 101.3kPa，温度为 293K，吸收剂的用量为 103kmol/h，要求吸收率为 80%，试求塔底溶液出口浓度。

7. 在一填料吸收塔中，用清水吸收空气与丙酮蒸气的混合气体，已知混合气体的总压为 101.3kPa，丙酮蒸气的分压为 6.08kPa，操作温度为 293K，混合气体的总量为 1484m³/h，要求吸收率为 98%，设吸收剂的用量为 2772kg/h，试求出塔时的液相组成。

8. 用洗油来吸收焦炉气中的苯，已知欲处理的惰性气体量为 42kmol/h，混合气中含苯（体积分数）2%，要求吸收率为 95%，进塔洗油中苯的浓度为 0.005kmol（苯）/kmol（油）。操作条件下的气液平衡关系为 $Y^* = 0.113X$。若实际液气比是最小液气比的 1.5 倍，试求实际吸收剂的消耗量和出塔时的液相组成。

9. 某离心泵输送 30% 硫酸，压出管上压强计的读数是 177kPa，吸入管上真空计读数是 3.87kPa。压强计装在比真空计高 0.5m 处，吸入管和压出管的直径相等。试求泵的压头（已知 30% 硫酸的密度是 1220kg/m³）。

10. 有一炉壁，热导率 $\lambda = 0.9\text{W}/(\text{m} \cdot \text{K})$，厚度为 200mm，面积为 10m²。已知内壁温度为 1000K，外壁温度为 350K。求此炉壁单位时间内的热损失量。

中级工复习试题参考答案

一、选择题

1. B	2. A	3. A	4. D	5. C	6. D	7. A	8. B	9. A	10. B
11. D	12. B	13. C	14. B	15. C	16. A	17. A	18. D	19. A	20. C
21. D	22. D	23. D	24. C	25. D	26. D	27. A	28. D	29. B	30. D
31. C	32. B	33. B	34. A	35. C	36. C	37. B	38. A	39. B	40. C
41. C	42. D	43. A	44. D	45. A	46. B	47. A	48. B	49. A	50. D
51. D	52. C	53. A	54. A	55. B	56. A	57. A	58. B	59. D	60. D
61. D	62. D	63. B	64. C	65. D	66. C	67. D	68. C	69. B	70. D
71. C	72. D	73. B	74. C	75. C	76. B	77. A	78. B	79. A	80. C
81. A	82. B	83. B	84. C	85. B	86. A	87. A	88. A	89. A	90. D
91. B	92. B	93. B	94. A	95. D	96. C	97. C	98. A	99. D	100. B
101. B	102. C	103. B	104. D	105. C	106. B	107. B	108. C	109. B	110. A
111. D	112. A	113. C	114. A	115. B	116. A	117. A	118. A	119. A	120. D
121. A	122. D	123. B	124. D	125. A	126. D	127. C	128. D	129. B	130. D
131. D	132. B	133. B	134. A	135. A	136. B	137. D	138. D	139. B	140. C
141. D	142. A	143. B	144. B	145. A	146. A	147. B	148. C	149. B	150. C
151. A	152. C	153. B	154. B	155. C	156. C	157. A	158. C	159. C	160. D
161. A	162. B	163. A	164. A	165. C	166. D	167. D	168. B	169. B	170. A

171. C	172. B	173. D	174. D	175. C	176. D	177. A	178. D	179. A	180. C
181. B	182. A	183. B	184. C	185. B	186. A	187. B	188. C	189. C	190. A
191. B	192. C	193. B	194. D	195. A	196. C	197. D	198. B	199. D	200. B

二、判断题

1. ×	2. ×	3. ×	4. √	5. √	6. √	7. ×	8. ×	9. √	10. √
11. √	12. √	13. ×	14. ×	15. √	16. √	17. ×	18. ×	19. ×	20. √
21. ×	22. √	23. √	24. √	25. ×	26. √	27. ×	28. √	29. ×	30. ×
31. ×	32. √	33. √	34. √	35. √	36. √	37. ×	38. √	39. √	40. √
41. √	42. ×	43. √	44. √	45. √	46. √	47. ×	48. √	49. √	50. √
51. ×	52. √	53. √	54. √	55. √	56. √	57. √	58. √	59. √	60. ×
61. √	62. √	63. √	64. √	65. √	66. √	67. √	68. √	69. √	70. √
71. ×	72. √	73. √	74. √	75. √	76. √	77. √	78. √	79. √	80. √
81. √	82. √	83. √	84. √	85. √	86. √	87. √	88. √	89. √	90. √
91. ×	92. √	93. √	94. √	95. √	96. √	97. √	98. √	99. √	100. √
101. √	102. ×	103. √	104. √	105. √	106. √	107. √	108. √	109. √	110. √
111. √	112. √	113. √	114. √	115. √	116. √	117. √	118. √	119. √	120. √
121. √	122. √	123. √	124. √	125. ×	126. √	127. √	128. √	129. ×	130. √
131. ×	132. √	133. √	134. √	135. √	136. √	137. √	138. √	139. √	140. √
141. √	142. √	143. √	144. √	145. √	146. √	147. √	148. √	149. √	150. √
151. √	152. √	153. √	154. √	155. √	156. √	157. √	158. √	159. √	160. √
161. ×	162. √	163. √	164. √	165. √	166. √	167. √	168. √	169. √	170. √
171. ×	172. √	173. √	174. √	175. √	176. √	177. √	178. √	179. √	180. √
181. √	182. √	183. √	184. √	185. √	186. √	187. √	188. √	189. √	190. √
191. ×	192. √	193. √	194. √	195. √	196. √	197. √	198. √	199. ×	200. ×

三、简答题

1. 答：放空阀的作用是用于设备及系统的减压，应尽量做到不要将有毒有害可燃气体不经放空阀排入大气，而应将其并入火炬气管网，经燃烧后排空。放空阀应安装在设备及系统的最高处。

2. 答：提高传热速率的途径有：

（1）提高传热温度差；

（2）增加传热面积；

（3）提高传热系数 K。其主要途径是提高传热系数 K，可采取提高那个小的对流传热膜系数，即增大其流速和防止结垢，来达到及时除垢得目的。

3. 答：全回流时，达到指定分离要求的理论板数最少。开工时为不稳定过程，为了尽快达到分离要求，采用全回流操作，然后再慢慢减小回流比至规定回流比。最小回流比，是指达到指定分离要求的理论板数最多到无穷。是选择适宜回流比的依据。一般适宜回流比是最小回流比的 1.1～2.0 倍。

4. 答：倒淋阀的作用是用于设备及系统的最后倒空，蒸汽系统的倒淋阀，还用于排除冷凝液。倒淋阀应安装在设备及系统的最低处。

5. 答：对于某一管路（不包括管路的设备、孔板、仪表等）输送某种液体时，流量 Q 和需要的压头 H 是对应的，如果把通过此管路的不同流量和需要的相应压头 H 之间的关系在直角平面上用曲线表示出来，这条曲线就是该管路的特性曲线。

6. 答：逆流操作的传热动力比并流操作的传热动力要大，在热负荷一定的情况下，逆流操作所需要的传热面积较小，设备制造费用较低。

7. 答：换热器主要指用来完成介质热量交换的容器。常用换热器有废热锅炉、热交换器、冷却器、冷凝器、蒸发器、加热器等。

8. 答：（1）隔离法　（2）窒息法　（3）冷却法

9. 答：集散控制系统英语简称为 DCS，是利用计算机技术、控制技术、通信技术、图形显示技术实现过程控制和管理的控制系统。

10. 答：参加反应原料量与投入反应原料量的百分比叫转化率。

产率是生成目的产物的原料量占参加反应原料量的百分比。

收率是指生成产物的原料量占投入反应原料量的百分比。

11. 答：对于饱和蒸汽在一定的压力下继续加热，此时蒸汽温度继续升高就得到了过热蒸汽。因此，凡温度高于同压下饱和蒸汽温度的蒸汽叫做过热蒸汽。过热蒸汽和同样压力下的饱和蒸汽温度差叫过热蒸汽的过热度。

12. 答：主要由精馏塔．塔顶冷凝器和塔底再沸器等设备组成。

辅助设备有：原料液预热器、产品冷却器、回流罐、回流液泵等。

13. 答：在化工生产装置中，原料、中间产品、产品等一般均属易燃、易爆、有毒物质和具有腐蚀性物质，如果这些物质在现场扩散，极易发生如烫伤、中毒及火灾、爆炸事故，因此在生产中及时消除跑、冒、滴、漏是防止事故发生的有效手段，同时也是减少浪费、降低成本、提高经济效益的重要措施。

14. 答：机械密封又称端面密封，主要由动环、静环、胶圈组成。密封的目的是靠动环与静环端面间紧密接触来实现的。动环是和轴一起旋转的，静环与座固定联接，两端面间的紧贴程度，可通过弹簧调节。

15. 答：COD 即化学耗氧量，它表示工业废水中含有的有机物和可氧化无机物在规定条件下，被氧化所需水中的氧含量。单位是：mg/L。

16. 答：平衡水分和自由水分是根据在一定干燥条件下，物料中所含水分能否用干燥方法除去来划分的。自由水分能被除去，平衡水分不能被除去。

17. 答：(1) 预防为主、防治结合的政策；(2) 谁污染，谁治理的政策；(3) 强化环境管理的政策。

18. 答：阻火设备包括安全液封，阻火器和单向阀等。其作用是防止外部火焰窜入有燃烧爆炸危险的设备、管道、容器，以阻止火焰在设备和管道间扩展。

19. 答：①泡利不相容原理；②能量最低原理；③洪特规则

20. 答：(1) 选择安装地点，要求靠近液源，场地明亮干燥，便于检修、拆装。(2) 泵的地基要求坚实，一般用混凝土地基，地脚螺丝连接，防止震动。(3) 泵轴和电机转轴要严格保持水平。(4) 吸入管路的应严格控制好安装高度，并应尽量减少弯头、阀门等局部阻力，吸入管的直径不应小于泵进口的直径。

21. 答：(1) 静止流体内部任一点的压强，与流体的性质以及该点距离液面的深度（垂直距离）有关；

(2) 静止流体同一水平面上的各点所受压强相等；

(3) 当液体上方的压强 P_0 有变化时，其他各点的压强将发生同样大小的变化。

22. 答：当加料板从适宜位置向上移两层板时，精馏段理论板层数减少，在其他条件不变时，分离能力下降，塔顶馏出液组成下降，易挥发组分收率降低，釜残液浓度增大。

23. 答：原因：泵内有气体；出口阀管线堵塞；入口阀门管线堵塞；输送物料温度过高，易挥发或灌注压力不足。

24. 答：防护措施主要有：对系统的补充水进行预处理，以降低进入系统补充水中的 Ca、Mg 离子含量；向循环冷却水中加入阻垢药剂。

25. 答：①打开泵的入口阀，关闭出口阀 ②启动电机 ③缓慢打开出口阀 ④如果液位低于泵入口，应注意泵必须加满被输送的液体再启动。（也可把④写成"灌泵"放在①前）

26. 答：引入各个生产装置的加热蒸汽（低压和中压）、冷却水（过滤水、循环水、7℃水、软水）、压缩空气、氮气、冷冻盐水等系统，因各个生产装置、生产过程中都要使用，故称之为公用工程。

27. 答：禁止把水、蒸汽和酸碱等腐蚀性液体或有机物料喷洒、滴漏在电气设备上。电机外壳温度高于50℃、轴承温升高于45℃或有火花、发出异常响声时，应立即通知电工检查处理。启动电机应先盘车，严禁用启动主机来代替盘车。

28. 答：在传热过程中，传热面上各点的温度因位置不同而不同，但不随时间而改变的称为稳定传热。如果各点的温度不仅随位置变化，而且随时间变化而变化的称为不稳定传热。除了间歇生产和连续生产中的开、停车阶段属于不稳定传热外，化工生产中的传热多数属于稳定传热。

29. 答：不是。因为流量不变时，流速大，则管径小，管材投资小；但管径如果缩小一倍，其他条件不变，则管路上的压头损失将增大到原来的32倍，使得动力消耗增大很多。

30. 答：主要有裂解原料的特点、裂解反应条件（如裂解温度、停留时间、烃分压等）以及裂解反应器的形式和结构等。

四、作图题

1. 请画出某精馏塔的进料流量自动调节系统。

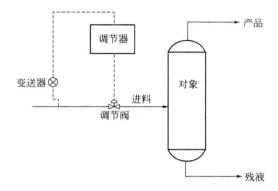

2. 画出连续精馏塔流程的典型图。

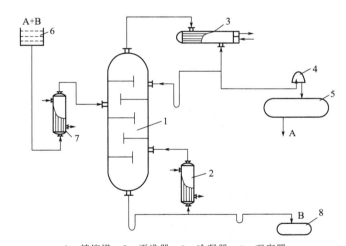

1—精馏塔；2—再沸器；3—冷凝器；4—观察罩；
5—馏出液贮罐；6—高位槽；7—预热器；8—残液贮罐

3. 请画出两台同型号离心泵并联操作时的特性曲线示意图。

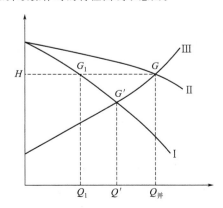

曲线Ⅰ为单台泵的特性曲线，点 G' 为其工作点。

曲线Ⅱ为两台泵并联后的特性曲线，点 G 为其工作点。

4. 请画出两台同型号离心泵串联操作时的特性曲线示意图。

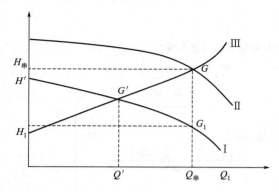

曲线Ⅰ为单台泵的特性曲线，点 G' 为其工作点。

曲线Ⅱ为两台泵串联后的特性曲线，点 G 为其工作点。

5. 画出离心泵特性曲线示意图。

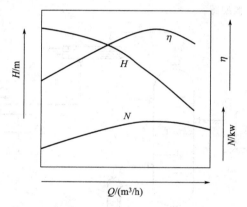

6. 请画出某反应器的温度自动调节系统。

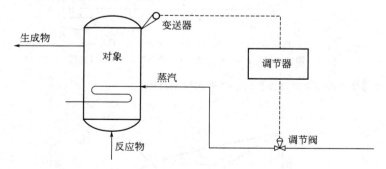

五．计算题

1. 解：已知：$d = 0.1 \text{m}$　$\rho = 0.9 \times 1000 = 900 \text{kg/m}^3$　$W = 38 \text{t/h} = 38000 \text{kg/h}$

$$u = \frac{38000}{\frac{\pi}{4} \times 0.1^2 \times 3600 \times 900} = 1.49 \text{m/s}$$

$$\mu = 72 \text{mPa·s} = 0.072 \text{Pa·s}$$

根据公式得：

$$Re = \frac{du\rho}{\mu} = \frac{0.1 \times 1.49 \times 900}{0.072} = 1863,$$

此时 $Re < 2000$，故管中原油流动类型为滞流。

2. 解：按公式求泵的扬程 $H = (Z_2 - Z_1) + \dfrac{p' + p''}{\rho g} = 0.4 + \dfrac{(373 + 26.7) \times 10^3}{1000 \times 9.81} = 41.1\text{m}$

由公式计算泵的有效功率 $N = \dfrac{HQ\rho}{102} = \dfrac{41.1 \times 12 \times 1000}{3600 \times 102} = 1.34\text{kW}$

按公式求泵的效率 $\eta = \dfrac{N}{N'} = \dfrac{1.34}{2.3} = 0.583$

3. 解：设加入水量为 $V\text{mL}$，则根据稀释前后溶质质量相等，有

$$\frac{5}{1000} \times 1 = \frac{5 + V}{1000} \times 0.05$$

$$V = \frac{5 \times (1 - 0.05)}{0.05} = 95\text{ml}$$

4. 解：已知 $R = 3$，精馏段 $x_2 = 0.82$，$y_3 = 0.86$

由精馏段操作线方程得：$y_3 = \dfrac{R}{R+1} x_2 + \dfrac{x_D}{R+1}$，

代入已知量，即：$0.86 = \dfrac{3}{4} \times 0.82 + \dfrac{x_D}{4}$

得：$x_D = 0.98$

5. 解：已知 $W = 30\text{t/h}$

根据公式得：$u = \dfrac{W}{A\rho} = \dfrac{\dfrac{30 \times 10^3}{3600}}{0.785 \times 2^2 \times 10^3} = 0.0027\text{m/s}$

根据公式得：$u_\lambda = u\left(\dfrac{D}{d_\lambda}\right)^2 = 0.0027 \times \left(\dfrac{2}{0.1}\right)^2 = 1.08\text{m/s}$

$$u' = u_\lambda\left(\dfrac{d_\lambda}{d'}\right)^2 = 1.08 \times (1.5)^2 = 2.43\text{m/s}$$

从题解可以看出，由于储槽的面积较大而流速很小，故一般工程中忽略不计，即认为 $u = 0$。

6. 解：塔底液相浓度可用公式计算：$X_1 = \dfrac{V}{L}(Y_1 - Y_2) + X_2$

已知：$y_1 = 0.04$，$X_2 = 0$

$Y_1 = \dfrac{y_1}{1 - y_1} = \dfrac{0.04}{1 - 0.04} = 0.0417$ $Y_2 = Y_1(1 - \eta) = 0.0417 \times (1 - 0.8) = 0.00834$

惰性气体流量为 $Q = 1000 \times (1 - 4\%) = 960\text{m}^3/\text{h}$

则 $V = \dfrac{960}{22.4} \times \dfrac{273}{293} = 39.93\text{kmol/h}$

已知 $L = 103\text{kmol/h}$ $X_1 = \dfrac{39.93}{103} \times (0.0417 - 0.00834) = 0.013$

7. 解：已知：$p = 101.3\text{kPa}$ $p_1 = 6.08\text{kPa}$ $V = 1484\text{m}^3/\text{h}$

$T = 293\text{K}$ $\eta = 0.98$ $L = 2772\text{kg/h} = \dfrac{2772}{18} = 154\text{kmol/h}$ $X_2 = 0$

根据公式得：$y_1 = \dfrac{p_1}{p} = \dfrac{6.08}{101.3} = 0.06$ $Y_1 = \dfrac{y_1}{1 - y_1} = \dfrac{0.06}{1 - 0.06} = 0.064$

根据公式得：$Y_2 = Y_1(1 - \eta) = 0.064 \times (1 - 0.98) = 0.00128$

$$V = 1484 \times (1 - 0.06) = 1394.96\text{m}^3/\text{h} = \dfrac{1394.96}{22.4} \times \dfrac{273}{293} = 58\text{kmol/h}$$

根据公式得：$X_1 = \dfrac{V}{L}(Y_1 - Y_2) + X_2 = \dfrac{58}{154} \times (0.064 - 0.00128) = 0.0236$

8. 解：① 求实际吸收剂消耗量：

已知：$V=42\text{kmol/h}$

$$Y_1=\frac{y_1}{1-y_1}=\frac{0.02}{1-0.02}=0.0204 \qquad Y_2=Y_1(1-\eta)=0.0204\times(1-95\%)=0.00102$$

$$X_2=0.005 \quad X_1^*=\frac{Y_1}{m}=\frac{0.0204}{0.113}=0.18 \quad \frac{L_{min}}{V}=\frac{Y_1-Y_2}{X_1^*-X_2}=\frac{0.0204-0.00102}{0.18-0.005}=0.11$$

$$L_实=1.5L_{min}=1.5\times0.11\times42=6.93$$

②出塔时的液相组成：

$$X_1=\frac{V}{L}(Y_1-Y_2)+X_2=\frac{42}{6.93}\times(0.0204-0.00102)+0.005=0.122$$

9. 解：30%硫酸的密度是 1220kg/m^3，故泵的压头按公式求出，因吸入管和压出管的直径相等，计算式为 $H=(Z_2-Z_1)+\dfrac{P'+P''}{\rho g}=0.5+\dfrac{(177+3.87)\times10^3}{1220\times9.81}=15.6\text{m}$

10. 解：通过平面壁的导热量可由下式计算，即 $q=\lambda\dfrac{A(t_1-t_2)}{\delta}$

已知 $\qquad\qquad\qquad\qquad \lambda=0.9\text{W/(m·K)} \qquad \delta=200\text{mm}=0.2\text{m}$

$$t_1=1000\text{K} \qquad t_2=350\text{K} \qquad A=10\text{m}^2$$

将数据代入上式得：

$$q=\lambda\frac{A(t_1-t_2)}{\delta}=0.9\times\frac{10\times(1000-350)}{0.2}=29250\text{W}=29.25\text{kW}$$

一、选择题

1. 转化率指的是（　　）。
   A. 生产过程中转化掉的原料量占投入原料量的百分数
   B. 生产过程中得到的产品量占理论上所应该得到的产品量的百分数
   C. 生产过程中所得到的产品量占所投入原料量的百分比
   D. 在催化剂作用下反应的收率

2. 蒸馏分离的依据是混合物中各组分的（　　）不同。
   A. 浓度　　　　　　B. 挥发度　　　　　　C. 温度　　　　　　D. 溶解度

3. 精馏塔操作时，回流比与理论塔板数的关系是（　　）。
   A. 回流比增大时，理论塔板数也增多
   B. 回流比增大时，理论塔板数减少
   C. 全回流时，理论塔板数最多，但此时无产品
   D. 回流比为最小回流比时，理论塔板数最小

4. 对于 $CO+2H_2 \Longrightarrow CH_3OH$，正反应为放热反应。如何通过改变温度、压力来提高甲醇的产率？（　　）。
   A. 升温、加压　　　B. 降温、降压　　　C. 升温、降压　　　D. 降温、加压

5. 下列塔设备中，操作弹性最小的是（　　）。
   A. 筛板塔　　　　　B. 浮阀塔　　　　　　C. 泡罩塔　　　　　D. 舌板塔

6. 反应温度过高对化工生产造成的不良影响可能是（　　）。
   A. 催化剂烧结　　　B. 副产物增多　　　　C. 爆炸危险性增大　　D. 以上都有可能

7. 干燥介质经过预热后（　　）。
   A. 降低湿度　　　　B. 降低相对湿度　　　C. 提高进气温度　　　D. 提高传热速率

8. 吸收过程是溶质从气相转移到（　　）的质量传递过程。
   A. 气相　　　　　　B. 液相　　　　　　　C. 固相　　　　　　D. 任一相态

9. 其他条件不变，吸收剂用量增加，填料塔压强降（　　）。
   A. 减小　　　　　　B. 不变　　　　　　　C. 增加　　　　　　D. 不能确定

10. 在精馏塔操作中，若出现淹塔时，可采取的处理方法有（　　　）。
    A. 调进料量，降釜温，停采出　　　　　　B. 降回流，增大采出量
    C. 停车检修　　　　　　　　　　　　　　D. 以上三种方法

11. 萃取是利用各组分间的（　　）差异来分离液体混合物的。
    A. 挥发度　　　　　B. 离散度　　　　　　C. 溶解度　　　　　D. 密度

12. 化工生产中的主要污染物是"三废"，下列那个有害物质不属于"三废"。（　　　）

    A. 废水   B. 废气   C. 废渣   D. 有毒物质

13. 精馏操作中液体混合物应被加热到（　　）时，可实现精馏的目的。

    A. 泡点   B. 露点   C. 泡点和露点间   D. 高于露点

14. 两组分液体混合物，其相对挥发度 α 越大，表示用普通蒸馏方法进行分离（　　）。

    A. 较容易   B. 较困难   C. 很困难   D. 不能够

15. 热电偶是测量（　　）参数的元件。

    A. 液位   B. 流量   C. 压力   D. 温度

16. 减小垢层热阻的目的是（　　）。

    A. 提高传热面积   B. 减小传热面积   C. 提高传热系数   D. 增大温度差

17. 流体在内径为 2cm 的圆管内流动，其流速为 1m/s，若流体的黏度为 0.9mPa·s，相对密度为 0.9，则它的 Re 值为（　　）。

    A. 20   B. 200   C. 2000   D. 20000

18. 水在直径为 20mm 的管内流动，欲使水做层流运动，已知水的密度为 1000kg/m³，黏度为 1.0mPa·s，测其临界流速为（　　）。

    A. 0.01m/s   B. 0.1m/s   C. 0.2m/s   D. 0.02m/s

19. 吸收过程中一般多采用逆流流程，主要是因为（　　）。

    A. 流体阻力最小   B. 传质推动力最大   C. 流程最简单   D. 操作最方便

20. 只要组分在气相中的分压（　　）液相中该组分的平衡分压，解吸就会继续进行，直至达到一个新的平衡为止。

    A. 大于   B. 小于   C. 等于   D. 不等于

21. 有四种两组分组成的理想溶液，其相对挥发度 A 值如下，其中最容易分离的是（　　）。

    A. $A=2.0$ B. $A=2.4$ C. $A=1.0$ D. $A=1.2$

22. 化学工业用水主要包括四类，其中用水量最大的是（　　）。

    A. 锅炉用水   B. 工艺用水   C. 清洗用水   D. 冷却用水

23. 连续精馏过程，当汽－液混合进料时，其温度（　　）泡点温度。

    A. 小于   B. 等于   C. 大于   D. 小于或等于

24. 导致透平压缩机喘振现象的原因是（　　）。

    A. 吸气量太大，致使管网压强大于压缩机出口压强

    B. 吸气量减小，致使管网压强大于压缩机出口压强

    C. 吸气量太大，致使管网压强小于压缩机出口压强

    D. 吸气量减小，致使管网压强小于压缩机出口压强

25. 只要组分在气相中的分压（　　）液相中该组分的平衡分压，解吸就会继续进行，直至达到一个新的平衡为止。

    A. 大于   B. 小于   C. 等于   D. 不等于

26. 流体在套管的外管内流动，已知外管内径为 45mm，内管外径为 25mm，流速为 1m/s，粘度为 0.9mPa·s，相对密度为 0.9，则它的 Re 值为（　　）。

    A. 42500   B. 20000   C. 2000   D. 4250

27. 根据牛顿冷却定律 $Q=\alpha A\Delta t$，式中 Δt 是（　　）。

    A. 间壁两侧的温度差   B. 两流体的温度差

    C. 两流体的平均温度差   D. 流体主体与壁面之间的温度差

28. 适宜的回流比取决于（　　）。

 A. 生产能力 　　　　　　　　　　B. 生产能力和操作费用

 C. 塔板数 　　　　　　　　　　　D. 操作费用和设备折旧费

29. （　　）可能导致液泛的操作。

 A. 液体流量过小　　　B. 气体流量太小　　　C. 过量液沫夹带　　　D. 严重漏液

30. 在进行吸收操作时，吸收操作线总是位于平衡线的（　　）。

 A. 上方　　　　　　　B. 下方　　　　　　　C. 重合　　　　　　　D. 不一定

31. 精馏操作时，增大回流比，其他操作条件不变，则精馏液气比 L/V（　　），馏出液组成 x_D（　　），釜残液组成 x_w（　　）。

 A. 增加、增加、减小 　　　　　　B. 不变、增加、减小

 C. 增加、不确定、减小 　　　　　D. 减小、增加、减小

32. 两组分液体混合物，其相对挥发度 α 越大，表示用普通蒸馏方法进行分离（　　）。

 A. 较容易　　　　　　B. 较困难　　　　　　C. 很困难　　　　　　D. 不能够

33. 精馏操作中液体混合物应被加热到（　　）时，可实现精馏的目的。

 A. 泡点　　　　　　　B. 露点　　　　　　　C. 泡点和露点间　　　D. 高于露点

34. 萃取剂 S 与稀释剂 B 的互溶度越（　　），分层区面积越（　　），可能得到的萃取液的最高浓度 y（max）较高。（　　）

 A. 大、大　　　　　　B. 小、大　　　　　　C. 小、小　　　　　　D. 大、小

35. 气液两相在筛板上接触，其分散相为液相的接触方式是（　　）。

 A. 鼓泡接触 　　　　　　　　　　B. 喷射接触

 C. 泡沫接触 　　　　　　　　　　D. 以上三种都不对

36. 下列说法错误的是（　　）。

 A. CO_2 无毒，所以不会造成污染

 B. CO_2 浓度过高时会造成温室效应的污染

 C. 工业废气之一 SO_2 可用 NaOH 溶液或氨水吸收

 D. 含汞镉铅铬等重金属的工业废水必须经处理后才能排放

37. 吸收过程产生的液泛现象的主要原因是（　　）。

 A. 液体流速过大　　　B. 液体加入量不当　　　C. 气体速度过大　　　D. 温度控制不当

38. 其他条件不变，吸收剂用量增加，填料塔压强降（　　）。

 A. 减小　　　　　　　B. 不变　　　　　　　C. 增加　　　　　　　D. 不能确定

39. 在一定空气状态下，用对流干燥方法干燥湿物料时，能除去的水分为（　　）。

 A. 结合水分　　　　　B. 非结合水分　　　　C. 平衡水分　　　　　D. 自由水分

40. 某吸收过程，已知气膜吸收系数 k_Y 为 4×10^{-4} kmol/($m^2 \cdot s$)，液膜吸收系数 k_X 为 8 kmol/($m^2 \cdot s$)，由此可判断该过程（　　）。

 A. 气膜控制　　　　　B. 液膜控制　　　　　C. 判断依据不足　　　D. 双膜控制

41. 对于吸收的有利条件是（　　）。

 A. 高压低温　　　　　B. 高压高温　　　　　C. 低压高温　　　　　D. 低压低温

42. 下面（　　）不是精馏装置所包括的设备。

 A. 分离器　　　　　　B. 再沸器　　　　　　C. 冷凝　　　　　　　D. 精馏塔

43. 精馏过程中采用负压操作可以（　　）。

 A. 使塔操作温度提高 　　　　　　B. 使物料的沸点升高

C. 使物料的沸点降低　　　　　　　　　　　D. 适当减少塔板数

44. 影响干燥速率的主要因素除了湿物料、干燥设备外，还有一个重要因素是（　　）。

    A. 绝干物料　　　　B. 平衡水分　　　　C. 干燥介质　　　　D. 湿球温度

45. 化学工业中分离挥发性溶剂与不挥发性溶质的主要方法是（　　）。

    A. 蒸馏　　　　　　B. 蒸发　　　　　　C. 结晶　　　　　　D. 吸收

46. 下列操作中（　　）会造成塔底轻组分含量大。

    A. 塔顶回流量小　　B. 塔釜蒸汽量大　　C. 回流量大　　　　D. 进料温度高

47. 对于 $CO+2H_2 \Longrightarrow CH_3OH$，正反应为放热反应。如何通过改变温度、压力来提高甲醇的产率？（　　）。

    A. 升温、加压　　　B. 降温、降压　　　C. 升温、降压　　　D. 降温、加压

48. 利用空气作介质干燥热敏性物料，且干燥处于降速阶段，欲缩短干燥时间，则可采取的最有效措施是（　　）。

    A. 提高介质温度　　　　　　　　　　　　　B. 增大干燥面积，减薄物料厚度

    C. 降低介质相对湿度　　　　　　　　　　　D. 提高介质流速

49. 只要组分在气相中的分压（　　）液相中该组分的平衡分压，解吸就会继续进行，直至达到一个新的平衡为止。

    A. 大于　　　　　　B. 小于　　　　　　C. 等于　　　　　　D. 不等于

50. 精馏操作有五种进料状况，其中（　　）进料时，进料位置最高；而在（　　）进料时，进料位置最低。

    A. 过冷液体、过热蒸汽　　　　　　　　　　B. 饱和液体、过热蒸汽

    C. 过冷液体、气液混合　　　　　　　　　　D. 气液混合、过热蒸气

51. 吸收塔开车操作时，应（　　）。

    A. 先通入气体后进入喷淋液体

    B. 增大喷淋量总是有利于吸收操作的

    C. 先进入喷淋液体后通入气体

    D. 先进气体或液体都可以

52. 反应温度过高对化工生产造成的不良影响可能是（　　）。

    A. 催化剂烧结　　　B. 副产物增多　　　C. 爆炸危险性增大　D. 以上都有可能

53. 在实际生产过程中，为提高反应过程目的产物的单程收率，宜采用以下哪种措施（　　）。

    A. 延长反应时间，提高反应的转化率，从而提高目的产物的收率

    B. 缩短反应时间，提高反应的选择性，从而提高目的产物的收率

    C. 选择合适的反应时间和空速，从而使转化率与选择性的乘积（单程收率）达到最大

    D. 选择适宜的反应器类型，从而提高目的产物的收率

54. 吸收操作气速一般（　　）。

    A. 大于泛点气速　　　　　　　　　　　　　B. 小于载点气速

    C. 大于泛点气速而小于载点气速　　　　　　D. 大于载点气速而小于泛点气速

55. 化工污染物都是在生产过程中产生的，其主要来源（　　）。

    A. 化学反应副产品，化学反应不完全

    B. 燃烧废气，产品和中间产品

C. 化学反应副产品，燃烧废气，产品和中间产品

D. 化学反应不完全的副产品，燃烧废气，产品和中间产品

56. 回流比的计算公式是（ ）。

A. 回流量比塔顶采出量

B. 回流量比塔顶采出量加进料量

C. 回流量比进料量

D. 回流量加进料量比全塔采出量

57. 在再沸器中溶液（ ）而产生上升蒸气，是精馏得以连续稳定操作的一个必不可少条件。

A. 部分冷凝　　　　　B. 全部冷凝　　　　　C. 部分气化　　　　　D. 全部气化

58. 根据傅立叶定律 $Q = \dfrac{\lambda}{\delta} A \Delta t$，式中 Δt 是（ ）。

A. 两流体的温度差

B. 两流体的平均温度差

C. 壁面两侧的温度差

D. 流体主体与壁面之间的温度差

59. 减小垢层热阻的目的是（ ）。

A. 提高传热面积　　　B. 减小传热面积　　　C. 提高传热系数　　　D. 增大温度差

60. 水在直径为 20mm 的管内流动，欲使水做层流运动，已知水的密度为 $1000kg/m^3$，粘度为 $1.0mPa \cdot s$，测其临界流速为（ ）。

A. 0.01m/s　　　　　B. 0.1m/s　　　　　C. 0.2m/s　　　　　D. 0.02m/s

61. 通常用来衡量一个国家石油化工发展水平的标志是（ ）。

A. 石油产量　　　　　B. 乙烯产量　　　　　C. 苯的产量　　　　　D. 合成纤维产量

62. 下列各组液体混合物能用分液漏斗分开的是（ ）。

A. 乙醇和水　　　　　B. 四氯化碳和水　　　C. 乙醇和苯　　　　　D. 四氯化碳和苯

63. 下列物质的水溶液呈碱性的是（ ）。

A. 氯化钙　　　　　　B. 硫酸钠　　　　　　C. 甲醇　　　　　　　D. 碳酸氢钠

64. 下面哪一个不是高聚物聚合的方法（ ）。

A. 本体聚合　　　　　B. 溶液聚合　　　　　C. 链引发　　　　　　D. 乳液聚合

65. 禁止用工业酒精配制饮料，这是因为工业酒精中含有少量会使人中毒的（ ）。

A. 甲醇　　　　　　　B. 乙醇　　　　　　　C. 乙酸乙酯　　　　　D. 乙醚

66. 干燥 H_2S 气体，通常选用的干燥剂是（ ）。

A. 浓 H_2SO_4　　　　B. NaOH　　　　　　C. P_2O_5　　　　　　D. $NaNO_3$

67. 关于热力学第一定律正确的表述是（ ）。

A. 热力学第一定律就是能量守恒与转化的定律

B. 第一类永动机是可以创造的

C. 在隔离体系中，自发过程向着熵增大的方向进行

D. 第二类永动机是可以创造的

68. 既有颜色又有毒性的气体是（ ）。

A. Cl_2　　　　　　　B. H_2　　　　　　　C. CO　　　　　　　D. CO_2

69. 金属钠着火时，可以用来灭火的物质或器材是（ ）。

A. 煤油　　　　　　　B. 砂子　　　　　　　C. 泡沫灭火器　　　　D. 浸湿的布

70. 金属钠应保存在（ ）。

A. 酒精中　　　　　　B. 液氨中　　　　　　C. 煤油中　　　　　　D. 空气中

71. 一定量的某气体，压力增为原来的 4 倍，绝对温度是原来的 2 倍，那么气体体积变

化的倍数是（　　）。

    A. 8 倍   B. 2 倍   C. 1/2   D. 1/8

72. 气态污染物的治理方法有（　　）。

    A. 沉淀   B. 吸收法   C. 浮选法   D. 分选法

73. 不能有效地控制噪声危害的是（　　）

    A. 隔振技术   B. 吸声技术   C. 带耳塞   D. 加固设备

74. 触电是指人在非正常情况下，接触或过分靠近带电体而造成（　　）对人体的伤害。

    A. 电压   B. 电流   C. 电阻   D. 电弧

75. 当设备内因误操作或装置故障而引起（　　）时，安全阀才会自动跳开。

    A. 大气压   B. 常压   C. 超压   D. 负压

76. 金属钠、钾失火时，需用的灭火剂是（　　）。

    A. 水   B. 砂

    C. 泡沫灭火器   D. 液态二氧化碳灭火剂

77. 扑灭精密仪器等火灾时，一般用的灭火器为（　　）。

    A. 二氧化碳灭火器   B. 泡沫灭火器   C. 干粉灭火器   D. 卤代烷灭火器

78. 环保监测中的 COD 表示（　　）。

    A. 生化需氧量   B. 化学耗氧量   C. 空气净化度   D. 噪声强度

79. 固体催化剂的组成主要有主体和（　　）二部分组成。

    A. 主体   B. 助催化剂   C. 载体   D. 阻化剂

80. 下列性质不属于催化剂三大特性的是（　　）。

    A. 活性   B. 选择性   C. 稳定性   D. 溶解性

81. 关于催化剂的作用，下列说法中不正确的是（　　）。

    A. 催化剂改变反应途径   B. 催化剂能改变反应的指前因子

    C. 催化剂能改变体系的始末态   D. 催化剂改变反应的活化能

82. 一个反应过程在工业生产中采用什么反应器并无严格规定，但首先以满足（　　）为主。

    A. 工艺要求   B. 减少能耗   C. 操作简便   D. 结构紧凑

83. 化学反应器的分类方式很多，按（　　）的不同可分为管式、釜式、塔式、固定床、流化床等。

    A. 聚集状态   B. 换热条件   C. 结构   D. 操作方式

84. 催化剂的活性随运转时间变化的曲线可分为（　　）三个时期。

    A. 成熟期-稳定期-衰老期   B. 稳定期-衰老期-成熟期

    C. 衰老期-成熟期-稳定期   D. 稳定期-成熟期-衰老期

85. 催化剂的作用与下列哪个因素无关（　　）。

    A. 反应速度   B. 平衡转化率

    C. 反应的选择性   D. 设备的生产能力

86. 催化剂中毒有（　　）两种情况。

    A. 短期性和长期性   B. 短期性和暂时性

    C. 暂时性和永久性   D. 暂时性和长期性

87. 使用固体催化剂时一定要防止其中毒，若中毒后其活性可以重新恢复的中毒是（　　）。

A. 永久中毒　　　　　　B. 暂时中毒　　　　C. 碳沉积　　　　　D. 都不对

88. 反应釜加强搅拌的目的是（　　　）。
    A. 强化传热与传质　　　　　　　　　B. 强化传热
    C. 强化传质　　　　　　　　　　　　D. 提高反应物料温度

89. 真实压力比大气压高出的数值通常用下列那一项表示（　　　）。
    A. 真空度　　　　　　B. 绝对压强　　　　C. 表压　　　　　　D. 压强

90. 反应器中参加反应的乙炔量为550kg/h，加入反应器的乙炔量为5000kg/h则乙炔转化率为（　　　）。
    A. 91%　　　　　　　B. 11%　　　　　　C. 91.67%　　　　　D. 21%

91. 液体的粘度随温度的下降而（　　　）。
    A. 不变　　　　　　　B. 下降　　　　　　C. 增加　　　　　　D. 无规律性

92. 在非金属液体中，（　　　）的导热系数最高。
    A. 水　　　　　　　　B. 乙醇　　　　　　C. 甘油　　　　　　D. 甲醇

93. 有一湿纸浆含水50%，干燥后原有水分的50%除去，干纸浆中纸浆的组成为（　　　）。
    A. 50%　　　　　　　B. 25%　　　　　　C. 75%　　　　　　D. 67%

94. 设备内的真空度越高，即说明设备内的绝对压强（　　　）。
    A. 越大　　　　　　　B. 越小　　　　　　C. 越接近大气压　　D. 无法确定

95. 物质的热导率，一般来说：金属的热导率（　　　）。
    A. 最小　　　　　　　B. 最大　　　　　　C. 较小　　　　　　D. 较大

96. 对于纯物质来说，在一定压力下，它的泡点温度和露点温度的关系是（　　　）。
    A. 相同　　　　　　　　　　　　　　B. 泡点温度大于露点温度
    C. 泡点温度小于露点温度　　　　　　D. 无关系

97. 在金属固体中热传导是（　　　）引起的。
    A. 分子的不规则运动　　　　　　　　B. 自由电子运动
    C. 个别分子的动量传递　　　　　　　D. 原子核振动。

98. 液体的饱和蒸汽压用符号 p_0 表示，其表达了下列（　　　）。
    A. 液体的相对挥发度　　　　　　　　B. 液体的挥发度
    C. 液体的相对湿度　　　　　　　　　D. 液体的湿度。

99. 纯液体的饱和蒸汽压取决于所处的（　　　）。
    A. 压力　　　　　　　B. 温度　　　　　　C. 压力和温度　　　D. 海拔高度

100. 对于活化能越大的反应，速率常数随温度变化越（　　　）。
    A. 大　　　　　　　　B. 小　　　　　　　C. 无关　　　　　　D. 不确定

101. 通过5000kg/h的原料乙烷进行裂解制乙烯。反应掉的乙烷量为3000kg/h，得到乙烯量为1980kg/h，该反应的选择性为（　　　）。
    A. 60%　　　　　　　B. 70.7%　　　　　C. 39.6%　　　　　D. 20.4%

102. 导热系数的SI单位为（　　　）。
    A. W/(m·℃)　　　　B. W/(m^2·℃)　　C. J/(m·℃)　　　　D. J/(m^2·℃)

103. 相变潜热是指（　　　）。
    A. 物质发生相变时吸收的热量或释放的热量
    B. 物质发生相变时吸收的热量

C. 物质发生相变时释放的热量

D. 不能确定

104. 化学反应热不仅与化学反应有关，而且与（　　）。

　　A. 反应温度和压力有关　　　　　　　　B. 参加反应物质的量有关

　　C. 物质的状态有关　　　　　　　　　　D. 以上三种情况有关

105. 评价化工生产效果的常用指标有（　　）。

　　A. 停留时间　　　　　B. 生产成本　　　　　C. 催化剂的活性　　　　D. 生产能力

106. 化学工业的基础原料有（　　）。

　　A. 石油　　　　　　　B. 汽油　　　　　　　C. 乙烯　　　　　　　　D. 酒精

107. 化学工业的产品有（　　）。

　　A. 钢铁　　　　　　　B. 煤炭　　　　　　　C. 酒精　　　　　　　　D. 天然气

108. 以乙烯为原料经催化剂催化聚合而得的一种热聚性化合物是（　　）。

　　A. PB　　　　　　　　B. PE　　　　　　　　C. PVC　　　　　　　　D. PP

109. 现有下列高聚物，用于制备轮胎的是（　　）。

　　A. 聚乙烯　　　　　　B. 天然橡胶树脂　　　C. 硫化橡胶　　　　　　D. 合成纤维

110. 对于放热反应，一般是反应温度（　　），有利于反应的进行。

　　A. 升高　　　　　　　B. 降低　　　　　　　C. 不变　　　　　　　　D. 改变

111. 间歇操作的特点是（　　）。

　　A. 不断地向设备内投入物料　　　　　　B. 不断地从设备内取出物料

　　C. 生产条件不随时间变化　　　　　　　D. 生产条件随时间变化

112. 下列各加工过程中不属于化学工序的是（　　）。

　　A. 硝化　　　　　　　B. 裂解　　　　　　　C. 蒸馏　　　　　　　　D. 氧化

113. 下列各项中不属于分离与提纯操作的是（　　）。

　　A. 传热　　　　　　　B. 吸收　　　　　　　C. 萃取　　　　　　　　D. 蒸馏

114. 被称为"塑料王"的材料名称是（　　）。

　　A. 聚乙烯　　　　　　B. 聚丙烯　　　　　　C. 聚四氟乙烯　　　　　D. 聚酰胺-6

115. 化工生产过程的核心是（　　）。

　　A. 混合　　　　　　　B. 分离　　　　　　　C. 化学反应　　　　　　D. 粉碎

116. BPO 是聚合反应时的（　　）。

　　A. 引发剂　　　　　　B. 单体　　　　　　　C. 氧化剂　　　　　　　D. 催化剂

117. 化工生产一般包括以下（　　）组成。

　　A. 原料处理和化学反应　　　　　　　　B. 化学反应和产品精制

　　C. 原料处理和产品精制　　　　　　　　D. 原料处理、化学反应和产品精制

118. 由反应式：$SO_3 + H_2O = H_2SO_4$ 可知，工业生产上是采用（　　）的硫酸来吸收三氧化硫生产硫酸。

　　A. 水　　　　　　　　B. 76.2%　　　　　　C. 98%　　　　　　　　D. 100%

119. 高压聚乙烯是（　　）。

　　A. PP　　　　　　　　B. LDPE　　　　　　　C. HDPE　　　　　　　　D. PAN

120. 能用于输送含有悬浮物质流体的是（　　）。

　　A. 旋塞　　　　　　　B. 截止阀　　　　　　C. 节流阀　　　　　　　D. 闸阀

121. 用"φ 外径 mm×壁厚 mm"来表示规格的是（　　）。

  A. 铸铁管   B. 钢管   C. 铅管   D. 水泥管

122. 密度为 1000kg/m^3 的流体，在 $\phi 108\text{mm} \times 4\text{mm}$ 的管内流动，流速为 2m/s，流体的黏度为 1cP，其 Re 为（   ）。

  A. 10^5 B. 2×10^7 C. 2×10^6 D. 2×10^5

123. 离心泵的扬程随着流量的增加而（   ）。

  A. 增加   B. 减小   C. 不变   D. 无规律性

124. 启动离心泵前应（   ）。

  A. 关闭出口阀   B. 打开出口阀

  C. 关闭入口阀   D. 同时打开入口阀和出口阀

125. 为了防止（   ）现象发生，启动离心泵时必须先关闭泵的出口阀。

  A. 电动机烧坏   B. 叶轮受损   C. 气缚   D. 气蚀

126. 叶轮的作用是（   ）。

  A. 传递动能   B. 传递位能   C. 传递静压能   D. 传递机械能

127. 喘振是（   ）时，所出现的一种不稳定工作状态。

  A. 实际流量大于性能曲线所表明的最小流量

  B. 实际流量大于性能曲线所表明的最大流量

  C. 实际流量小于性能曲线所表明的最小流量

  D. 实际流量小于性能曲线所表明的最大流量

128. 离心泵最常用的调节方法是（   ）。

  A. 改变吸入管路中阀门开度   B. 改变出口管路中阀门开度

  C. 安装回流支路，改变循环量的大小   D. 车削离心泵的叶轮

129. 离心泵铭牌上标明的扬程是（   ）。

  A. 功率最大时的扬程   B. 最大流量时的扬程

  C. 泵的最大量程   D. 效率最高时的扬程

130. 泵将液体由低处送到高处的高度差叫做泵的（   ）。

  A. 安装高度   B. 扬程   C. 吸上高度   D. 升扬高度

131. 造成离心泵气缚原因是（   ）。

  A. 安装高度太高   B. 泵内流体平均密度太小

  C. 入口管路阻力太大   D. 泵不能抽水

132. 当流量管长和管子的摩擦系数等不变时，管路阻力近似地与管径的（   ）次方成反比。

  A. 2   B. 3   C. 4   D. 5

133. 列管换热器中下列流体宜走壳程的是（   ）。

  A. 不洁净或易结垢的流体   B. 腐蚀性的流体

  C. 压力高的流体   D. 被冷却的流体

134. 有一种 $30℃$ 流体需加热到 $80℃$，下列三种热流体的热量都能满足要求，应选（   ）有利于节能。

  A. $400℃$ 的蒸汽   B. $300℃$ 的蒸汽

  C. $200℃$ 的蒸汽   D. $150℃$ 的热流体

135. 下列不属于强化传热的方法的是（   ）。

  A. 加大传热面积   B. 加大传热温度差   C. 加大流速   D. 加装保温层

136. 管壳式换热器启动时，首先通入的流体是（　　　）。
　　A. 热流体　　　　　　　　　　　　　　B. 冷流体
　　C. 最接近环境温度的流体　　　　　　　D. 任意

137. 翅片管换热器的翅片应安装在（　　　）。
　　A. α 小的一侧　　　B. α 大的一侧　　　C. 管内　　　　D. 管外

138. 工业采用翅片状的暖气管代替圆钢管，其目的是（　　　）。
　　A. 增加热阻，减少热量损失　　　　　　B. 节约钢材
　　C. 增强美观　　　　　　　　　　　　　D. 增加传热面积，提高传热效果

139. 对流给热热阻主要集中在（　　　）。
　　A. 虚拟膜层　　　B. 缓冲层　　　　C. 湍流主体　　　D. 层流内层

140. 在套管换热器中，用热流体加热冷流体。操作条件不变，经过一段时间后管壁结垢，则 K（　　　）。
　　A. 变大　　　　　B. 不变　　　　　C. 变小　　　　D. 不确定

141. 二次蒸汽为（　　　）。
　　A. 加热蒸汽　　　　　　　　　　　　　B. 第二效所用的加热蒸汽
　　C. 第二效溶液中蒸发的蒸汽　　　　　　D. 无论哪一效溶液中蒸发出来的蒸汽

142. 减压蒸发不具有的优点是（　　　）。
　　A. 减少传热面积　　　　　　　　　　　B. 可蒸发不耐高温的溶液
　　C. 提高热能利用率　　　　　　　　　　D. 减少基建费和操作费

143. 不影响理论塔板数的是进料的（　　　）。
　　A. 位置　　　　　B. 热状态　　　　C. 组成　　　　D. 进料量

144. 最小回流比（　　　）。
　　A. 回流量接近于零　　　　　　　　　　B. 在生产中有一定应用价值
　　C. 不能用公式计算　　　　　　　　　　D. 是一种极限状态，可用来计算实际
回流比

145. 从温度-组成（t-x-y）图中的气液共存区内，当温度增加时，液相中易挥发组分的含量会（　　　）。
　　A. 增大　　　　　B. 增大及减少　　　　C. 减少　　　　D. 不变

146. 从节能观点出发，适宜回流比 R 应取（　　　）倍最小回流比 $R_{\min}$。
　　A. 1. 1　　　　　B. 1. 3　　　　　C. 1. 7　　　　D. 2. 0

147. 若要求双组分混合液分离成较纯的两个组分，则应采用（　　　）。
　　A. 平衡蒸馏　　　B. 一般蒸馏　　　C. 精馏　　　　D. 无法确定

148. 某精馏塔的馏出液量是 50kmol/h，回流比是 2，则精馏段的回流量是（　　　）kmol/h。
　　A. 100　　　　　B. 50　　　　　C. 25　　　　D. 125

149. 精馏塔塔顶产品纯度下降，可能是（　　　）。
　　A. 提馏段板数不足　　　　　　　　　　B. 精馏段板数不足
　　C. 塔顶冷凝量过多　　　　　　　　　　D. 塔顶温度过低

150. 塔板上造成气泡夹带的原因是（　　　）。
　　A. 气速过大　　　B. 气速过小　　　C. 液流量过大　　　D. 液流量过小

151. 某二元混合物，进料量为 100kmol/h，$x_F=0.6$，要求塔顶 x_D 不小于 0.9，则塔

顶最大产量为（　　）。

    A. 60kmol/h　　　　　　B. 66.7kmol/h　　　　　C. 90kmol/h　　　　　D. 100kmol/h

152. 精馏塔温度控制最关键的部位是（　　）。

    A. 灵敏板温度　　　　B. 塔底温度　　　　　　C. 塔顶温度　　　　　D. 进料温度

153. 下列塔设备中，操作弹性最小的是（　　）。

    A. 筛板塔　　　　　　B. 浮阀塔　　　　　　　C. 泡罩塔　　　　　　D. 舌板塔

154. 精馏塔釜温度指示较实际温度高，会造成（　　）。

    A. 轻组分损失增加　　　　　　　　　　　B. 塔顶馏出物作为产品不合格

    C. 釜液作为产品质量不合格　　　　　　　D. 可能造成塔板严重漏液

155. 加大回流比，塔顶轻组分组成将（　　）。

    A. 不变　　　　　　　B. 变小　　　　　　　　C. 变大　　　　　　　D. 忽大忽小

156. 某二元混合物，若液相组成 x_A 为 0.45，相应的泡点温度为 t_1；气相组成 y_A 为 0.45，相应的露点温度为 t_2，则（　　）。

    A. $t_1 < t_2$　　　　　　B. $t_1 = t_2$　　　　　　C. $t_1 > t_2$　　　　　D. 不能判断

157. 两组分物系的相对挥发度越小，则表示分离该物系越（　　）。

    A. 容易　　　　　　　B. 困难　　　　　　　　C. 完全　　　　　　　D. 不完全

158. 选择吸收剂时不需要考虑的是（　　）。

    A. 对溶质的溶解度　　　　　　　　　　　B. 对溶质的选择性

    C. 操作条件下的挥发度　　　　　　　　　D. 操作温度下的密度

159. 氨水的摩尔分率为 20%，而它的比分率应是（　　）%。

    A. 15　　　　　　　　B. 20　　　　　　　　　C. 25　　　　　　　　D. 30

160. 吸收塔尾气超标，可能引起的原因是（　　）。

    A. 塔压增大　　　　　　　　　　　　　　B. 吸收剂降温

    C. 吸收剂用量增大　　　　　　　　　　　D. 吸收剂纯度下降

161. 吸收过程是溶质（　　）的传递过程。

    A. 从气相向液相　　　B. 气液两相之间　　　　C. 从液相向气相　　　D. 任一相态

162. 最大吸收率 η 与（　　）无关。

    A. 液气比　　　　　　B. 液体入塔浓度　　　　C. 相平衡常数　　　　D. 吸收塔型式

163. 在进行吸收操作时，吸收操作线总是位于平衡线的（　　）。

    A. 上方　　　　　　　B. 下方　　　　　　　　C. 重合　　　　　　　D. 不一定

164. 吸收塔开车操作时，应（　　）。

    A. 先通入气体后进入喷淋液体　　　　　　B. 增大喷淋量总是有利于吸收操作的

    C. 先进入喷淋液体后通入气体　　　　　　D. 先进气体或液体都可以

165. 溶解度较小时，气体在液相中的溶解度遵守（　　）定律。

    A. 拉乌尔　　　　　　B. 亨利　　　　　　　　C. 开尔文　　　　　　D. 依数性

166. 用水吸收下列气体时，（　　）属于液膜控制。

    A. 氯化氢　　　　　　B. 氨　　　　　　　　　C. 氯气　　　　　　　D. 三氧化硫

167. 对于吸收来说，当其他条件一定时，溶液出口浓度越低，则下列说法正确的是（　　）。

    A. 吸收剂用量越小，吸收推动力将减小

    B. 吸收剂用量越小，吸收推动力增加

    C. 吸收剂用量越大，吸收推动力将减小

D. 吸收剂用量越大，吸收推动力增加

168. 50kg 湿物料中含水 10kg，则干基含水量为（　　）%。

A. 15　　　　　　　B. 20　　　　　　　C. 25　　　　　　　D. 40

169. 反映热空气容纳水气能力的参数是（　　）。

A. 绝对湿度　　　　B. 相对湿度　　　　C. 湿容积　　　　D. 湿比热容

170. 用对流干燥方法干燥湿物料时，不能除去的水分为（　　）。

A. 平衡水分　　　　B. 自由水分　　　　C. 非结合水分　　　D. 结合水分

171. 在一定温度和总压下，湿空气的水汽分压和饱和湿空气的水汽分压相等，则湿空气的相对湿度为（　　）。

A. 0　　　　　　　B. 100%　　　　　　C. 0～50%　　　　　D. 50%

172. 当 $\varphi < 100\%$ 时，物料的平衡水分一定是（　　）。

A. 非结合水　　　　B. 自由水分　　　　C. 结合水　　　　D. 临界水分

173. 干燥计算中，湿空气初始性质绝对湿度及相对湿度应取（　　）。

A. 冬季平均最低值　　　　　　　　　B. 冬季平均最高值

C. 夏季平均最高值　　　　　　　　　D. 夏季平均最低值

174. 爆炸现象的最主要特征是（　　）。

A. 温度升高　　　　B. 压力急剧升高　　C. 周围介质振动　　D. 发光发热

175. 防治噪声污染的最根本的措施是（　　）。

A. 采用吸声器　　　　　　　　　　　B. 减振降噪

C. 严格控制人为噪声　　　　　　　　D. 从声源上降低噪声

176. 下列不属于化工生产防火防爆措施的是（　　）

A. 点火源的控制　　　　　　　　　　B. 工艺参数的安全控制

C. 限制火灾蔓延　　　　　　　　　　D. 使用灭火器

177. 下列哪条不属于化工"安全教育"制度的内容（　　）。

A. 入厂教育　　　　　　　　　　　　B. 日常教育

C. 特殊教育　　　　　　　　　　　　D. 开车的安全操作

178. 防止火灾爆炸事故的蔓延的措施是（　　）。

A. 分区隔离　　　　　　　　　　　　B. 设置安全阻火装置

C. 配备消防组织和器材　　　　　　　D. 以上三者都是

179. 氧气呼吸器属于（　　）。

A. 隔离式防毒面具　　　　　　　　　B. 过滤式防毒面具

C. 长管式防毒面具　　　　　　　　　D. 复合型防尘口罩

180. 爆炸按性质分类，可分为（　　）。

A. 轻爆、爆炸和爆轰　　　　　　　　B. 物理爆炸、化学爆炸和核爆炸

C. 物理爆炸、化学爆炸　　　　　　　D. 不能确定

二、判断题

1. 常温下能用铝制容器盛浓硝酸是因为常温下，浓硝酸根本不与铝反应。（　　）

2. 当钠和钾着火时可用大量的水去灭火。（　　）

3. 煤、石油、天然气三大能源，是不可以再生的，我们必须节约使用。（　　）

4. 往复泵启动前不需要灌泵，因为它具有自吸能力。（　　）

5. 调节阀气开、气关作用形式选择原则是一旦信号中断，调节阀的状态能保证人员和设备的安全。（　　）

6. 工业废水的处理方法有物理法、化学法和生物法。（　　）

7. 固定床反应器的传热热速率比流化床反应器的传热速率快。（　　）

8. 当离心泵发生气缚或汽蚀现象时，处理的方法均相同。（　　）

9. 降尘室的生产能力不仅与降尘室的宽度和长度有关，而且与降尘室的高度有关。（　　）

10. 冷热流体在换热时，并流时的传热温度差要比逆流时的传热温度差大。（　　）

11. 精馏操作是一个传热与传质同时进行的过程。（　　）

12. 萃取剂 S 与溶液中原溶剂 B 可以不互溶，也可以部分互溶，但不能完全互溶。（　　）

13. 精制是机械分离过程。（　　）

14. 水环式真空泵也可当鼓风机用，但此时需将泵的进口接设备，出口接大气。（　　）

15. 干燥过程中，物料本身温度越低，则表面气化速度和内部扩散速度越高，干燥速度也将加快。（　　）

16. 烷基化是有机化合物分子中引入烷基的单元过程。（　　）

17. 单元物系的三相点，其自由度数为 3。即确定此点状态的温度和压力都不能改变。（　　）

18. 填料塔不可以用来作萃取设备。（　　）

19. 湿空气的湿度是衡量其干燥能力大小的指标值。（　　）

20. 从相平衡角度来说，低温高压有利于吸收，因此吸收操作时系统压力越大越好。（　　）

21. $NaOH$ 俗称烧碱、火碱，而纯碱指的是 Na_2CO_3。（　　）

22. 大多数有机化合物难溶于水，易溶于有机溶剂，是因为有机物都是分子晶体。（　　）

23. 压力对气相反应的影响很大，对于反应后分子数增加的反应，增加压力有利于反应的进行。（　　）

24. 化工管路主要是由管子、管件和阀门等三部分所组成。（　　）

25. 当有人触电时，应立即使触电者脱离电源，并抬送医院抢救。（　　）

26. 大气安全阀经常是水封的，可以防止大气向内泄漏。（　　）

27. 单釜连续操作，物料在釜内停留时间不一，因而会降低转化率。（　　）

28. 流体的流动型号态分为层流、过渡流和湍流三种。（　　）

29. 欲提高降尘室的生产能力，主要的措施是提高降尘室的高度。（　　）

30. 在列管换热器中采用多程结构，可增大换热面积。（　　）

31. 在精馏塔中，从上到下，汽相中易挥发组分的浓度逐渐降低。（　　）

32. 为了保证塔顶产品的质量，回流越大越好。（　　）

33. 当吸收为气膜控制时，操作过程中吸收剂的用量增大对吸收有利。（　　）

34. 蒸馏塔总是塔顶作为产品，塔底作为残液排放。（　　）

35. 用来表达蒸馏平衡关系的定律叫亨利定律。（　　）

36. 利用浓 H_2SO_4 吸收物料中的湿分是干燥过程。（　　）

37. 理想的进料板位置是其气体和液体组成与进料的气体和液体组成最接近。（　　）

38. 萃取操作的结果，萃取剂和被萃取物质必须能够通过精馏操作分离。（　　）

39. 工艺设计中，精馏塔的实际回流比应是最小回流比的 0.5～2 倍。（　　）

40. 在条件相同的情况下，干燥过程中空气消耗量 L 在通常情况下，夏季比冬季为大。（　　）

41. Zn 与浓硫酸反应的主要产物是 $ZnSO_4$ 和 NO。（　　）

42. 酸性溶液中只有 H^+，没有 OH^-。（　　）

43. 在同温、同压下，若 A、B 两种气体的密度相同，则 A、B 的摩尔质量一定相等。（　　）

44. 化工过程的检测和控制系统的图形符号，一般由测量点、连接线和仪表圆圈三部分组成。（　　）

45. 仪表的精度越高，其准确度越高。（　　）

46. 防毒工作可以采取隔离的方法，也可以采取敞开通风的方法。（　　）

47. 合成氨工业中氨合成催化剂活化状态的活性成份是铁。（　　）

48. 由离心泵和某一管路组成的输送系统，其工作点由泵铭牌上的流量和扬程所决定。（　　）

49. 在一般过滤操作中，起到主要介质作用的是过滤介质本身。（　　）

50. 空气、水、金属固体的热导率分别为 λ_1、λ_2 和 λ_3，其顺序为 $\lambda_1 < \lambda_2 < \lambda_3$。（　　）

51. 干燥过程中，物料本身温度越低，则表面气化速度和内部扩散速度越高，干燥速度也将加快。（　　）

52. 当精馏塔顶馏份中重组分含量增加时，常采用降低回流比的方法使产品产量合格。（　　）

53. 精馏操作中的雾沫夹带是一定量的汽相雾滴上升到上一块塔板内的现象。（　　）

54. 动火现场要彻底清除易燃、可燃物，设备内氧含量控制在 18%～21%，器内可燃物浓度低于 1.0%，厂房内可燃物浓度低于 2.0%。（　　）

55. 决定精馏塔分离能力大小的主要因素是：相对挥发度、理论塔板数、回流比。（　　）

56. 临界水分是在一定空气状态下，湿物料可能达到的最大干燥限度。（　　）

57. 正常操作的逆流吸收塔中，如吸收剂入塔量减少，会造成实际液气比小于原定的最小液气比，从而将导致吸收过程无法进行。（　　）

58. 填料塔由液体分布器、气体分布器、溢流装置和填料支承板等若干部件构成。（　　）

59. 对于溶液来讲，泡点温度等于露点温度。（　　）

60. 系统的平均相对挥发度 α 可以表示系统的分离难易程度，$\alpha > 1$，可以分离，$\alpha = 1$，不能分离，$\alpha < 1$ 更不能分离。（　　）

61. 流体阻力的主要表现之一是静压强下降。（　　）

62. 离心泵吸入管的单向底阀是为了防止泵内液体倒流回贮槽。（　　）

63. 泵壳不仅作为一个汇集液体的部件，而且是一种转能装置。（　　）

64. 离心泵启动时应关闭出口阀，这样可避免功率过大而烧坏电机。（　　）

65. 往复泵可用出口阀调节流量也可用回流支路调节流量。（　　）

66. 往复式压缩机在运行中，不允许关闭出口阀，这样可防止压力过大而造成事故。（　　）

67. 悬浮液中的颗粒为分散介质。（　　）

68. 固体颗粒在真空中的自由降落一段时间，所受的力为重力、浮力。（　　）

69. 压力表是测量容器内部压力的仪表，最常见的压力表有弹簧式和活塞式两种。（   ）

70. 精馏操作的回流比减小至最小回流比时，所需理论板数为最小。（   ）

71. 温度与压力升高，有利于解吸的进行。（   ）

72. 筛板精馏塔的操作弹性大于泡罩精馏塔的操作弹性。（   ）

73. 为了保证塔顶产品的质量，回流越大越好。（   ）

74. 温度升高，对所有的反应都能加快反应速度，从而使生产能力提高。（   ）

75. 对流传热过程的热阻集中在层流内层中。（   ）

76. 工业生产中用于废热回收的换热方式是混合式换热。（   ）

77. 热负荷是指换热器本身具有的换热能力。（   ）

78. 提高传热速率的最有效途径是提高传染面积。（   ）

79. 热水泵在冬季启动前，必须先预热。（   ）

80. 热泵是一种独立的输送热量的设备。（   ）

81. 对于黏度较大的料液的蒸发，可以采用多效并流加料流程。（   ）

82. 换热器的管壁温度总是接近于对流传热系数大的那一侧流体的温度。（   ）

83. 传热速率是有工艺生产条件决定的，是对换热器换热能力的要求（   ）。

84. 层流内层不但影响传热、传质的进行，且其厚度越厚，传热、传质的阻力越大。（   ）

85. 填料的等板高度越高，表明其传质效果越好。（   ）

86. 精馏塔的温度随易挥发组分浓度增大而降低。（   ）

87. 蒸馏的原理是利用液体混合物中各组分溶解度不同来分离各组分的。（   ）

88. 在蒸馏中，回流比的作用是维持蒸馏塔的正常操作，提高蒸馏效果。（   ）

89. 在启动旋转泵时，出口阀应关闭。（   ）

90. 水环真空泵是属于液体输送机械。（   ）

91. 往复泵的流量一般用出口阀来调节。（   ）

92. 离心泵的扬程是液体出泵和进泵的压强差换算成的液柱高度。（   ）

93. 离心泵停止操作时，单级泵先停电，多级泵先关出口阀。（   ）

94. 为了防止气蚀，离心泵的调节阀安装在入口管线上。（   ）

95. 吸收过程中，当操作线与平衡线相切个或相交时所用的吸收剂最少，吸收推动里最大。（   ）

96. 在启动旋转泵时，出口阀应关闭。（   ）

97. 水环真空泵是属于液体输送机械。（   ）

98. 往复泵的流量一般用出口阀来调节。（   ）

99. 离心泵的扬程是液体出泵和进泵的压强差换算成的液柱高度。（   ）

100. 离心泵停止操作时，单级泵先停电，多级泵先关出口阀。（   ）

101. 为了防止气蚀，离心泵的调节阀安装在入口管线上。（   ）

102. 吸收过程中，当操作线与平衡线相切个或相交时所用的吸收剂最少，吸收推动里最大。（   ）

103. 吸收操作线方程是由物料衡算得出的，因而它与吸收相平衡、吸收温度、两相接触状况、塔的结构等都没有关系。（   ）

104. 液体的质量受压强影响较小，所以可将液体称为不可压缩性流体。（   ）

105. 物质的密度表示了该物质的质量轻重。（　　）

106. 换热器中，逆流的平均温差总是大于并流的平均温差。（　　）

107. 用常压水蒸气冷凝来加热空气，空气平均温差为 20℃，则壁温约为 60℃。（　　）

108. 当冷、热两种流量一定时，换热器面积越大换热效果越好。（　　）

109. 换热器不论是加热器还是冷热器，热流体都要走壳程，冷流体走管程。（　　）

110. 在稳定多层圆筒壁导热中，通过多层圆筒壁的传热速率 Q 相等，而且通过单位传热的传热速率 Q/A 也相同。（　　）

111. 对于间壁两侧流体稳定变温传热来说，载热体的消耗量逆流时大于并流体的用量。（　　）

112. 过滤速率与过滤面积成正比。（　　）

113. 水既可作为加热剂，也可作为冷却剂。（　　）

114. 强化传热最有效的途径是提高传热系数 K。（　　）

115. 热的阻力与流体的流动形态关系不 。（　　）

116. 热流体温差很大时一般采用浮头式列管换热器。（　　）

117. 气、水、金属固体的热导率分别为 λ_1、λ_2 和 λ_3 其顺序为 $\lambda_1 < \lambda_2 < \lambda_3$。（　　）

118. 过滤，沉降属于传质分离过程。（　　）

119. 分离过程可以分为机械分离和传质分离过程两大类。（　　）

120. 联动试车的目的是确认转动和待动设备是否合格好用，是否符合有关技术规范。（　　）

121. 将化工管线涂成不同颜色是为了美化环境。（　　）

122. 热补偿就是在化工管线或设备上加热以补偿损失的能量。（　　）

123. 因氨基酸中既有氨基又有羧基，所以是中性的。（　　）

124. 物理吸收法脱去 CO_2 时，吸收剂的再生使用三级膨胀，首先解析出来的是 CO_2。（　　）

125. 吸收进行的依据是混合气体中各组分的浓度不同。（　　）

126. 温度与压力升高有利于解析的进行。（　　）

127. 吸收塔进气温度越低，其气相中水蒸气含量越少，对吸收操作越有利。（　　）

128. 根据双膜理论，吸收过程的全部阻力集中在液膜。（　　）

129. 福尔马林溶液吸收塔，采用循环吸收法是因为吸收液做产品，新鲜水受到控制。（　　）

130. 吸收操作时增大液气比总是有利于吸收操作的。（　　）

131. 流体发生自流的条件是上游的能量大于下游的能量。（　　）

132. 流体阻力的大小只取决于流体的黏性。（　　）

133. 精止液体内部压力与其表面压力无关。（　　）

134. 离心压缩机的"喘振"现象是由于进气量超过上限所引起的。（　　）

135. 在选择吸收塔用的填料时，应选表面积大的，空隙率大的和填料因子大的填料才好。（　　）

136. 难溶的气体，吸收阻力主要集中在气膜上。（　　）

137. 亨利定律适用于气相总压力不变且溶解后形成的溶液为稀溶液时。（　　）

138. 泛点气速是填料吸收塔空塔速度的上限。（　　）

139. 吸收操作，操作线必位于平衡线下方。（　　）

140. 在吸收过程中不能被溶解的气体组分叫惰性气体。（　　）

141. 气阻淹塔的原因是由于上升气体流量太小引起的。（　　）

142. 用水吸收氯化氢气体，其吸收速率属于气膜控制。（　　）

143. 提高吸收剂用量对吸收是有利的。当系统为气膜控制时 k_{ya} 值将增大。（　　）

144. 塔顶产纯度降低的原因之一是塔个半段板数过少。（　　）

145. 填料主要是用来阻止液两项接触，以免发生液泛现象。（　　）

146. 再沸气的作用是精馏塔物料热源，使物料得到加热汽化。（　　）

147. 浮阀塔板的特点是造价较高，操作弹性小，传质性差。（　　）

148. 液泛不能通过压强降来判断。（　　）

149. 精馏塔的进料温度升高，提馏段的提浓力不变。（　　）

150. 精馏塔压力升高，液相中易挥发组分浓度升高。（　　）

151. 传质设备中的浮阀塔板和泡罩塔板均属于错流塔板。（　　）

152. 精馏操作中，增大回流比。其他操作条件不变，则精馏段的液气比和馏出液的组分均不变。（　　）

153. 筛板精馏塔的操作弹性大于泡罩精馏塔的操作弹性。（　　）

154. 精馏过程中，平衡线随回流比的改变而改变。（　　）

155. 决定精馏塔分离能力大小的主要因素是：相对挥发度、理论塔板数、回流比。（　　）

156. 蒸馏塔发生液泛现象可能是由于气相速度过大，也可能是液相速度过大，也可能是液相速度过大。（　　）

157. 当塔顶产品重组分增加时，应适当提高回流量。（　　）

158. 浮阀塔板结构简单，造价也不高，操作弹性大，是一种优良的塔板。（　　）

159. 精馏操作的回流比减小至最小回流时，所需理论板数为最小。（　　）

160. 在精馏塔内任意一块理论板，其气相露点温度大于液相的泡点温度。（　　）

161. 用来表达蒸馏平衡关系的定律叫亨利定律。（　　）

162. 气液相回流是精馏稳定连续进行的必要条件。（　　）

163. 精馏是传热和传质同时发生的单元操作过程。（　　）

164. 正常操作的精馏塔从上到下，液体中轻相组分的浓度逐渐增大。（　　）

165. 精馏操作中，回流比越大越好。（　　）

166. 减压蒸馏时应先加热再抽真空。（　　）

167. 精馏操作中，塔顶馏分重组分含量增加时，常采用降低回流比来使产品质量合格。（　　）

168. 精馏塔操作中常采用灵敏板温度来控制塔釜再沸器的加热蒸汽量。（　　）

169. 精馏操作中，操作回流比小于最小回流比时，精馏塔不能正常工作。（　　）

170. 对于溶液来讲，泡点温度等于露点温度。（　　）

171. 精馏塔釜压升高将导致塔釜温度下降。（　　）

172. 在产品浓度要求一定的情况下，进料温度越低，精馏所需的理论塔板数就越少。（　　）

173. 精馏塔的总板效率就是各单板效率的平均值。（　　）

174. 精馏塔中温度最高处在塔顶。（　　）

175. 精馏塔操作中，若馏出液质量下降，常采用增大回流比的办法使产品质量合格。

（   ）

176. 精馏操作中，若塔板上气液两相接触越充分，则塔板分离能力越高。满足一定分离要求所需要的理论塔板数越少。（   ）

177. 精馏过程塔顶产品流量总是小于塔釜产品流量。（   ）

178. 随进料热状态参数 q 增大，精馏操作线效斜率不变，提馏段操作线斜率增大。（   ）

179. 填料塔由液体分布器、气体分布器、溢流装置和填料支承板等若干部分构成。（   ）

180. 从相平衡角度，低温高有利于吸收，因此吸收操作是系统压力越大越好。（   ）

181. 填料乱堆安装时，首先应在填料塔内注满水。（   ）

182. 当气体溶解度很大时，可以采用提高气相湍流强度来降低吸收阻力。（   ）

183. 吸收操作的作用是分离气液混合物。（   ）

184. 根据双膜理论，当溶质在液体中溶解度很小时，以液相表示的总传质系数近似等于液相传质分系数。（   ）

185. 精馏个板式塔，吸收用填料塔。（   ）

186. 亨利系数 E 值很大，为易溶气体。（   ）

187. 中央循环管式蒸发器是强制循环蒸发器。（   ）

188. 蒸发操作中使用真空泵的目的是抽出由溶液带入的不凝性气体，以维持蒸发器内的真空泵。（   ）

189. 多效蒸发的目的是节能。（   ）

190. 蒸发操作是溶剂从液相转移到气相的过程，故属传质过程。（   ）

191. 饱和蒸气压越大的液体越难挥发。（   ）

192. 在多效蒸发中，效数越多越好。（   ）

193. 单效蒸发和多效蒸发相比，其单位蒸汽消耗量与蒸发器的生产强度均减少。（   ）

194. 理想的进料板位置是其气体和液体的组成与进料的气体和液体组成最接近。（   ）

195. 蒸馏塔总是塔顶作为产品，塔底作为残液排放。（   ）

196. 系统的平均相对挥发度 α 可以表示系统的分离难易程度，$\alpha>1$，可以分离；$\alpha=1$，不可分离；$\alpha<1$，更不可分离。（   ）

197. 评价塔板结构时，塔板效率越高，塔板压降越低，则该种结构越好。（   ）

198. 通过简单蒸馏可以得到接近纯部分。（   ）

199. 如 x_D、x_F、x_W 一定，则进料为泡点的饱和液体，其所需精馏段理论塔板数一定比冷液体进料为少。（   ）

200. 灵敏板温度上升，塔顶产品浓度将提高。（   ）

三、简答题

1. 扬程和升扬高度是否为一回事？为什么？

2. 为什么泵的入口安装过滤器，出口安装单向阀？

3. 蒸发操作必须具备哪些条件？

4. 什么是局部阻力？

5. 为什么泵的入口安装过滤器，出口安装单向阀？

6. 简述化工生产的危险性特点是什么？

7. 双膜理论的要点是什么？

8. 离心泵在停泵时为何要关闭出口阀？

9. 简述化工生产的危险性特点是什么？

10. 什么是回流比？

11. 精馏顶塔回流的作用是什么？

12. 什么是饱和溶液？

13. 催化剂的寿命曲线通常包括哪三个周期？

14. 催化剂成分主要由哪几个部分构成？

15. 常用的灭火方法有哪些？

16. 人身触电的紧急救护措施有哪些？

17. 何为理论塔板？

18. 解释拉乌尔定律。

19. 流体的流动形态有几种？如何判断。

20. 强化传热的途径有哪些？

21. 往复式压缩机的实际工作循环由哪几个阶段组成？

22. 蒸发操作必须具备哪些条件？

23. 写出流体稳定流动下用压头表示的能量衡算式。

24. 精馏和吸收分别处理什么混合物？

25. 写出泵的效率计算公式。

四、计算题

1. 在 101.3kPa，温度为 293K 下用清水分离氨和空气的混合气体，混合气体中 NH_3 的分压是 13.8kPa，经吸收后氨的分压下降到 0.0068kPa，混合气的流量是 1020kg/h。操作条件下的平衡关系是 $Y^* = 0.755X$。试计算最小吸收剂用量。如果适宜量是最小用量的 5 倍，试求吸收剂实际用量。

2. 硫铁矿焙烧出来的气体组成如下：SO_2 9%，O_2 9%，N_2 82%（体积分数），经冷却后送到填料塔中以除去其中 SO_2。吸收剂用清水。操作压强为 101.3kPa，温度为 293K，此条件下的平衡关系 $Y^* = 30.9X$。需处理混合气总量为 1000m^3/h，要求吸收率为 90%。如果实际液气比为最小液气比的 1.2 倍，试求：①出塔溶液中理论上的极限浓度；②吸收剂的实际消耗量；③出塔时溶液的实际浓度。

3. 将乙醇和水溶液进行连续精馏，原料液的流量 100kmol/h，乙醇的摩尔分数：在原料液中是 0.3，在馏出液中是 0.8，在残液中是 0.05。设精馏塔的回流比 $R = 3$，入塔原料液是泡点温度，试求两操作线方程式。

4. 293K 时水在内径为 50mm 的管中流动，水的流速为 2m/s，试判断其流动类型。已知 293K 时水的 $\rho = 998.2$kg/m^3，$\mu = 1.005 \times 10^{-3}$Pa·s。

5. 某设备进、出口测压仪表中的读数分别为 p_1（表压）$= 1200$mmHg 和 p_2（真空度）$= 700$mmHg，当地大气压为 750mmHg，求则两处的绝对压强差。

6. 空气和 CO_2 的混合气体中含 CO_2 的体积分数是 10%，求 CO_2 的摩尔分数和摩尔比。

7. 有一混酸含 HNO_3 12.72%，经过硝化釜反应后，出口 HNO_3 含量为 5.85%，其转化率为多少？

8. 某油泵的吸入口管径 $\phi108mm\times4mm$，出口管径 $\phi86mm\times3mm$，油的相对密度为 0.9，油在吸入管中流速为 1.5m/s。求油在出口管中的流速。

9. 100kg 湿物料中含有水分 30kg 和 70kg 绝干物料，试求湿物料湿基含水量和干基含水量。

10. 用 20℃清水测一台离心泵的性能，数据如下：流量 0.0125m³/s，泵出口处压力表的度数 0.26MPa，入口处真空表的度数为 0.0267MPa，真空表和压力表的垂直距离为 0.8m，测得轴功率为 5.74kW。泵的出入口管径相同，转速为 2900r/min。计算在此实验下的泵的扬程和效率。

高级工复习试题参考答案

一、选择题

1. A	2. B	3. B	4. D	5. A	6. D	7. B	8. B	9. C	10. D
11. C	12. D	13. C	14. A	15. D	16. C	17. D	18. B	19. B	20. B
21. B	22. D	23. C	24. B	25. B	26. A	27. D	28. D	29. C	30. A
31. A	32. A	33. C	34. B	35. B	36. A	37. C	38. C	39. D	40. A
41. A	42. A	43. C	44. C	45. B	46. C	47. D	48. B	49. B	50. A
51. C	52. D	53. C	54. D	55. D	56. A	57. C	58. C	59. C	60. B
61. B	62. B	63. D	64. C	65. A	66. C	67. A	68. A	69. B	70. C
71. C	72. C	73. D	74. B	75. C	76. B	77. A	78. B	79. B	80. D
81. C	82. A	83. C	84. A	85. B	86. C	87. B	88. A	89. B	90. B
91. C	92. A	93. D	94. B	95. B	96. A	97. B	98. B	99. B	100. B
101. B	102. A	103. A	104. D	105. D	106. A	107. C	108. B	109. C	110. B
111. D	112. C	113. A	114. C	115. C	116. A	117. D	118. C	119. B	120. A
121. B	122. D	123. B	124. A	125. A	126. D	127. C	128. B	129. D	130. D
131. B	132. A	133. D	134. D	135. D	136. C	137. A	138. D	139. D	140. C
141. A	142. D	143. D	144. A	145. C	146. A	147. C	148. A	149. B	150. D
151. B	152. A	153. A	154. C	155. C	156. A	157. B	158. B	159. C	160. B
161. A	162. D	163. A	164. C	165. B	166. C	167. D	168. C	169. B	170. A
171. B	172. C	173. C	174. B	175. D	176. D	177. A	178. D	179. A	180. B

二、判断题

1. ×	2. ×	3. √	4. √	5. √	6. √	7. ×	8. ×	9. ×	10. ×
11. √	12. √	13. ×	14. ×	15. ×	16. √	17. ×	18. ×	19. ×	20. ×
21. √	22. ×	23. ×	24. √	25. ×	26. ×	27. √	28. ×	29. ×	30. ×
31. √	32. ×	33. ×	34. ×	35. ×	36. √	37. √	38. ×	39. ×	40. √
41. ×	42. ×	43. √	44. ×	45. ×	46. √	47. √	48. ×	49. ×	50. ×
51. ×	52. ×	53. ×	54. ×	55. √	56. ×	57. ×	58. ×	59. ×	60. ×
61. ×	62. √	63. √	64. √	65. ×	66. ×	67. ×	68. ×	69. √	70. ×
71. ×	72. ×	73. √	74. ×	75. √	76. √	77. ×	78. ×	79. √	80. ×
81. ×	82. √	83. ×	84. √	85. √	86. √	87. ×	88. √	89. ×	90. ×
91. ×	92. ×	93. ×	94. √	95. ×	96. ×	97. ×	98. ×	99. √	100. ×
101. √	102. ×	103. √	104. ×	105. √	106. ×	107. ×	108. ×	109. ×	110. ×
111. ×	112. ×	113. √	114. √	115. ×	116√	117. √	118. ×	119. ×	120. ×

121. ×	122. ×	123. ×	124. ×	125. ×	126. ×	127. ×	128. ×	129. √	130. ×
131. √	132. ×	133. ×	134. ×	135. ×	136. ×	137. √	138. √	139. ×	140. √
141. ×	142. √	143. ×	144. √	145. ×	146. √	147. ×	148. ×	149. ×	150. √
151. ×	152. ×	153. ×	154. ×	155. ×	156. √	157. ×	158. √	159. ×	160. ×
161. ×	162. √	163. √	164. ×	165. ×	166. ×	167. ×	168. ×	169. ×	170. ×
171. ×	172. ×	173. ×	174. ×	175. ×	176. ×	177. ×	178. ×	179. ×	180. ×
181. √	182. √	183. ×	184. √	185. ×	186. ×	187. ×	188. ×	189. ×	190. ×
191. ×	192. ×	193. √	194. √	195. ×	196. ×	197. √	198. ×	199. ×	200. ×

三、简答题

1. 答：不是一回事。升扬高度是用泵将液体从低处送到高处的高度差。扬程是泵赋予 1N 重流体的外加能量，它包含静压头、动压头、位压头和压头损失等几方面的能量，升扬高度只是其中的一部分。

2. 答：泵入口安装过滤器是为了防止吸入液体中带有固体杂质，对泵的叶轮造成损坏。出口安装单向阀的目的是防止因泵的前后压差而造成倒液，特别是自起泵在备用时，出入阀全开，如无单向阀则会引起泵的反转，损坏设备。

3. 答：蒸发操作必须具备以下条件：①蒸发操作所处理的溶液中，溶剂具有挥发性，而溶质不具有挥发性；②要不断地供给热使溶液沸腾汽化；③溶剂汽化后要及时地排除。

4. 答：流体通过管路中各种管件（如三通、弯头、活管接等）、阀件、流量计以及管径的突然扩大和缩小等局部障碍而产生的阻力，称为局部阻力。

5. 答：泵入口安装过滤器是为了防止吸入液体中带有固体杂质，对泵的叶轮造成损坏。出口安装单向阀的目的是防止因泵的前后压差而造成倒液，特别是自起泵在备用时，出入阀全开，如无单向阀则会引起泵的反转，损坏设备。

6. 答：①易燃、易爆、有毒和有腐蚀性的物质多；②高温、高压设备多；③工艺复杂、操作要求严格；④三废多、污染严重；⑤事故多、损失重大。

7. 答：①气液两相在界面的两侧都有一层稳定的薄膜，流体在薄膜层内作滞流运动，气相和液相的流动状态只改变自身膜的厚度。

②在相界面上，气相中的可吸收组分由于分子扩散作用从气相界面转入液相界面，气液相中可吸收组分的浓度始终处于平衡状态，界面上不存在传质的阻力。

③在滞流膜以外的气、液两相主体中，因流体处于充分湍流状态，不存在浓度差，这就是说，在两相流体主体内也不存在任何传质阻力，传质过程的阻力集中在两个膜层之内。

8. 答：防止停泵时出口管路里的液体倒流而使泵叶轮倒转，引起叶轮螺母松动，叶轮与泵轴松脱等现象，以致损坏。

9. 答：①易燃、易爆、有毒和有腐蚀性的物质多；②高温、高压设备多；③工艺复杂，操作要求严格；④三废多，污染严重；⑤事故多，损失重大。

10. 答：精馏塔顶馏出物经冷凝后，回流流量与产品量之比称为回流比。

11. 答：回流提供了塔板上的液相回流，以达到汽液两相传质传热的目的，同时取走塔内多余的热量，维持全塔的热平衡。

12. 答：溶液中的溶质浓度超过该条件下的溶解度时的溶液叫做过饱和溶液。

13. 答：成熟期、稳定期和衰老期。

14. 答：催化剂成分主要由活性组分、载体和助催化剂三部分构成。

15. 答：冷却法、隔离法、窒息法、抑制法。

16. 答：①将触电者迅速脱离电源；②紧急救护。

17. 答：理论塔板是指在塔板上汽液两相接触十分充分，接触时间足够长，以至从该板上升的蒸汽组成与自该板下降液相组成之间处于平衡状态。

18. 答：在一定温度条件下，溶液上方蒸汽中某一组份的分压，等于该纯组分在该温度下的饱和蒸汽压乘以该组分在溶液中的摩尔分率。

其数学表达式为：$p_A = p_A^0 x_A$

19. 答：流体的流动形态有两种，层流和湍流。用雷诺数判断，$Re \leqslant 2000$ 为层流，$Re \geqslant 4000$ 为湍流，$2000 < Re < 4000$ 为过渡状态。

20. 答：强化传热的途径有：增大传热面积，增大平均温度差，增大传热系数。

21. 答：压缩、排气、膨胀、吸气。

22. 答：不断供给热量使溶剂汽化，溶液保持沸腾状态；②不断排出已经汽化的蒸汽。

23. 答：流体稳定流动下用压头表示的能量衡算式为：$z_1 + \dfrac{u_1^2}{2g} + \dfrac{p_1}{\rho g} + H_e = z_2 + \dfrac{u_2^2}{2g} + \dfrac{p_2}{\rho g} + H_f$　此衡算式称为柏努利方程。

24. 答：精馏是用来分离均相液体混合物；吸收是用来分离均相气体混合物。

25. 答：泵的效率指泵的有效功率和轴功率之比，$\eta = P_e / P$。

四、计算题

1. 解：①计算最小吸收剂用量 L_{min}　　　　$L_{min} = \dfrac{V(Y_1 - Y_2)}{X_1^* - X_2}$

已知：$p = 101.3\text{kPa}$　　$p_1 = 13.8\text{kPa}$，

$$y_1 = \frac{p_1}{p} = \frac{13.8}{101.3} = 0.1362$$

$$Y_1 = \frac{y_1}{1 - y_1} = \frac{0.1362}{1 - 0.1362} = 0.158$$

已知：　$p' = 0.0068\text{kPa}$　　　所以　$Y_2 = \dfrac{p'}{p - p'} = \dfrac{0.0068}{101.3 - 0.0068} = 0.000067$

已知：　　$G = 1020\text{kg/h}$

$$M = y_1 M_1 + y_2 M_2 = 0.1362 \times 17 + (1 - 0.1362) \times 28.2 = 27.2$$

$$V = \frac{G}{M}(1 - y_1) = \frac{1020}{27.2} \times (1 - 0.1362) = 32.4$$

已知：　　$Y^* = 0.755X$　　　$X_2 = 0$　　得 $X_1^* = \dfrac{Y_1}{0.755} = \dfrac{0.158}{0.755} = 0.2093$

将以上各值代入公式：　　　$L_{min} = \dfrac{32.4 \times (0.158 - 0.000067)}{0.2093 - 0} = 24.4$

②计算实际吸收剂用量 L　　　$L = 5L_{min} = 5 \times 24.4 = 122$

2. 解：①求出塔溶液中理论上的极限浓度，出塔溶液理论上的极限浓度即为塔底平衡浓度 X_1^*，可由平衡关系计算，即　　　$X_1^* = \dfrac{Y_1}{30.9}$

已知：$y_1 = 0.09$　　则　$Y_1 = \dfrac{y_1}{1 - y_1} = \dfrac{0.09}{1 - 0.09} = 0.0989$

所以　$X_1^* = \dfrac{Y_1}{30.9} = \dfrac{0.0989}{30.9} = 0.0032$

②求实际吸收剂用量

求最小吸收剂用量 L_{min}　　　$L_{min} = \dfrac{V(Y_1 - Y_2)}{X_1^* - X_2}$　已知：$X_2 = 0$　　$\eta_{吸} = 0.9$

$$Y_2 = Y_1(1 - \eta) = 0.0989 \times (1 - 0.9) = 0.00989$$

$$V = V'(1 - y_1) = \frac{1000}{22.4} \times \frac{273}{293} \times (1 - 0.09) = 37.85$$

所以　$L_{min} = \dfrac{37.85 \times (0.0989 - 0.00989)}{0.0032} = 1052.8\text{kmol/h}$

求实际吸收剂用量 L

$$L = 1.2L_{min} = 1.2 \times 1052.8 = 1263.4\text{kmol/h}$$

③ 求出塔溶液的实际浓度 $X_1 = \dfrac{V(Y_1 - Y_2)}{L} + X_2 = \dfrac{37.85 \times (0.0989 - 0.00989)}{1263.4} + 0 = 0.00267$

3. 解：① 精馏段操作线方程式

已知 $x_D = 0.8$ $R = 3$ 则 $y = \dfrac{R}{R+1}x + \dfrac{x_D}{R+1} = \dfrac{3}{3+1}x + \dfrac{0.8}{3+1} = 0.75x + 0.2$

② 提馏段操作线方程式

已知 $F = 100 \text{kmol/h}$ $x_F = 0.3$ $x_W = 0.05$

$100 = D + W$

$100 \times 0.3 = D \times 0.8 + W \times 0.05$ 解得：$D = 33.33$ $W = 66.67$

已知 $q = 1$ $L = RD = 3 \times 33.33 = 100$

则

$$y = \frac{L + qF}{L + qF - W}x - \frac{W}{L + qF - W}x_W$$

$$= \frac{100 + 1 \times 100}{100 + 1 \times 100 - 66.67}x - \frac{66.67}{100 + 1 \times 100 - 66.67} \times 0.05$$

$$= 1.5x - 0.025$$

4. 解：$Re = \dfrac{du\rho}{\mu} = \dfrac{0.05 \times 2 \times 998.2}{1.005 \times 10^{-3}} = 99323 > 4000$ 流动类型为湍流。

5. 解：进口的绝对压强为 $1200 + 750 = 1950 \text{mmHg}$

出口的绝对压强为 $750 - 700 = 50 \text{mmHg}$

两处的绝对压强差为 $1950 - 50 = 1900 \text{mmHg}$

或者两处的绝对压强差为 $1200 + 700 = 1900 \text{mmHg}$

6. 解：摩尔分数 $x = 10\%$

摩尔比 $X = 10\% / (1 - 10\%) = 0.11$

7. 解：HNO_3 的转化率为：$x_{HNO_3} = (12.72\% - 5.85\%) / 12.72\% = 54\%$。

8. 解 吸入管内径 $d_1 = 108 - 2 \times 4 = 100 \text{mm}$ 吸入管中流速 $u_1 = 1.5 \text{m/s}$

出口管内径 $d_2 = 86 - 2 \times 3 = 80 \text{mm}$

出口管流速 $u_2 = u_1 (d_1/d_2)^2 = 1.5 \times (100/80) = 2.34 \text{ m/s}$

9. 解 $w = \dfrac{\text{水分质量}}{\text{湿物料总质量}} \times 100\% = \dfrac{30}{100} \times 100\% = 30\%$

$$X = \frac{\text{水分质量}}{\text{绝干物料总质量}} = \frac{30}{70} = 0.428$$

10. 解 已知 $Q = 0.0125 \text{m}^3/\text{s}$ $Z = 0.8 \text{m}$ $p_{\text{表}} = 0.26 \text{MPa} = 260 \text{kPa}$

$p_{\text{真}} = 0.0267 \text{MPa} = 26.7 \text{kPa}$ $\rho = 1000 \text{kg/m}^3$ $N = 5.74 \text{kW} = 5.74 \times 10^3 \text{ W}$

$u_1 = u_2$（泵的出入口管径相同）

由式 $$H = Z + \frac{p_{\text{表}} + p_{\text{真}}}{\rho g} + \frac{u_2^2 - u_1^2}{2g}$$

得 $$H = 0.8 + \frac{(260 + 26.7) \times 10^3}{1000 \times 9.81} = 30 \text{m}$$

由式 $$N_e = QH\rho g$$

得 $$N_e = 0.0125 \times 30 \times 1000 \times 9.81 = 3678.75 \text{W}$$

由式 $$\eta = \frac{N_e}{N} \times 100\%$$

得 $$\eta = \frac{3678.75}{5.74 \times 10^3} \times 100\%$$

$$= 0.64 = 64\%$$

项目四 技师复习试题

一、单项选择题

1. 在应用软件 PowerPoint 中演示文稿的后缀名是 （　　）。
   A. doc　　　　　　　B. xls　　　　　　　C. ppt　　　　　　　D. ppi

2. 下列流体输送机械中必须安装稳压装置和除热装置的是 （　　）
   A. 离心泵　　　　　B. 往复泵　　　　　C. 往复压缩机　　　D. 旋转泵

3. 化肥生产设备用高压无缝钢管的适用压力为：10～（　　）MPa。
   A. 20　　　　　　　B. 32　　　　　　　C. 40　　　　　　　D. 42

4. 保护听力而言，一般认为每天 8h 长期工作在 （　　）dB 以下，听力不会损失。
   A. 110　　　　　　　B. 100　　　　　　　C. 80　　　　　　　D. 60

5. 在设备布置图中，用 （　　）线来表示设备的安装基础。
   A. 粗实　　　　　　B. 细实　　　　　　C. 点划　　　　　　D. 虚

6. 为了防止 （　　）现象发生，启动离心泵时必须先关闭泵的出口阀。
   A. 电机烧坏　　　　B. 叶轮受损　　　　C. 气缚　　　　　　D. 气蚀

7. 下列关于截止阀的特点叙述不正确的是 （　　）。
   A. 结构复杂　　　　　　　　　　　　　B. 操作简单
   C. 不易于调节流量　　　　　　　　　　D. 启闭缓慢时无水锤

8. 泵将液体由低处送到高处的高度差叫做泵的 （　　）。
   A. 安装高度　　　　B. 扬程　　　　　　C. 吸上高度　　　　D. 升扬高度

9. 煅烧含有 94%$CaCO_3$ 的石灰石 1000kg，得到的生石灰实际产量为 506kg，其产量的收率为 （　　）‰
   A. 51　　　　　　　B. 53. 80　　　　　　C. 90.40　　　　　　D. 96

10. 离心泵内导轮的作用是 （　　）。
    A. 增加转速　　　　B. 改变叶轮转向　　C. 转变能量形式　　D. 密封

11. 对气体吸收有利的操作条件应是 （　　）。
    A. 低温＋高压　　　B. 高温＋高压　　　C. 低温＋低压　　　D. 高温＋低压

12. 与降尘室的生产能力无关的是 （　　）
    A. 降尘室的长　　　　　　　　　　　　B. 降尘室的宽
    C. 降尘室的高　　　　　　　　　　　　D. 颗粒的沉降速度

13. 氯化氢与乙炔加成生产氯乙烯，通入反应器的原料乙炔量是 1000kg/h，出反应器的产物组成含量为 300kg/h，已知按乙炔计算生成氯乙烯的选择性为 90%，则按乙炔计算氯乙烯的收率为 （　　）%。
    A. 30　　　　　　　B. 60　　　　　　　C. 90　　　　　　　D. 70

14. 若需从牛奶料液直接得到奶粉制品，选用（　　　）。

　　A. 沸腾床干燥器　　　B. 气流干燥器　　　C. 转筒干燥器　　　D. 喷雾干燥器

15. 置于空气中的铝片能与（　　　）反应。

　　A. 水　　　　　　　　B. 浓冷硝酸　　　　C. 浓冷硫酸　　　　D. NH_4Cl 溶液

16. 热导率的单位为（　　　）。

　　A. $W/(m \cdot ℃)$；　　B. $W/(m^2 \cdot ℃)$；　　C. $W/(kg \cdot ℃)$；　　D. $W/(s \cdot ℃)$

17. 延长原料在反应器内的停留时间，可使原料转化率（　　　）

　　A. 增大　　　　　　　B. 减小　　　　　　C. 先增大后减小　　D. 没有影响

18. 在稳定变温传热中，流体的流向选择（　　　）时，传热平均温差最大。

　　A. 并流　　　　　　　B. 逆流　　　　　　C. 错流　　　　　　D. 折流

19. 某吸收过程，已知气膜吸收系数 k_Y 为 $4×10^{-4} kmol/(m^2 \cdot s)$，液膜吸收系数 K_X 为 $8kmol/(m^2 \cdot s)$，由此可判断该过程（　　　）

　　A. 气膜控制　　　　　B. 液膜控制　　　　C. 判断依据不足　　D. 双膜控制

20. 难溶气体吸收是受（　　　）。

　　A. 气膜控制　　　　　B. 液膜控制　　　　C. 双膜控制　　　　D. 相界面

21. 熔化时只破坏色散力的是（　　　）

　　A. $NaCl$（s）　　　　B. 冰　　　　　　　C. 干冰　　　　　　D. SiO_2

22. 翅片管换热器的翅片应安装在（　　　）。

　　A. $α$ 小的一侧　　　B. $α$ 大的一侧　　C. 管内　　　　　　D. 管外

23. 我国工业交流电的频率为（　　　）

　　A. 50Hz　　　　　　B. 100Hz　　　　　C. 314rad/s　　　　D. 3.14rad/s

24. 精馏塔中自上而下（　　　）

　　A. 分为精馏段、加料板和提馏段三个部分

　　B. 温度依次降低

　　C. 易挥发组分浓度依次降低

　　D. 蒸汽质量依次减少

25. 为了提高合成氨反应中氢气的平衡转化率，其措施是（　　　）

　　A. 增压

　　B. 升温

　　C. 用催化剂

　　D. 不断增加氢气的转化率

26. 由气体和液体流量过大两种原因共同造成的是（　　　）现象。

　　A. 漏液　　　　　　　B. 液沫夹带　　　　C. 气沫夹带　　　　D. 液泛

27. 运行中的电机失火时，应采用（　　　）灭火。

　　A. 泡沫　　　　　　　B. 干粉　　　　　　C. 水　　　　　　　D. 喷雾水枪

28. 回流比的计算公式是（　　　）。

　　A. 回流量比塔顶采出量　　　　　　　　B. 回流量比塔顶采出量加进料量

　　C. 回流量比进料量　　　　　　　　　　D. 回流量加进料量比全塔采出量

29. 纯水中加入一些酸，则溶液中（　　　）

　　A. ［H^+］［OH^-］增加　　　　　　　　B. ［H^+］［OH^-］减小

　　C. ［H^+］［OH^-］不变　　　　　　　　D. ［OH^-］增加

30. 精馏操作中液体混合物应被加热到（　　　）时，可实现精馏的目的。

　　A. 泡点　　　　　　　B. 露点　　　　　　C. 泡点和露点间　　D. 高于露点

31. 化合物①乙醇 ②碳酸 ③水 ④苯酚的酸性由强到弱的顺序是（　　　）
    A. ①②③④　　　　B. ②③①④　　　　C. ④③②①　　　　D. ②④③①

32. 某精馏塔的馏出液量是 50kmol/h，回流比是 2，则精馏段的回流量是（　　　）kmol/h。
    A. 100　　　　　　B. 50　　　　　　　C. 25　　　　　　　D. 125

33. 在饱和的 AgCl 溶液中加入 NaCl，AgCl 的溶解度降低，这是因为（　　　）
    A. 盐效应　　　　　B. 同离子效应　　　C. 酸效应　　　　　D. 配位效应

34. 正常操作的二元精馏塔，塔内某截面上升气相组成 y_{n+1} 和下降液相组成 x_n 的关系是（　　　）。
    A. $y_{n+1} > x_n$　　B. $y_{n+1} < x_n$　　C. $y_{n+1} = x_n$　　D. 不能确定

35. 下列性质不属于催化剂三大特性的是（　　　）。
    A. 活性　　　　　　B. 选择性　　　　　C. 稳定性　　　　　D. 溶解性

36. 下列分离物质的方法中，根据微粒大小进行分离的是（　　　）
    A. 萃取　　　　　　B. 重结晶　　　　　C. 沉降　　　　　　D. 渗析

37. 下述说法错误的是（　　　）。
    A. 溶解度系数 H 值很大，为易溶气体　　　B. 亨利系数 E 值越大，为易溶气体
    C. 亨利系数 E 值越大，为难溶气体　　　　D. 平衡常数 m 值大，为难溶气体

38. 在列管式换热器中，易结晶的物质走（　　　）。
    A. 管程　　　　　　B. 壳程　　　　　　C. 均不行　　　　　D. 均可

39. 在吸收操作中，保持 L 不变，随着气体速度的增加，塔压的变化趋势（　　　）。
    A. 变大　　　　　　B. 变小　　　　　　C. 不变　　　　　　D. 不确定

40. 在只含有 Cl^- 和 Ag^+ 的溶液中能产生 AgCl 沉淀的条件是（　　　）
    A. 离子积＞溶度积　　　　　　　　　　　B. 离子积＜溶度积
    C. 离子积＝溶度积　　　　　　　　　　　D. 不能确定

41. 干燥进行的条件是被干燥物料表面所产生的水蒸气分压（　　　）干燥介质中水蒸气分压。
    A. 小于　　　　　　B. 等于　　　　　　C. 大于　　　　　　D. 不等于

42. mol/L 是（　　　）的计量单位。
    A. 浓度　　　　　　B. 压强　　　　　　C. 体积　　　　　　D. 功率

43. 将氯化钙与湿物料放在一起，使物料中水分除去，这是采用哪种去湿方法？（　　　）
    A. 机械去湿　　　　B. 吸附去湿　　　　C. 供热去湿　　　　D. 无法确定

44. 关于零件图和装配图，下列说法不正确的是（　　　）。
    A. 零件图表达零件的大小、形状及技术要求
    B. 装配图是表示装配及其组成部分的连接、装配关系的图样
    C. 零件图和装配图都用于指导零件的加工制造和检验
    D. 零件图和装配图都是生产上的重要技术资料

45. 在下列物质中，不属于常用化工生产基础原料的是（　　　）。
    A. 天然气　　　　　B. 空气　　　　　　C. 乙烯　　　　　　D. 金属矿

46. 对于 $CO + 2H_2 \longrightarrow CH_3OH$，正反应为放热反应。如何通过改变温度、压力来提高甲醇的产率？（　　　）。
    A. 升温、加压　　　B. 降温、降压　　　C. 升温、降压　　　D. 降温、加压

47. 在 HSE 管理体系中，（　　　）是管理手册的支持性文件，上接管理手册，是管理手册规定的具体展开。

A. 作业文件　　　　　　B. 作业指导书　　　　　C. 程序文件　　　　　D. 管理规定

48. 离心泵的安装高度有一定限制的原因主要是（　　　）。

A. 防止产生"气缚"现象　　　　　　　　B. 防止产生汽蚀

C. 受泵的扬程的限制　　　　　　　　　　D. 受泵的功率的限制

49. 有四种萃取剂，对溶质 A 和稀释剂 B 表现出下列特征，则最合适的萃取剂应选择（　　　）。

A. 同时大量溶解 A 和 B　　　　　　　　B. 对 A 和 B 的溶解都很小

C. 大量溶解 A 少量溶解 B　　　　　　　D. 大量溶解 B 少量溶解 A

50. 不属于防尘防毒技术措施的是（　　　）。

A. 改革工艺　　　　　B. 湿法除尘　　　　　C. 安全技术教育　　　D. 通风净化

51. 二次蒸汽为（　　　）。

A. 加热蒸汽　　　　　　　　　　　　　　B. 第二效所用的加热蒸汽

C. 第二效溶液中蒸发的蒸汽　　　　　　　D. 无论哪一效溶液中蒸发出来的蒸汽

52. 下列塔设备中，操作弹性最小的是（　　　）。

A. 筛板塔　　　　　　B. 浮阀塔　　　　　　C. 泡罩塔　　　　　　D. 舌板塔

53. 防尘防毒治理设施要与主体工程（　　　）、同时施工、同时投产。

A. 同时设计　　　　　B. 同时引进　　　　　C. 同时检修　　　　　D. 同时受益

54. 试比较离心泵下述三种流量调节方式能耗的大小：（1）阀门调节（节流法）（2）旁路调节（3）改变泵叶轮的转速或切削叶轮。（　　　）

A. （2）＞（1）＞（3）　　　　　　　　B. （1）＞（2）＞（3）

C. （2）＞（3）＞（1）　　　　　　　　D. （1）＞（3）＞（2）

55. 物质的用途与性质密切相关，下列说法不正确的是（　　　）。

A. 氮气常用作保护气，是由于氮气的化学性质不活泼

B. 洗涤剂常用来洗涤油污，是因为洗涤剂有乳化功能

C. 铁制栏杆表面常涂"银粉漆"（铝粉）防生锈，是由于铝的化学性质比铁稳定

D. C、CO、H_2 常用来冶炼金属，是因为它们都具有还原性

56. 化学混凝和沉淀法属于废水的（　　　）

A. 物理处理方法　　　　　　　　　　　　B. 化学处理方法

C. 生物处理方法　　　　　　　　　　　　D. 物理化学处理方法

57. 一般情况下，液体的黏度随温度升高而（　　　）。

A. 增大　　　　　　　B. 减小　　　　　　　C. 不变　　　　　　　D. 无法确定

58. 超临界水是常态水在湿度超过 374℃、压强超过 $2.21×10^7$ Pa 形成的气、液密度相等的一种特殊状态的物质。在密闭条件下，超临界水可以任意比溶解 O_2 等，通过氧化反应，在较短时间内以高于 90％ 的效率将废塑料断裂成油状液体，以下有关超临界水的说法错误的是（　　　）。

A. 常态水形成超临界水的过程是化学变化

B. 超临界水向固体内部的细孔中渗透能力极强

C. 利用超临界水技术治理"白色污染"具有广泛的应用前景

D. 超临界水处理废塑料的工艺对设备耐高压、耐高温和耐腐蚀的要求很高

59. 下列物质中氧元素的百分含量为 50％ 的是（　　　）。

A. CO_2　　　　　　　B. CO　　　　　　　C. SO_2　　　　　　　D. H_2O

60. 两组分液体混合物，其相对挥发度 α 越大，表示用普通蒸馏方法进行分离（　　　）。

    A. 较容易　　　　　　B. 较困难　　　　　　C. 很困难　　　　　　D. 不能够

61. 为了提高硫酸工业的综合经济效益，下列做法正确的是（　　）。①对硫酸工业生产中产生的废气、废渣和废液实行综合利用；②充分利用硫酸工业生产中的"废热"；③不把硫酸工厂建在人口稠密的居民区和环保要求高的地区。
    A. 只有①　　　　　　B. 只有②　　　　　　C. 只有③　　　　　　D. ①②③全正确

62. 达到化学平衡时，各反应物和生成物的平衡浓度（　　）。
    A. 改变　　　　　　B. 相等　　　　　　C. 不改变　　　　　　D. 不相等

63. 固定床反应器内流体的温差比流化床反应器（　　）
    A. 大　　　　　　B. 小　　　　　　C. 相等　　　　　　D. 不确定

64. 有外观相似的两种白色粉末，已知它们分别是无机物和有机物，可用下列（　　）的简便方法将它们鉴别出来。
    A. 分别溶于水，不溶于水的为有机物
    B. 分别溶于有机溶剂，易溶的是有机物
    C. 分别测熔点，熔点低的为有机物
    D. 分别灼烧，能燃烧或炭化变黑的为有机物

65. HAc 的化学分子式是（　　）。
    A. CH_3COOH　　　B. $HCOOH$　　　C. CH_3CH_2OH　　　D. CH_4

66. 减小垢层热阻的目的是（　　）。
    A. 提高传热面积　　　B. 减小传热面积　　　C. 提高传热系数　　　D. 增大温度差

67. 化工容器应优先选用的材料是（　　）。
    A. 碳钢　　　　　　B. 低合金钢　　　　　　C. 不锈钢　　　　　　D. 钛钢

68. 适宜的回流比取决于（　　）。
    A. 生产能力　　　　　　　　　　　B. 生产能力和操作费用
    C. 塔板数　　　　　　　　　　　　D. 操作费用和设备折旧费

69. 将 Mg、Al、Zn 分别放入相同溶质质量分数的盐酸中，反应完全后，放出的氢气质量相同，其可能原因是（　　）。
    A. 放入的三种金属质量相同，盐酸足量
    B. 放入的 Mg、Al、Zn 的质量比为 12：18：32.5，盐酸足量
    C. 盐酸质量相同，放入足量的三种金属
    D. 放入盐酸的质量比为 3：2：1，反应后无盐酸剩余

70. 随着季节的变化，设备所加润滑油（　　）改变。
    A. 不需要　　　　　　B. 不一定　　　　　　C. 无规定　　　　　　D. 需要

71. 根据牛顿冷却定律 $Q=\alpha A\Delta t$，式中 Δt 是（　　）。
    A. 间壁两侧的温度差　　　　　　　B. 两流体的温度差
    C. 两流体的平均温度差　　　　　　D. 流体主体与壁面之间的温度差

72. 下列物质中燃烧热不为零的是（　　）。
    A. $N_2(g)$　　　　B. $H_2O(g)$　　　　C. $SO_2(g)$　　　　D. $CO_2(g)$

73. 丝堵的作用是（　　）。
    A. 减压　　　　　　B. 倒空　　　　　　C. 清理　　　　　　D. 截流

74. 化工污染物都是在生产过程中产生的，其主要来源（　　）。
    A. 化学反应副产品，化学反应不完全

B. 燃烧废气，产品和中间产品

C. 化学反应副产品，燃烧废气产品和中间产品

D. 化学反应不完全的副产品，燃烧的废气，产品和中间产品

75. 工业上常用硫碱代替烧碱使用的原因是（　　）。

  A. 含有相同的 Na^+　 B. 它们都是碱

  C. 含有还原性的 S^{2-}　 D. S^{2-} 水解呈强碱性

76. 当截止阀阀心脱落时，流体（　　）。

  A. 流量不变　 B. 流量减少　 C. 不能通过　 D. 流量加大

77. 当苯和甲苯以相同的质量混合成理想溶液，则苯的质量分率是 0.4，摩尔分率是（　　）。

  A. 0.5　 B. 0.54　 C. 0.45　 D. 0.6

78. 影响弱酸盐沉淀溶解度的主要因素是（　　）。

  A. 水解效应　 B. 同离子效应　 C. 酸效应　 D. 盐效应

79. 水以 2m/s 的流速在 ϕ35mm×2.5mm 钢管中流动，水的粘度为 $1×10^{-3}$ Pa·s，密度为 1000kg/m³，其流动类型为（　　）。

  A. 层流　 B. 湍流　 C. 过渡区　 D. 无法确定。

80. 用精馏方法分离 A、B 组分的理想溶液，若 $P_B^\ominus > P_A^\ominus$，则一定是（　　）。

  A. $Y_A > X_A$　 B. $Y_B > X_B$　 C. $Y_A > X_B$　 D. $Y_B < X_A$

81. 按酸碱质子理论，Na_2HPO_4 是（　　）。

  A. 中性物质　 B. 酸性物质　 C. 碱性物质　 D. 两性物质

82. 层流与湍流的本质区别是（　　）。

  A. 层流无径向脉动，湍流有径向脉动　 B. 湍流 Re >层流 Re

  C. 湍流流速大于层流流速　 D. 速度分布不同

83. 流体在内径为 2cm 的圆管内流动，其流速为 1m/s，若流体的黏度为 0.9mPa·s，相对密度为 0.9，则它的 Re 值为（　　）。

  A. 20　 B. 200　 C. 2000　 D. 20000

84. 在一定条件下，CO 和 CH_4 燃烧的热化学方程式分别为：2CO(气)＋O_2(气)═══2CO_2(气)＋566kJ CH_4(气)＋2O_2(气)═══CO_2(气)＋2H_2O(液)＋890kJ，由 1mol CO 和 3mol CH_4 组成的混合气在上述条件下完全燃烧时，释放的热量为（　　）kJ。

  A. 2912　 B. 2953　 C. 3236　 D. 3867

85. 符合化工管路的布置原则的是（　　）。

  A. 各种管线成列平行，尽量走直线

  B. 平行管路垂直排列时，冷的在上，热的在下

  C. 并列管路上的管件和阀门应集中安装

  D. 一般采用暗线安装

86. 水在内径一定的圆管中稳定流动，若水的质量流量保持恒定，当水温升高时，Re 值将（　　）。

  A. 变大　 B. 变小　 C. 不变　 D. 不确定

87. 下列关于胶体的叙述不正确的是（　　）。

  A. 布朗运动是胶体微粒特有的运动方式，可据此把胶体和溶液、悬浊液区别开来

B. 光线透过胶体时，胶体发生丁达尔现象

C. 用渗析的方法净化胶体时，使用的半透膜只能让较小的分子、离子通过

D. 胶体微粒具有较大的表面积，能吸附阳离子或阴离子，故在电场作用下会产生电泳现象

88. 对于三层圆筒壁的稳定热传导而言，若 Q_1，Q_2，Q_3 为从内向外各层的导热量，则它们之间的关系为（　　）。

A. $Q_1 > Q_2 > Q_3$　　　　B. $Q_3 > Q_1 > Q_2$　　　　C. $Q_1 = Q_2 = Q_3$　　　　D. 无法比较

89. 在精馏操作中，若进料组成、馏出液组成与釜液组成均不变，在气液混合进料中，液相分率（q）增加，则最小回流比 $R_{\min}$（　　）

A. 增大　　　　　　　　B. 减小　　　　　　　　C. 不变　　　　　　　　D. 无法判断

90. 精馏塔（　　）进料时，$0 < q < 1$。

A. 冷液体　　　　　　B. 饱和液体　　　　　C. 气、液混合物　　　　D. 饱和蒸汽

91. 吸收塔尾气超标，可能引起的原因是（　　）。

A. 塔压增大　　　　　　　　　　　　B. 吸收剂降温

C. 吸收剂用量增大　　　　　　　　　D. 吸收剂纯度下降

92. 下列分离或提纯物质的方法错误的是（　　）。

A. 用渗析的方法精制氢氧化铁胶体

B. 用加热的方法提纯含有少量碳酸氢钠的碳酸钠

C. 用溶解、过滤的方法提纯含有少量硫酸钡的碳酸钡

D. 用盐析的方法分离、提纯蛋白质

93. 化工生产中，精馏塔的最适宜回流比是最小回流比的（　　）倍。

A. 1.5~2.5　　　　B. 1.1~2　　　　　C. 2~2.5　　　　D. 1.5~2.5

94. 精馏塔温度控制最为关键的是（　　）。

A. 塔顶温度　　　　B. 塔底温度　　　　C. 灵敏板温度　　　　D. 进料温度

95. 电极电位对判断氧化还原反应的性质很有用，但它不能判断（　　）。

A. 氧化还原反应的完全程度　　　　B. 氧化还原反应速率

C. 氧化还原反应的方向　　　　　　D. 氧化还原能力的大小

96. 下列物质适合做保温材料的是（　　）。

A. $\lambda = 204\,W/(m \cdot K)$　　　　　　　B. $\lambda = 46.5\,W/(m \cdot K)$

C. $\lambda = 0.15\,W/(m \cdot K)$　　　　　　D. $\lambda = 10\,W/(m \cdot K)$

97. 精馏塔操作时，回流比与理论塔板数的关系是（　　）。

A. 回流比增大时，理论塔板数也增多

B. 回流比增大时，理论塔板数减少

C. 全回流时，理论塔板数最多，但此时无产品

D. 回流比为最小回流比时，理论塔板数最小

98. 在一定条件下，能发生双烯合成反应的物质是（　　）。

A. 炔烃　　　　　　B. 累积二烯烃　　　　C. 共轭二烯烃　　　　D. 孤立二烯烃

99. 操作中的精馏塔，若选用的回流比小于最小回流比，则（　　）。

A. 不能操作　　　　　　　　　　　B. x_D、x_W 均增加

C. x_D、x_W 均不变　　　　　　　D. x_D 减少，x_W 增加

100. 适宜的回流比取决于最小回流比的（　　）倍。

A. 1.0~2.0　　　　B. 0.5~2.5　　　　C. 1.2~2.5　　　　D. 1.1~2

101. 扎依采夫规律适用于（　　）。

A. 烯烃加 HBr 的反应　　　　　　　　B. 卤代烃的取代反应

C. 醇或卤代烃的消除反应　　　　　　　D. 芳香烃的取代反应

102. 精馏塔的下列操作中先后顺序正确的是（　　）。

A. 先通加热蒸汽再通冷凝水　　　　　　B. 先全回流再调节回流比

C. 先停再沸器再停进料　　　　　　　　D. 先停冷却水再停产品产出

103. 苯环上的取代反应的第一个步骤为（　　）。

A. 负离子夺取苯环上的氢离子并生成取代产物

B. 正碳离子失去氢离子并发生分子重排生成取代产物

C. 苯环上的氢离子自行离去生成取代产物

D. 苯环上的氢离子转移至取代基上生成取代产物

104. 精馏的操作线为直线，主要是因为（　　）。

A. 理论板假设　　B. 理想物系　　　　C. 塔顶泡点回流　　D. 恒摩尔流假设

105. 磺化能力最强的是（　　）。

A. 三氧化硫　　　B. 氯磺酸　　　　　C. 硫酸　　　　　　D. 二氧化硫

106. 水蒸气蒸馏时，混合物的沸点（　　）。

A. 比低沸点物质沸点高　　　　　　　　B. 比高沸点物质沸点高

C. 比水沸点低　　　　　　　　　　　　D. 比水沸点高

107. 卤烷烷化能力最强的是（　　）。

A. RF　　　　　　B. RBr　　　　　　C. RCl　　　　　　D. RI

108. 关于 q 线叙述错误的是（　　）。

A. 是两操作线交点的轨迹　　　　　　　B. 其斜率仅与进料状况有关

C. 与对角线的交点仅有进料组成决定　　D. 能影响两操作线的斜率

109. 下列酰化剂在进行酰化反应时，活性最强的是（　　）。

A. 羧酸　　　　　B. 酰氯　　　　　　C. 酸酐　　　　　　D. 酯

110. 间歇操作中，能产生预定粒度晶体的操作方法是（　　）

A. 不加晶种迅速冷却　　　　　　　　　B. 不加晶种缓慢冷却

C. 加有晶种迅速冷却　　　　　　　　　D. 加有晶种缓慢冷却

111. 下列对于脱氢反应的描述不正确的（　　）。

A. 脱氢反应一般应在较低的温度下进行

B. 脱氢催化剂与加氢催化剂相同

C. 环状化合物不饱和度越高，脱氢芳构化反应越容易进行

D. 可用硫、硒等非金属作脱氢催化剂

112. 干燥操作中，在（　　）干燥器中干燥固体物料时，物料不被粉碎。

A. 厢式　　　　　B. 转筒　　　　　　C. 气流　　　　　　D. 沸腾床

113. 某化合物溶解性试验呈碱性，且溶于 5% 的稀盐酸，与亚硝酸作用时有黄色油状物生成，该化合物为（　　）。

A. 乙胺　　　　　B. 脂肪族伯胺　　　C. 脂肪族仲胺　　　D. 脂肪族叔胺

114. 从石油分馏得到的固体石蜡，用氯气漂白后，燃烧时会产生含氯元素的气体，这是由于石蜡在漂白时与氯气发生过（　　）。

A. 加成反应　　　　　 B. 取代反应　　　　　 C. 聚合反应　　　　　 D. 催化裂化反应

115. 逆流填料塔的泛点气速与液体喷淋量的关系是（　　　）。
　　 A. 喷淋量减小泛点气速减小　　　　　 B. 无关
　　 C. 喷淋量减小泛点气速增大　　　　　 D. 喷淋量增大泛点气速增大

116. "绿色化学"能实现零排放（即反应物中的原子利用率达到100%）。CO 和 H_2 在一定条件下按照不同的比例可以合成不同的有机化工原料。根据零排放的要求，以 CO 和 H_2 合成的有机物不可能是（　　　）。
　　 A. 甲醇（CH_4O）　　　　　 B. 乙醇（C_2H_6O）
　　 C. 甲醛（CH_2O）　　　　　 D. 乙酸（$C_2H_4O_2$）

117. 萃取操作温度升高时，两相区（　　　）。
　　 A. 减小　　　　　 B. 不变　　　　　 C. 增加　　　　　 D. 不能确定

118. 丁苯橡胶具有良好的耐磨性和抗老化性，主要用于制造轮胎，是目前产量最大的合成橡胶，它是1,3-丁二烯与（　　　）发生聚合反应得到的。
　　 A. 苯　　　　　 B. 苯乙烯　　　　　 C. 苯乙炔　　　　　 D. 甲苯

119. 研究萃取最简单的相图是（　　　）。
　　 A. 二元相图　　　　　 B. 三元相图　　　　　 C. 四元相图　　　　　 D. 一元相图

120. 凡是一种过程发生之后，要使体系回到原来状态，环境必须付出一定的功才能办到，该过程为（　　　）。
　　 A. 可逆过程　　　　　 B. 不可逆过程　　　　　 C. 恒压过程　　　　　 D. 恒温过程

121. 范德瓦尔斯方程对理想气体方程做了（　　　）两项修正。
　　 A. 分子间有作用力，分子本身有体积
　　 B. 温度修正，压力修正
　　 C. 分子不是球形，分子间碰撞有规律可循
　　 D. 分子间有作用力，温度修正

122. 流体所具有的机械能不包括（　　　）
　　 A. 位能　　　　　 B. 动能　　　　　 C. 静压能　　　　　 D. 内能

123. U 形管液柱压力计两管的液柱差稳定时，在管中任意一个截面上左右两端所受压力（　　　）。
　　 A. 相等　　　　　 B. 不相等　　　　　 C. 有变化　　　　　 D. 无法确定

124. 精馏塔釜压升高将导致塔釜温度（　　　）。
　　 A. 不变　　　　　 B. 下降　　　　　 C. 升高　　　　　 D. 无法确定

125. 精馏塔内上升蒸汽不足时将发生的不正常现象是（　　　）。
　　 A. 液泛　　　　　 B. 泄漏　　　　　 C. 雾沫挟带　　　　　 D. 干板

126. 在乡村常用明矾溶于水，其目的是（　　　）。
　　 A. 利用明矾使杂质漂浮而得到纯水　　　　　 B. 利用明矾吸附后沉降来净化水
　　 C. 利用明矾与杂质反应而得到纯水　　　　　 D. 利用明矾杀菌消毒来净化水

127. 苯乙烯现场最大允许浓度为（　　　）。
　　 A. 40mg/m³ 空气　　　　　 B. 50mg/m³ 空气
　　 C. 60mg/m³ 空气　　　　　 D. 70mg/m³ 空气

128. 牛顿黏性定律适用于牛顿型流体，且流体应呈（　　　）。
　　 A. 过渡型流动　　　　　 B. 湍流流动　　　　　 C. 层流流动　　　　　 D. 静止状态

129. 冷、热流体在换热器中进行无相变逆流传热，换热器用久后形成污垢层，在同样的操作条件下，与无垢层相比，结垢后的换热器的 K （　　　）。
    A. 变大　　　　　　B. 变小　　　　　　C. 不变　　　　　　D. 不确定

130. 流化床干燥器发生尾气含尘量大的原因是（　　　）。
    A. 风量大　　　　　　　　　　　　B. 物料层高度不够
    C. 热风温度低　　　　　　　　　　D. 风量分布分配不均匀

131. 已知精馏段操作线方程为：$y=0.75x+0.24$，则该塔顶产品浓度 x 为（　　　）。
    A. 0.9　　　　　　B. 0.96　　　　　　C. 0.98　　　　　　D. 0.92

132. 当压送的流体在管道内流动时，任一截面处的流速与（　　）成反比。
    A. 流量　　　　　　B. 压力　　　　　　C. 管径　　　　　　D. 截面积

133. 湿空气在预热过程中不变化的参数是（　　　）。
    A. 焓　　　　　　B. 相对湿度　　　　　　C. 湿球温度　　　　　　D. 露点

134. 除去混在 Na_2CO_3 粉末中的少量 $NaHCO_3$ 最合理的方法是（　　　）。
    A. 加热　　　　　　B. 加 NaOH 溶液　　　　　　C. 加盐酸　　　　　　D. 加 $CaCl_2$ 溶液

135. 若仅仅加大精馏塔的回流量，会引起以下的结果是（　　　）。
    A. 塔顶产品中易挥发组分浓度提高　　　　B. 塔底产品中易挥发组分浓度提高
    C. 提高塔顶产品的产量　　　　　　　　　D. 无法确定

136. 芳烃 C_9H_{10} 的同分异构体有（　　　）。
    A. 3 种　　　　　　B. 6 种　　　　　　C. 7 种　　　　　　D. 8 种

137. 吸收过程产生的液泛现象的主要原因是（　　　）。
    A. 液体流速过大　　B. 液体加入量不当　　C. 气体速度过大　　D. 温度控制不当

138. 萃取剂 S 与稀释剂 B 的互溶度越（　　），分层区面积越（　　），可能得到的萃取液的最高浓度 y_{max} 较高。（　　）
    A. 大、大　　　　　　B. 小、大　　　　　　C. 小、小　　　　　　D. 大、小

139. 在吸收操作中，吸收塔某一截面上的总推动力（以液相组成差表示）为（　　　）。
    A. X^*-X　　　　B. $X-X^*$　　　　C. X_i-X　　　　D. $X-X_i$

140. 氮分子的结构很稳定的原因是（　　　）
    A. 氮原子是双原子分子
    B. 氮是分子晶
    C. 在常温常压下，氮分子是气体
    D. 氮分子中有个三键，其键能大于一般的双原子分子

141. 根据傅立叶定律 $Q=\dfrac{\lambda}{\delta}A\Delta t$，式中 Δt 是（　　　）。

    A. 两流体的温度差　　　　　　　　B. 两流体的平均温度差
    C. 壁面两侧的温度差　　　　　　　D. 流体主体与壁面之间的温度差

142. 氧和臭氧的关系是（　　　）。
    A. 同位素　　　　　　B. 同素异形体　　　　　　C. 同分异构体　　　　　　D. 同一物质

143. 减小垢层热阻的目的是（　　　）。
    A. 提高传热面积　　B. 减小传热面积　　C. 提高传热系数　　D. 增大温度差

144. 用于泄压起保护作用的阀门是（　　　）。
    A. 截止阀　　　　　　B. 减压阀　　　　　　C. 安全阀　　　　　　D. 止逆阀

145. 对于纯物质来说，在一定压力下，它的泡点温度和露点温度的关系是（　　）。
    A. 相同
    B. 泡点温度大于露点温度
    C. 泡点温度小于露点温度
    D. 无关系

146. 浓硫酸贮罐的材质应选择（　　）。
    A. 不锈钢　　　　　B. 碳钢　　　　　C. 塑料材质　　　　　D. 铅质材料

147. 催化剂中毒有（　　）两种情况。
    A. 短期性和长期性
    B. 短期性和暂时性
    C. 暂时性和永久性
    D. 暂时性和长期性

148. 热电偶是测量（　　）参数的元件。
    A. 液位　　　　　B. 流量　　　　　C. 压力　　　　　D. 温度

149. 加氢反应催化剂的活性组分是（　　）。
    A. 单质金属　　　　　B. 金属氧化物　　　　　C. 金属硫化物　　　　　D. 都不是

150. 不能有效地控制噪声危害的是（　　）。
    A. 隔振技术　　　　　B. 吸声技术　　　　　C. 带耳塞　　　　　D. 加固设备

151. 间歇式反应器出料组成与反应器内物料的最终组成（　　）。
    A. 不相同　　　　　B. 可能相同　　　　　C. 相同　　　　　D. 可能不相同

152. 当设备内因误操作或装置故障而引起（　　）时，安全阀才会自动跳开。
    A. 大气压　　　　　B. 常压　　　　　C. 超压　　　　　D. 负压

153. 离心泵的工作性能曲线指的是（　　）。
    A. Q-H　　　　　B. Q-N　　　　　C. Q-η　　　　　D. 前面三种都是

154. 金属钠、钾失火时，需用的灭火剂是（　　）。
    A. 水
    B. 砂
    C. 泡沫灭火器、
    D. 液态二氧化碳灭火剂

155. 吸收塔中进行吸收操作时，应（　　）。
    A. 先通入气体后进入喷淋液体
    B. 先进入喷淋液体后通入气体
    C. 先进气体或液体都可以
    D. 增大喷淋量总是有利于吸收操作的

156. 水在内径一定的圆管中稳定流动，若水的质量流量保持恒定，当水温升高时，Re值将（　　）。
    A. 变大　　　　　B. 变小　　　　　C. 不变　　　　　D. 不确定

157. 当固定床反应器操作过程中发生超压现象，需要紧急处理时，应按以下哪种方式操作（　　）。
    A. 打开入口放空阀放空
    B. 打开出口放空阀放空
    C. 降低反应温度
    D. 通入惰性气体

158. 20℃时与2.5％ SO_2 水溶液成平衡时气相中 SO_2 的分压为（　　）Pa（已知 $E=0.245×10^7$ Pa）。
    A. $1.013×10^5$　　　　B. 1.65　　　　C. 16.54　　　　D. 101.3

159. 催化剂的主要评价指标是（　　）
    A. 活性、选择性、状态、价格
    B. 活性、选择性、寿命、稳定性
    C. 活性、选择性、环保性、密度
    D. 活性、选择性、环保性、表面光洁度

160. 选择吸收剂时不需要考虑的是（　　）。
　　A. 对溶质的溶解度
　　B. 对溶质的选择性
　　C. 操作条件下的挥发度
　　D. 操作温度下的密度

161. 单位体积的流体所具有的质量称为（　　）。
　　A. 比容
　　B. 密度
　　C. 压强
　　D. 相对密度

162. 在填料吸收塔中，为了保证吸收剂液体的均匀分布，塔顶需设置（　　）。
　　A. 液体喷淋装置
　　B. 再分布器
　　C. 冷凝器
　　D. 塔釜

163. 在非金属液体中，（　　）的导热系数最高。
　　A. 水
　　B. 乙醇
　　C. 甘油
　　D. 甲醇

164. 为减少圆形管导热损失，采用三种保温材料 A、B、C 进行包覆，若三层保温材料厚度相同，热导率分别为 $\lambda_A > \lambda_B > \lambda_C$，则包覆的顺序从内到外依次为（　　）。
　　A. A、B、C
　　B. A、C、B
　　C. C、A、B
　　D. C、B、A

165. 工业上使用（　　）来吸收三氧化硫制备硫酸。
　　A. 水
　　B. 稀硫酸
　　C. 98%左右的硫酸
　　D. 90%的硫酸

166. 离心机在运行中，以下不正确的说法是（　　）。
　　A. 要经常检查筛篮内滤饼厚度和含水分程度以便随时调节
　　B. 加料时应该同时打开进料阀门和洗水阀门
　　C. 严禁超负荷运行和带重大缺陷运行
　　D. 发生断电、强烈振动和较大的撞击声，应紧急停车

167. 作为化工生产操作人员应该（　　）。
　　A. 按照师傅教的操作
　　B. 严格按照"操作规程"操作
　　C. 按照自己的理解操作
　　D. 随机应变操作

168. 反应 2A(g)===2B(g)+E(g)（正反应为吸热反应）达到平衡时，要使正反应速率降低，A 的浓度增大，应采取的措施是（　　）。
　　A. 加压
　　B. 减压
　　C. 减小 E 的浓度
　　D. 降温

169. 有两种关于黏性的说法（　　）。
　　(1) 无论是静止的流体还是运动的流体都具有黏性。
　　(2) 黏性只有在流体运动时才会表现出来。
　　A. 这两种说法都对
　　B. 第一种说法对，第二种说法不对
　　C. 这两种说法都不对
　　D. 第二种说法对，第一种说法不对

170. 压力表应每（　　）年校验一次。
　　A. 2
　　B. 1
　　C. 0.5
　　D. 3

171. 在一定空气状态下，用对流干燥方法干燥湿物料时，能除去的水分为（　　）。
　　A. 结合水分
　　B. 非结合水分
　　C. 平衡水分
　　D. 自由水分

172. 氯气泄漏后，处理空气中氯的最好方法是向空气中（　　）。
　　A. 喷洒水
　　B. 喷洒石灰水
　　C. 喷洒 NaI 溶液
　　D. 喷洒 NaOH 溶液

173. 釜式反应器的换热方式有夹套式、蛇管式、回流冷凝式和（　　）。
　　A. 列管式
　　B. 间壁式
　　C. 外循环式
　　D. 直接式

174. 化工过程一般不包含（　　）。
　　A. 原料准备过程
　　B. 原料预处理过程

C. 反应过程　　　　　　　　　　　　D. 反应产物后处理过程

175. 装在某设备进口处的真空表读数为 $-50kPa$，出口压力表的读数为 $100kPa$，此设备进出口之间的绝对压强差为（　　　）kPa。

　　A. 150　　　　　　　B. 50　　　　　　　C. 75　　　　　　　D. 25

176. 合成氨生产的特点是（　　　）、易燃易爆、有毒有害。

　　A. 高温高压　　　　B. 大规模　　　　　C. 生产连续　　　　D. 高成本低回报

177. 下列各组液体混合物能用分液漏斗分开的是（　　　）。

　　A. 乙醇和水　　　　B. 四氯化碳和水　　C. 乙醇和苯　　　　D. 四氯化碳和苯

178. 各种型号的离心泵特性曲线（　　　）。

　　A. 完全相同　　　　　　　　　　　　　　B. 完全不相同

　　C. 有的相同，有的不同　　　　　　　　　D. 图形基本相似

179. 进行萃取操作时，应使（　　　）。

　　A. 分配系数大于1　　　　　　　　　　　B. 分配系数小于1

　　C. 选择性系数大于1　　　　　　　　　　D. 选择性系数小于1

180. 离心泵的效率 η 和流量 Q 的关系为（　　　）。

　　A. Q 增大，η 增大　　　　　　　　　B. Q 增大，η 先增大后减小

　　C. Q 增大，η 减小　　　　　　　　　D. Q 增大，η 先减小后增大

181. 下列哪种方法不能制备氢气（　　　）。

　　A. 电解食盐水溶液　　B. Zn 与稀硫酸　　C. Zn 与盐酸　　　　D. Zn 与稀硝酸

182. 在一水平变径管路中，在小管截面 A 和大管截面 B 连接一 U 形压差计，当流体流过该管时，压差计读数 R 值反映（　　　）。

　　A. A、B 两截面间的压强差　　　　　　　B. A、B 两截面间的流动阻力

　　C. A、B 两截面间动压头变化　　　　　　D. 突然扩大或缩小的局部阻力

183. 流体作稳定流动时（　　　）。

　　A. 任一截面处的流速相等　　　　　　　　B. 任一截面处的流量相等

　　C. 同一截面的密度随时间变化　　　　　　D. 质量流量不随位置和时间的变化

184. 流体在直管内作湍流流动时，若管径和长度都不变，且认为 λ 不变，若流速为原来的 2 倍，则阻力为原来的（　　　）倍。

　　A. 1/4　　　　　　　B. 1/2　　　　　　　C. 2　　　　　　　　D. 4

185. 金属钠应保存在（　　　）。

　　A. 酒精中　　　　　　B. 液氨中　　　　　C. 煤油中　　　　　D. 空气中

186. 小管路除外，对常拆的管路一般采用（　　　）。

　　A. 螺纹连接　　　　　B. 法兰连接　　　　C. 承插式连接　　　D. 焊接

187. 下列说法正确的是（　　　）。

　　A. 在离心泵的吸入管末端安装单向底阀是为了防止"气蚀"

　　B. "气蚀"与"气缚"的现象相同，发生原因不同

　　C. 调节离心泵的流量可用改变出口阀门或入口阀门开度的方法来进行

　　D. 允许安装高度可能比吸入液面低

188. 下列各组物质沸点高低顺序中正确的是（　　　）。

　　A. $HI > HBr > HCl > HF$　　　　　　　B. $H_2Te > H_2Se > H_2S > H_2O$

　　C. $NH_3 > AsH_3 > PH_3$　　　　　　　　D. $CH_4 > GeH_4 > SiH_4$

189. 描述颗粒特性的参数不包括（　　）。
    A. 形状　　　　　　B. 大小　　　　　　C. 密度　　　　　　D. 表面积

190. 公称直径为 125mm，工作压力为 0.8MPa 的工业管道应选用（　　）。
    A. 普通水煤气管道　B. 无缝钢管　　　　C. 不锈钢管　　　　D. 塑料管

191. 化工容器应优先选用的材料是（　　）。
    A. 碳钢　　　　　　B. 低合金钢　　　　C. 不锈钢　　　　　D. 钛钢

192. 氨制冷系统用的阀门不宜采用（　　）。
    A. 铜制　　　　　　B. 钢制　　　　　　C. 塑料　　　　　　D. 铸铁

193. 旋风分离器的临界粒径随（　　）的增大而增大。
    A. 进口宽度　　　　B. 气体黏度　　　　C. 气体密度　　　　D. 气速

194. 化工工艺流程图中的设备用（　　）线画出，主要物料的流程线用（　　）实线表示。
    A. 细，粗　　　　　B. 细，细　　　　　C. 粗，细　　　　　D. 粗，细

195. 在干燥的第二阶段，对干燥速率有决定性影响的是（　　）。
    A. 物料的性质和形状　　　　　　　　B. 物料的含水量
    C. 干燥介质的流速　　　　　　　　　D. 干燥介质的流向

196. 碳钢和铸铁都是铁和碳的合金，它们的主要区别是含（　　）量不同。
    A. 硫　　　　　　　B. 碳　　　　　　　C. 铁　　　　　　　D. 磷

197. 维持萃取塔正常操作要注意的事项不包括（　　）。
    A. 两相界面高度要维持稳定　　　　　B. 防止液泛
    C. 减少返混　　　　　　　　　　　　D. 液面落差

198. 化工工艺图包括工艺流程图、设备布置图和（　　）。
    A. 物料流程图　　　B. 管路立面图　　　C. 管路平面图　　　D. 管路布置图

199. 不需通过物系温度变化就能结晶的是（　　）结晶。
    A. 蒸发　　　　　　B. 盐析　　　　　　C. 升华　　　　　　D. 熔融

200. 法兰或螺纹连接的阀门应在（　　）状态下安装。
    A. 开启　　　　　　B. 关闭　　　　　　C. 半开启　　　　　D. 均可

201. 为了减少室外设备的热损失，保温层外包的一层金属皮应该是（　　）。
    A. 表面光滑，色泽较浅　　　　　　　B. 表面粗糙，色泽较深
    C. 表面粗糙，色泽较浅　　　　　　　D. 表面光滑，色泽较深

202. 管道工程中，（　　）的闸阀，可以不单独进行强度和严密性试验。
    A. 公称压力小于 1MPa，且公称直径小于或等于 600mm
    B. 公称压力小于 1MPa，且公称直径大于或等于 600mm
    C. 公称压力大于 1MPa，且公称直径小于或等于 600mm
    D. 公称压力大于 1MPa，且公称直径大于或等于 600mm

203. 适用于壳程流体清洁且不结垢，两流体温差不大或温差较大但壳程压力不高场合的是（　　）换热器。
    A. 固定管板式　　　B. 浮头式　　　　　C. U 形管式　　　　D. 填料函式

204. 一般情况下，压力和流量对象选（　　）控制规律。
    A. D　　　　　　　　B. PI　　　　　　　C. PD　　　　　　　D. PID

205. 在常压下苯的沸点为 80.1℃，环乙烷的沸点为 80.73℃，欲使该两组分混合物得

到分离，则宜采用（　　）。

　　A. 恒沸精馏　　　　　B. 普通精馏　　　　　C. 萃取精馏　　　　　D. 水蒸气蒸馏

206. 热电偶温度计与电阻式温度计相比可测（　　）温度。

　　A. 较高　　　　　　　B. 较低　　　　　　　C. 相同　　　　　　　D. 都行

207. 正弦交流电的三要素是（　　）。

　　A. 电压、电流、频率　　　　　　　　　　　B. 周期、频率、角频率

　　C. 最大值、初相角、角频率　　　　　　　　D. 瞬时值、最大值、有效值

208. 电子电位差计是（　　）显示仪表。

　　A. 模拟式　　　　　　B. 数字式　　　　　　C. 图形　　　　　　　D. 无法确定

209. 在 y-x 图中，平衡曲线离对角线越远，该溶液越是（　　）。

　　A. 难分离　　　　　　　　　　　　　　　　B. 易分离

　　C. 无法确定分离难易　　　　　　　　　　　D. 与分离难易无关

210. 不适合废水的治理方法是（　　）。

　　A. 过滤法　　　　　　B. 生物处理法　　　　C. 固化法　　　　　　D. 萃取法

211. 精馏段操作线方程表示的是（　　）之间的关系。

　　A. y_i 与 x_i　　　　B. y_{i+1} 与 x_i　　　C. y_i 与 x_{i+1}　　　D. y_{i+1} 与 x_{i-1}

212. 下列气体中（　　）是惰性气体，可用来控制和消除燃烧爆炸条件的形成。

　　A. 空气　　　　　　　B. 一氧化碳　　　　　C. 氧气　　　　　　　D. 水蒸气

213. 精馏分离二元理想混合物，已知回流比 $R=3$，相对挥发度 $\alpha=2.5$，塔顶组成 $x_D=$ 0.96，测得自上而下数第四层板的液相组成为 0.4，则第三层板的液相组成为 0.45，则第四层板的单板效率为（　　）。（精馏段）。

　　A. 107.5%　　　　　　B. 44.1%　　　　　　C. 32.68%　　　　　　D. 62.5%

214. 触电急救的基本原则是（　　）。

　　A. 心脏复苏法救治　　　　　　　　　　　　B. 动作迅速、操作准确

　　C. 迅速、就地、准确、坚持　　　　　　　　D. 对症救护

215. 某吸收过程，已知气膜吸收系数 k_Y 为 2kmol/(m²·h)，液膜吸收系数 k_X 为 4kmol/(m²·h)，由此可判断该过程为（　　）。

　　A. 气膜控制　　　　　B. 液膜控制　　　　　C. 双膜控制　　　　　D. 不能确定

216. 化工生产中的主要污染物是"三废"，下列那个有害物质不属于"三废"。（　　）

　　A. 废水　　　　　　　B. 废气　　　　　　　C. 废渣　　　　　　　D. 有毒物质

217. 下列哪一种物质为生产合成橡胶的主要单体（　　）。

　　A. 甲醇　　　　　　　B. 乙烯　　　　　　　C. 丙酮　　　　　　　D. 丁二烯

218. 一般情况下，安全帽能抗（　　）kg 铁锤自 1m 高度落下的冲击。

　　A. 2　　　　　　　　　B. 3　　　　　　　　　C. 4　　　　　　　　　D. 5

219. 下列说法错误的是（　　）。

　　A. 黏性是流体阻力产生的根本原因　　　　　B. 静止的流体没有黏性

　　C. 静止的流体没有阻力　　　　　　　　　　D. 流体的流动型态与黏度有关

220. 安全电压为（　　）。

　　A. 小于 12V　　　　　B. 小于 36V　　　　　C. 小于 220V　　　　　D. 360V

221. 能改善液体壁流现象的装置是（　　）。

　　A. 填料支承　　　　　B. 液体分布　　　　　C. 液体再分布　　　　　D. 除沫

222. 使用固体催化剂时一定要防止其中毒，若中毒后其活性可以重新恢复的中毒是（   ）。
    A. 永久中毒   B. 暂时中毒   C. 碳沉积   D. 钝化

223. 对于木材干燥，应采用（   ）。
    A. 干空气有利于干燥   B. 湿空气有利于干燥
    C. 高温空气干燥   D. 明火烤

224. 工业上甲醇氧化生产甲醛所用的反应器为（   ）。
    A. 绝热式固定床反应器   B. 流化床反应器
    C. 具换热式固定床反应器   D. 釜式反应器

225. 吸收时，气体进气管管端向下切成45°倾斜角，其目的是为了防止（   ）。
    A. 气体被液体夹带出塔   B. 塔内向下流动液体进入管内
    C. 气液传质不充分   D. 液泛

226. 对于非均相液液分散过程，要求被分散的"微团"越小越好，釜式反应器应优先选择（   ）搅拌器。
    A. 桨式   B. 螺旋桨式   C. 涡轮式   D. 锚式

227. 一个反应过程在工业生产中采用什么反应器并无严格规定，但首先以满足（   ）为主。
    A. 工艺要求   B. 减少能耗   C. 操作简便   D. 结构紧凑

228. 热力学第一定律的物理意义是体系的内能增量等于体系吸入的热与环境对体系所做的功之和。其内能用下列哪一项表示（   ）。
    A. ΔQ B. ΔU C. ΔW D. ΔH

229. 在常压下，用水逆流吸收空气中的二氧化碳，若用水量增加，则出口液体中的二氧化碳浓度将（   ）。
    A. 变大   B. 变小   C. 不变   D. 不确定

230. 在金属固体中热传导是（   ）引起的。
    A. 分子的不规则运动   B. 自由电子运动
    C. 个别分子的动量传递   D. 原子核振动

231. 生产 ABS 工程塑料的原料是（   ）。
    A. 丁二烯、苯乙烯和丙烯   B. 丁二烯、苯乙烯和丙烯腈
    C. 丁二烯、苯乙烯和乙烯   D. 丁二烯、苯乙烯和氯化氢

232. 在选择化工过程是否采用连续操作时，下述几个理由不正确的是（   ）。
    A. 操作稳定安全   B. 一般年产量大于4500t的产品
    C. 反应速度极慢的化学反应过程   D. 工艺成熟

233. 关于转子流量计的叙述错误的是（   ）
    A. 流量越大，转子的位置越高
    B. 转子上、下方的压力不随流量的变化而变化
    C. 安装时必须保证垂直
    D. 测量不同流体时，刻度需校正

234. 若要求双组分混合液分离成较纯的两个组分，则应采用（   ）。
    A. 平衡蒸馏   B. 一般蒸馏   C. 精馏   D. 无法确定

235. 在①孔板流量计；②文丘里流量计；③转子流量计中，利用测量流体两个截面的

压力差的方法来获得流量的是（　　　）

    A. ①②　　　　　　　B. ①③　　　　　　　C. ②③　　　　　　　D. ①②③

236. 离心泵在启动前应（　　）出口阀，旋涡泵启动前应（　　）出口阀。

    A. 打开，打开　　　　B. 关闭，打开　　　　C. 打开，关闭　　　　D. 关闭，关闭

237. 喘振是（　　）时，所出现的一种不稳定工作状态。

    A. 实际流量大于性能曲线所表明的最小流量

    B. 实际流量大于性能曲线所表明的最大流量

    C. 实际流量小于性能曲线所表明的最小流量

    D. 实际流量小于性能曲线所表明的最大流量

238. 对离心泵错误的安装或操作方法是（　　　）

    A. 吸入管直径大于泵的吸入口直径　　　　B. 启动前先向泵内灌满液体

    C. 启动时先将出口阀关闭　　　　　　　　D. 停车时先停电机，再关闭出口阀

239. 有一高温含尘气流，尘粒的平均直径在 $2\sim3\mu m$，现要达到较好的除尘效果，可采用（　　　）

    A. 降尘室　　　　　　B. 旋风分离器　　　　C. 湿法除尘　　　　D. 袋滤器

240. 下列不能提高对流传热系数的是（　　　）。

    A. 利用多管程结构　　　　　　　　　　　B. 增大管径

    C. 在壳程内装折流挡板　　　　　　　　　D. 冷凝时在管壁上开一些纵向沟槽

241. 启动真空泵的正确顺序是（　　　）。

    A. 先盘车并检查阀门的开启状态，然后再送电即可

    B. 先盘车并检查阀门的开启状态，通冷却水，然后再送电即可

    C. 先通冷却水，再送电，然后检查阀门的开启状态

    D. 先送电，再通冷却水，然后检查阀门的开启状态

242. 只用来改变管路直径的是（　　　）。

    A. 弯头　　　　　　　B. 三通　　　　　　　C. 内、外牙　　　　D. 丝堵

243. 推导过滤基本方程时，一个基本的假设是（　　　）。

    A. 滤液在介质中呈湍流流动　　　　　　　B. 滤液在介质中呈层流流动

    C. 滤液在滤渣中呈湍流流动　　　　　　　D. 滤液在滤渣中呈层流流动

244. 减小垢层热阻的目的是（　　　）。

    A. 提高传热面积　　　B. 减小传热面积　　　C. 提高传热系数　　　D. 增大温度差

245. 不能减少流体阻力的措施是（　　　）

    A. 减短管路，减少管件、阀门　　　　　　B. 放大管径

    C. 增大流速　　　　　　　　　　　　　　D. 加入某些药物，以减少旋涡

246. 下列不能提高对流传热膜系数的是（　　　）。

    A. 利用多管程结构　　　　　　　　　　　B. 增大管径

    C. 在壳程内装折流挡板　　　　　　　　　D. 冷凝时在管壁上开一些纵槽

247. 在四种典型塔板中，操作弹性最大的是（　　　）型。

    A. 泡罩　　　　　　　B. 筛孔　　　　　　　C. 浮阀　　　　　　　D. 舌板

248. 空气、水、金属固体的热导率分别为 λ_1、λ_2、λ_3，其大小顺序正确的是（　　　）。

    A. $\lambda_1>\lambda_2>\lambda_3$；　B. $\lambda_1<\lambda_2<\lambda_3$　C. $\lambda_2>\lambda_3>\lambda_1$　D. $\lambda_2<\lambda_3<\lambda_1$

249. 吸收过程产生的液泛现象的主要原因是（　　　）。

  A. 液体流速过大 B. 液体加入量不当 C. 气体速度过大 D. 温度控制不当

250. 有结晶析出的蒸发过程，适宜流程是（ ）。

  A. 并流加料   B. 逆流加料   C. 分流（平流）加料 D. 错流加料

251. 若管壁的污垢热阻可忽略不计，管内、外侧对流传热系数分别为 $200W/(m^2 \cdot K)$ 和 $300W/(m^2 \cdot K)$。则传热系数 K 为（ ）$W/(m^2 \cdot K)$。

  A. 500   B. 0.0083   C. 120   D. 0.02

252. 下列说法错误的是（ ）。

  A. 回流比增大时，操作线偏离平衡线越远越接近对角线

  B. 全回流时所需理论板数最小，生产中最好选用全回流操作

  C. 全回流有一定的实用价值

  D. 实际回流比应在全回流和最小回流比之间

253. 下列不利于生产大颗粒结晶产品的是（ ）

  A. 过饱和度小 B. 冷却速率慢 C. 加大搅拌强度 D. 加入少量晶种

二、多项选择题

1. 离心泵的流量调节有（ ）。

  A. 改变管路特性曲线 B. 改变泵特性曲线 C. 开关阀门   D. 停电

2. 化工厂生产中一个简单的自动化调节系统包括（ ）。

  A. 调节对象   B. 测量变送器   C. 调节器   D. 调节阀

3. 流体在流动过程中具有的机械能有（ ）。

  A. 动能   B. 位能   C. 静压能   D. 外能

4. 生物化工的优点有（ ）。

  A. 反应条件温和   B. 能耗低   C. 选择性强，三废少 D. 效率高

5. 废气处理方法有（ ）。

  A. 冷却   B. 燃烧   C. 吸收   D. 吸附

6. 下面能除去气体中颗粒的除尘设备有（ ）。

  A. 旋风分离器   B. 降尘室   C. 袋滤器   D. 静电除尘器

7. 工业上换热方法按工作原理和设备类型可分为（ ）。

  A. 间壁式   B. 直接接触混合式 C. 蓄热式   D. 冷却式

8. 下列蒸发器属于循环型蒸发器的是（ ）。

  A. 升膜式   B. 列文式   C. 外热式   D. 标准型

9. 蒸发速度与（ ）有关。

  A. 温度   B. 压力   C. 流量   D. 蒸汽分压

10. 旋涡泵的特点是（ ）。

  A. 扬程大   B. 压力大   C. 流量小   D. 流量大

11. 传热的基本方式有（ ）。

  A. 接触   B. 传导   C. 对流   D. 辐射

12. 间壁两侧流体热交换中，流体的流动方式有（ ）。

  A. 并流   B. 逆流   C. 错流   D. 折流

13. 根据双膜理论，气体吸收的主要阻力集中在（ ）。

  A. 气相主体   B. 气膜   C. 相界面

D. 液膜　　　　　　　　E. 液相主体

14. 石油化工生产的三大合成材料是（　　　）。

　　A. 合成塑料　　　　　B. 合成纤维　　　　　C. 合成橡胶　　　　D. 合成剂

15. 石油化学有两大资源是（　　　）。

　　A. 石油　　　　　　　B. 天然气　　　　　　C. 汽油　　　　　　D. 酒精

16. 我国环境法制定的基本原则是（　　　）。

　　A. 防治结合　　　　　B. 以防为主　　　　　C. 从严查处　　　　D. 综合治理

17. 化工节能的途径主要有（　　　）

　　A. 合理用能　　　　　B. 安全用能　　　　　C. 充分用能　　　　D. 充分节约

18. 离心泵的工作性能曲线指（　　　）曲线。

　　A. 流量-扬程　　　　　B. 流量-效率　　　　　C. 流量-功率　　　　D. 效率-扬程

19. 根据蒸馏操作中采用的方法不同，可分为（　　　）。

　　A. 简单蒸馏　　　　　B. 精馏　　　　　　　C. 特殊精馏　　　　D. 减压蒸馏

20. 高分子化合物根据其热性质可分为（　　　）化合物。

　　A. 热固性　　　　　　B. 热塑性　　　　　　C. 热分解性　　　　D. 热变性

21. 热电偶的热电特性由（　　　）所决定。

　　A. 热电偶电极材料的化学成分　　　　　B. 热电偶电极材料的价格

　　C. 热电偶电极材料的硬度　　　　　　　D. 热电偶电极材料的物理特性

22. 当离心泵的转速改变时，其 Q、H、N 均发生变化，它们的关系是（　　　）。

　　A. $\dfrac{H_1}{H_2}=\left(\dfrac{n_1}{n_2}\right)^2$　　　B. $\dfrac{Q_1}{Q_2}=\dfrac{n_1}{n_2}$　　　C. $\dfrac{N_1}{N_2}=\left(\dfrac{n_1}{n_2}\right)^3$　　　D. 都相等

23. 检修过程中要做到"三不见天"是指（　　　）。

　　A. 润滑油　　　　　　B. 洗过的机件　　　　C. 铅粉　　　　　　D. 黄干油

24. 精馏塔主要分为两类，它们是（　　　）。

　　A. 板式塔　　　　　　B. 填料塔　　　　　　C. 浮阀塔　　　　　D. 舌板塔

25. 工业上换热方法按工作原理和设备类型可分为（　　　）。

　　A. 间壁式　　　　　　B. 直接接触混合式　　C. 蓄热式　　　　　D. 冷却式

26. 过滤阻力包括（　　　）两部分。

　　A. 介质阻力　　　　　B. 饼层阻力　　　　　C. 滤液阻力　　　　D. 流速阻力

27. 燃烧必须具备的条件是（　　　）。

　　A. 可燃物　　　　　　B. 助燃物　　　　　　C. 点火源　　　　　D. 热度

28. 有关液体沸腾给热论断中正确的有（　　　）。

　　A. 液体沸腾给热属于有相变的给热过程

　　B. 液体沸腾给热的主要特征是液体内部有气泡产生

　　C. 液体沸腾给热时，气泡的生成和脱离对紧贴加热表面的液体薄层产生强烈的扰动，使热阻大大降低，故沸腾给热的强度大大高于无相变的对流给热

　　D. 核状沸腾具有给热系数大、壁温低的优点；膜状沸腾具有给热系数小、壁温高的特点，故为了安全高效运行起见，工业沸腾装置应在核状沸腾下操作

　　E. 采用机械加工和腐蚀的方法将金属表面粗糙化，或在沸腾液体中加入某种少量的添加剂（如乙醇、丙酮、甲基乙基酮等）改变沸腾液体的表面张力，均可强化沸腾给热

29. 精馏设备应包括（　　）。
    A. 蒸馏釜　　　　　　　B. 精馏塔　　　　　　　C. 冷凝冷却器　　　　　D. 泵

30. 冷凝传热分为（　　）的效果好。
    A. 膜状冷凝　　　　　　B. 滴状冷凝　　　　　　C. 滴状冷凝　　　　　　D. 雾状冷凝

31. 高分子化合物根据分子型态可分为（　　）。
    A. 线型高分子　　　　　B. 板状高分子　　　　　C. 网状高分子　　　　　D. 泡状高分子

32. 单螺杆挤出机的主要参数为（　　）。
    A. 螺杆直径　　　　　　B. 长径比　　　　　　　C. 长度比　　　　　　　D. 压缩比

33. 丙烯氧化制丙烯醛、丙烯酸反应的主要原料气组成为（　　）。
    A. 丙烯　　　　　　　　B. 空气　　　　　　　　C. 水　　　　　　　　　D. 氧气

34. 间壁式换热器的类型有（　　）。
    A. 夹套式　　　　　　　B. 喷淋式　　　　　　　C. 套管式　　　　　　　D. 管壳式
    E. 沉浸式蛇管换热器

35. 下列说法错误的是（　　）。
    A. 在一个蒸发器内进行的蒸发操作是单效蒸发
    B. 蒸发与蒸馏相同的是整个操作过程中溶质数不变
    C. 加热蒸气的饱和温度一定高于同效中二次蒸气的饱和温度
    D. 蒸发操作时，单位蒸气消耗量随原料液温度的升高而减少

36. 清除降低蒸发器垢层热阻的方法有（　　）。
    A. 定期清理
    B. 加快流体的循环运动速度
    C. 加入微量阻垢剂
    D. 处理有结晶析出的物料时加入少量晶种

37. 欲提高降尘室的生产能力，可以采取以下（　　）主要措施。
    A. 增大沉降面积　　　B. 延长沉降时间　　　C. 加大沉降室高度　　D. 搅拌

38. 为提高蒸气的利用率，可供采取的措施有（　　）。
    A. 多效蒸发
    B. 额外蒸气的引出
    C. 二次蒸气的再压缩，再送入蒸发器加热室
    D. 蒸发器加热蒸气所产生的冷凝水热量的利用

39. 塑料加工中常见的改性方法有（　　）。
    A. 共混改性　　　　　　B. 增强改性　　　　　　C. 填充改性　　　　　　D. 助剂改性

40. 下列选项中，符合"三废"排放标准正确的（　　）。
    A. 废气排放应符合大气环境质量标准　　　B. 废水排放应符合废水水质控制指标
    C. 废渣排放应达到无害化、减量化、资源化　D. 废渣的危害较废水、废气小

41. 在化学反应达到平衡时，下列选项不正确的是（　　）。
    A. 反应速率始终在变化　　　　　　　　B. 正反应速率不再发生变化
    C. 反应不再进行　　　　　　　　　　　D. 反应速率减小

42. 下列（　　）条件发生变化后，可以引起化学平衡发生移动。
    A. 温度　　　　　　　　B. 压力　　　　　　　　C. 浓度　　　　　　　　D. 催化剂

43. 对于任何一个可逆反应，下列说法正确的是（　　）。

A. 达平衡时反应物和生成物的浓度不发生变化

B. 达平衡时正反应速率等于逆反应速率

C. 达平衡时反应物和生成物的分压相等

D. 达平衡时反应自然停止

44. 有关精馏操作叙述正确的是（　　　）。

A. 精馏实质是多级蒸馏

B. 精馏装置的主要设备有精馏塔，再沸器，冷凝器，回流罐和输送设备等

C. 精馏塔以进料板为界，上部为精馏段，下端为提馏段

D. 精馏是利用各组分密度不同，分离互溶液体混合物的单元操作

45. 影响精馏塔理论塔板数的因素有（　　　）。

A. 回流比 B. 塔底再沸器的加热蒸汽

C. 塔顶冷凝器的冷却水消耗量 D. 进料量

46. 精馏塔操作中，可引起塔釜温度降低的因素有（　　　）。

A. 降低回流量 B. 提高回流量 C. 降低加热蒸汽量 D. 提高塔顶压力

47. 在正常的化工生产中，吸收塔的结构形式及设备尺寸都已确定，影响吸收操作的主要因素有（　　　）。

A. 气流速度 B. 喷淋密度 C. 温度 D. 压力

48. 吸收操作的影响因素为（　　　）。

A. 吸收质的溶解性能 B. 吸收剂的选择

C. 温度的影响、压力的影响 D. 气、液相流量、气流速度的影响

49. 常用的催化剂制备方法有（　　　）。

A. 沉淀法 B. 浸渍法 C. 热分解法 D. 熔融法

50. 离心压缩机润滑油压力下降的原因主要有（　　　）。

A. 油过滤器堵塞 B. 润滑油温度高 C. 油路泄漏 D. 油箱油位低

51. 往复式压缩机紧急停车的情况包括（　　　）。

A. 润滑油中断 B. 冷却水中断 C. 轴承温度高 D. 主零、部件及管道断裂

52. 列管式换热器检修后的验收内容包括（　　　）。

A. 压力试验合格 B. 无泄漏点 C. 润滑系统 D. 检修记录

53. 循环水系统在酸洗后，应立即投加具有缓蚀效果的预膜剂。常用的预膜剂（　　　）。

A. 无机磷 B. 有机磷 C. 有机酸 D. 无机酸

54. 新扩建项目试车方案包括（　　　）。

A. 单体试车 B. 联动试车 C. 投料试车 D. 物资准备

55. 设备试压包括（　　　）。

A. 水压试验 B. 介质试验 C. 气密试验 D. 空试

56. 良好的工业催化剂应该在（　　　）方面都具有基本要求。

A. 活性 B. 转化率 C. 寿命 D. 选择性

57. 根据催化剂活性随使用时间的变化情况，可作出催化剂的活性曲线，曲线可以分为（　　　）。

A. 成熟期 B. 稳定期 C. 衰退期 D. 再生复活期

58. 下列选项中，（　　　）是影响化学反应的主要因素。

A. 温度　　　　　　　　B. 压强　　　　　　　　C. 浓度　　　　　　　　D. 催化剂

59. 夏季化工装置运行时注意事项为（　　　）

A. 防雷电　　　　　　　B. 防中暑　　　　　　　C. 防汛　　　　　　　　D. 防冻

60. 化工设备的防腐蚀方法有（　　　）。

A. 衬里　　　　　　　　B. 喷涂　　　　　　　　C. 电镀　　　　　　　　D. 通电

61. 汽轮机蒸汽带水时，应该（　　　）。

A. 降低汽轮机转速　　　　　　　　　　　B. 改善蒸汽质量

C. 停汽轮机　　　　　　　　　　　　　　D. 提高汽轮机转速

62. 下列选项中，容易产生静电的原因有（　　　）。

A. 摩擦　　　　　　　　　　　　　　　　B. 液体、气体流动

C. 粉碎、研磨、搅拌　　　　　　　　　　D. 化学反应

三、判断题

1. 在冶金工业上，常用电解法得到 Na、Mg 和 Al 等金属，其原因是这些金属很活泼。（　　　）

2. 环境管理体系的运行模式，遵守由美国著名质量管理专家戴明提供的规划策划（PLAN）、实施（DO）、验证（CHECK）和改进（ACTION）运行模式可简称 PDCA 模式。（　　　）

3. 环境管理体系的运行模式与其他管理的运行模式相似，共同遵循 PDCA 运行模式，没有区别。（　　　）

4. 降尘室的生产能力不仅与降尘室的宽度和长度有关，而且与降尘室的高度有关。（　　　）

5. 环境管理体系的运行模式与其他管理的运行模式相似，除了共同遵循 PDCA 运行模式外，它还有自身的特点，那就是持续改进，也就是说它的环线是永远不能闭合的。（　　　）

6. 采取隔离操作，实现微机控制，不属于防尘防毒的技术措施。（　　　）

7. 通过三层平壁的定态热传导，各层界面间接触均匀，第一层两侧温度为 120℃和 80℃，第三层外表面温度为 4.0℃，则第一层热阻 R_1 和第二、第三层热阻 R_2、R_3 之间的关系为 $R_1 > (R_2 + R_3)$。（　　　）

8. 采取隔离操作，实现微机控制是防尘防毒的技术措施之一。（　　　）

9. 含汞、铬、铅等的工业废水不能用化学沉淀法治理。（　　　）

10. 蒸发过程主要是一个传热过程，其设备与一般传热设备并无本质区别。（　　　）

11. 大气污染主要来自燃料燃烧、工业生产过程、农业生产过程和交通运输过程。（　　　）

12. 废渣处理首先考虑综合利用的途径。（　　　）

13. 吸收操作中吸收剂用量越多越有利。（　　　）

14. 地下水受到污染后会在很短时间内恢复到原有的清洁状态。（　　　）

15. 改革能源结构，有利于控制大气污染源。（　　　）

16. 对乙醇-水系统，用普通精馏方法进行分离，只要塔板数足够，可以得到纯度为 0.98（摩尔分数）以上的纯酒精。（　　　）

17. 为了从根本上解决工业污染问题，就是要采用少废无废技术即采用低能耗、高消耗、无污染的技术。（　　　）

18. 工业毒物按物理状态可分为粉尘、固体、液体、蒸汽和气体五类。（　　　）

19. 吸收过程一般只能在填料塔中进行。（　　）

20. 化工污染一般是由生产事故造成的。（　　）

21. 严格执行设备维护检修责任制，消除"跑冒滴漏"是防尘防毒的技术措施。（　　）

22. 当吸收剂的喷淋密度过小时，可以适当增加填料层高度来补偿。（　　）

23. 严格执行设备维护检修责任制，消除"跑冒滴漏"是防尘防毒的管理措施。（　　）

24. 防毒工作可以采取隔离的方法，也可以采取敞开通风的方法。（　　）

25. 对于同一根直管，不管是垂直或水平安装，克服阻力损失的能量相同。（　　）

26. 因为环境有自净能力，所以轻度污染物可以直接排放。（　　）

27. 虽然环境有自净能力，轻度污染物也不可以直接排放。（　　）

28. 空气、水、金属固体的导热系数分别为 λ_1、λ_2 和 λ_3 其顺序为 $\lambda_1 < \lambda_2 < \lambda_3$。（　　）

29. 城市生活污水的任意排放；农业生产中农药、化肥使用不当；工业生产中"三废"的任意排放，是引起水污染的主要因素。（　　）

30. 安全检查的任务是发现和查明各种危险和隐患，督促整改；监督各项安全管理规章制度的实施；制止违章指挥、违章作业。（　　）

31. 因重金属有毒，因此我们不能用金、银、铂等重金属作餐具。（　　）

32. HSE 管理体系规定，在生产日常运行中各种操作、开停工、检维修作业、进行基建及变更等活动前，均应进行风险评价。（　　）

33. 在 HSE 管理体系中，一般不符合项是指能使体系运行出现系统性失效或区域性失效的问题。（　　）

34. 吸收操作线总是在平衡线的下方，解吸的操作线总是在平衡线的上方。（　　）

35. 在 HSE 管理体系中，定量评价指不对风险进行量化处理，只用发生的可能性等级和后果的严重度等级进行相对比较。（　　）

36. 在 HSE 管理体系中，定性评价指不对风险进行量化处理，只用发生的可能性等级和后果的严重度等级进行相对比较。（　　）

37. 绝热式固定床反应器适合热效应不大的反应，反应过程无需换热。（　　）

38. 在 HSE 管理体系中，一般不符合项是指个别的、偶然的、孤立的、性质轻微的问题或者是不影响体系有效性的局部问题。（　　）

39. HSE 管理体系规定，公司应建立事故报告、调查和处理管理程序，所制定的管理程序应保证能及时地调查、确认事故（未遂事故）发生的根本原因。（　　）

40. 精馏塔中理论板实际上是不存在的。（　　）

41. 在过氧化物存在下，不对称烯烃与卤化氢加成时，违反马氏规则。（　　）

42. 在过氧化物存在下，不对称烯烃与溴化氢加成时，违反马氏规则。（　　）

43. 换热器在使用前的试压重点检查列管是否泄漏。（　　）

44. 炔烃与共轭二烯烃的鉴别试剂是顺丁烯二酸酐。（　　）

45. 1,3-丁二烯与溴加成，只可以得到 3,4-二溴-1-丁烯。（　　）

46. 开车前的阀门应处于开启状态。（　　）

47. 烯烃的加成反应，都属于亲核加成反应。（　　）

48. 烯烃的加成反应，大多都属于亲电加成反应。（　　）

49. 精馏塔的操作线方程式是通过全塔物料衡算得出来的。（　　）

50. 在醛、酮的亲核加成反应中，羰基两边连接的烷基越大，反应愈难进行。（　　）

51. 亲核加成反应发生在碳氧双键、碳氮叁键、碳碳叁键等不饱和的化学键上。（　　）

52. 亲核加成最有代表性的反应是醛或酮的羰基与格氏试剂加成的反应。（　　）

53. 脱盐水是指脱除了 Ca^{2+}、Mg^{2+} 等离子的水。（　　）

54. 卤烷在碱的醇溶液中主要发生水解反应。（　　）

55. 卤烷在碱的醇溶液中主要发生脱卤化氢反应。（　　）

56. 放空阀的作用主要用于设备及系统的减压，它应安装在设备及系统的中部。（　　）

57. 苯环上的亲电取代反应生成正碳离子的速度很快。（　　）

58. 苯环上的亲电取代反应生成正碳离子的速度较慢。（　　）

59. 由于乙醇和水能够形成共沸物，所以不能用精馏的方法制无水乙醇。（　　）

60. 二甲苯的重要衍生物有邻苯二甲酸酐、间苯二甲酸和邻苯二甲酸、对苯二甲酸。（　　）

61. 重铬酸钠在中性或碱性介质中可以将芳环侧链上末端甲基氧化成羧基。（　　）

62. U 形管压差计中指示液密度必须大于被测流体的密度。（　　）

63. N-烷基化及 O-烷基化多采用相转移催化方法。（　　）

64. 根据反应机理的不同可将卤化反应分为取代卤化、加成卤化以及置换卤化三类。（　　）

65. 流体的流动型态有三种，即层流、过渡流和湍流。（　　）

66. 卤化氢与烯烃的离子型加成机理是反马氏规则的。（　　）

67. 当苯环上含有硝基、磺基等强吸电基团时，很难发生弗氏烷基化、酰基化反应。（　　）

68. 重力沉降设备比离心沉降设备分离效果更好，而且设备体积也较小。（　　）

69. 同一管路系统中并联泵组的输液量等于两台泵单独工作时的输液量之和。（　　）

70. 由离心泵和某一管路组成的输送系统，其工作点由泵铭牌上的流量和扬程所决定。（　　）

71. 开车前的阀门应处于开启状态。（　　）

72. 等温等压下，某反应的 $\Delta_r G_m^{\ominus} = 10kJ/mol$，则该反应能自发进行。（　　）

73. 当压缩比过大时，应采用多级压缩；而且，级数越多，越经济。（　　）

74. 悬浮固体是水中溶解的非胶态的固体物质。（　　）

75. 对于氨制冷系统中空气的排放，必须经空气分离器而后排入水中，避免直接进入大气而发生爆炸的危险。（　　）

76. 制冷系统中，膨胀阀越靠近蒸发器越好，目的是能减少阻力。（　　）

77. 在合成橡胶中，弹性最好的是顺丁橡胶。（　　）

78. 直通式浮球阀节流后的制冷剂液体不通过浮球室，而是通过管道直接进入蒸发器。（　　）

79. 气液热交换器可以提高制冷剂蒸气过热度和制冷剂液体过冷度，使制冷系统能安全有效运行，因此在氨系统和氟里昂系统中都应配置气液热交换器。（　　）

80. 吸收操作中，所选用的吸收剂的黏度要低。（　　）

81. 同一种物料在一定的干燥速率下，物料愈厚，则其临界含水量愈高。（　　）

82. 在干燥过程中应当使空气的温度高于露点温度，否则干燥就不能正常进行。（　　）

83. 空气、水、金属固体的热导率分别为 λ_1、λ_2 和 λ_3，其顺序为 $\lambda_1 < \lambda_2 < \lambda_3$。（　　）

84. 精馏单元操作中，在进料状态稳定的情况下，塔内气相负荷的大小是通过调整回流比大小来实现的。（　　）

85. 精馏塔操作过程中主要通过控制温度、压力、进料量和回流比来实现对气、液负荷的控制。（　　）

86. 摩擦系数 λ 随 Re 的增大而增大。（　　）

87. 精馏操作时，若 F、D、X_F、q、R、加料板位置都不变，而将塔顶泡点回流改为冷回流，则塔顶产品组成 X_D 变大。（　　）

88. 精馏操作过程可以说是一个多因素的"综合平衡"过程，而温度的调节起着最终目的的质量调节作用。（　　）

89. 电子云图中黑点越密的地方电子越多。（　　）

90. 结晶时只有同类分子或离子才能排列成晶体，因此结晶具有良好的选择性，利用这种选择性即可实现混合物的分离。（　　）

91. 饱和溶液进入介稳区能自发析出晶体。（　　）

92. 板框压滤机板与框的排列是依据板与框上的小钮按 1、2、3、1、2、3、1、2、3、…这样的次序排列的。（　　）

93. 结晶操作过程中，晶核的生成和晶体的成长阶段通常是同时进行的。（　　）

94. 结晶操作中，希望晶核的生成速率越大越好。（　　）

95. 旋涡泵具有扬程高、流量小的特点，适用于高黏度液体输送。（　　）

96. 当吸收剂需循环使用时，吸收塔的吸收剂入口条件将受到解吸操作条件的制约。（　　）

97. 正常操作的逆流吸收塔，因故吸收剂入塔量减少，以致使液气比小于原定的最小液气比，则吸收过程无法进行。（　　）

98. 冷、热流体间的平均温度差即流体进出口温度差的算术平均值。（　　）

99. 在吸收操作中，若吸收剂用量趋于最小值时，吸收推动力趋于最大。（　　）

100. 当气体溶解度很大时，可以采用提高气相湍流强度来降低吸收阻力。（　　）

101. 吸收操作线方程是由物料衡算得出的，因而它与吸收相平衡、吸收温度、两相接触状况、塔的结构等都没有关系。（　　）

102. 单效蒸发操作中，二次蒸汽温度低于生蒸汽温度，这是由传热推动力和溶液沸点升高（温差损失）造成的。（　　）

103. 平衡线和操作线均表示同一塔板上气液两相的组成关系。（　　）

104. 在多效蒸发的流程中，并流加料的优点是各效的压力依次降低，溶液可以自动地从前一效流入后一效，不需用泵输送。（　　）

105. 采用多效蒸发的主要目的是为了充分利用二次蒸汽。效数越多，单位蒸汽耗用量越小，因此，过程越经济。（　　）

106. 亨利定律与拉乌尔定律都是适用于稀溶液的气液平衡。（　　）

107. 液-液萃取中，萃取剂的用量无论如何，均能使混合物出现两相而达到分离的目的。

108. 超临界二氧化碳萃取主要用来萃取热敏水溶性物质。（　　）

109. 管式反应器亦可进行间歇或连续操作。（　　）

110. 在多级逆流萃取中，欲达到同样的分离程度，溶剂比愈大则所需理论级数愈少。（　　）

111. 在连续逆流萃取塔操作时，为增加相际接触面积，一般应选流量小的一相作为分散相。（　　）

112. 两相流体在萃取设备内一般以逆流流动方式进行操作。（　　）

113. 在填料萃取塔正常操作时，连续相的适宜操作速度一般为液泛速度的$50\%\sim60\%$。（　　）

114. 在相同条件下，半透膜可以以相同速率传递不同的悬浮液实验物料。（　　）

115. 超临界流体通常具有液体和气体的某些特性。（　　）

116. 传热速率即为热负荷。（　　）

117. 非理想流动都有停留时间分布的问题，这一定是由返混引起的。（　　）

118. 非理想流动都有停留时间分布的问题，但不一定是由返混引起的。（　　）

119. 电子云图中黑点越密的地方电子越多。（　　）

120. 原料气可以从固定床反应器侧壁均匀地分布进入反应器。（　　）

121. 原料气可以从固定床反应器的床层上方经分布器进入反应器。（　　）

122. 干燥过程中，物料本身温度越低，则表面气化速度和内部扩散速度越高，干燥速度也将加快。（　　）

123. 联锁误动作引起的事故停车，不能解除联锁，应查明原因，修复联锁后再开车。（　　）

124. 蒸汽加热炉临时停车也必须进行清洗，以免影响传热效率。（　　）

125. 减压精馏过程中，由于溶液中难挥发组分的饱和蒸汽压增大，故对分离有利。（　　）

126. 填料塔检修后，其支承结构应平稳、牢固、通道孔不得堵塞。（　　）

127. 板式塔的检修内容很多，其中包括检查修理塔体和内衬的腐蚀、变形和各部焊缝。（　　）

128. 离心泵开车前，必须打开进口阀和出口阀。（　　）

129. 离心式压缩机轴承间隙的测量方法有抬瓦法、压铅丝法两种方法。（　　）

130. 离心式压缩机轴承间隙的测量方法有假轴法、抬瓦法、压铅丝法三种方法。（　　）

131. 决定精馏塔分离能力大小的主要因素是：相对挥发度、理论塔板数、回流比．

132. DCS 通信网络的传输介质通常有双绞线、同轴电缆、光纤。（　　）

133. DCS（集散控制系统）是以微处理器为基础，应用计算机技术、通信技术、控制技术、信息处理技术和人机接口技术，实现过程控制和企业管理的控制系统。（　　）

134. 萃取操作设备不仅需要混合能力，而且还应具有分离能力。（　　）

135. DCS（集散控制系统）的实质是利用计算机技术对生产过程进行集中监视、操作、管理和分散控制。（　　）

136. DCS 系统是一个由现场控制级、过程控制级、过程管理级和企业管理级所组成的一个以通讯网络为纽带的集中操作管理系统。（　　）

137. 在精馏操作过程中同样条件下以全回流时的产品浓度最高。（　　）

138. 集散控制系统（DCS）应该包括常规的 DCS，可编程序控制器（PLC）构成的分散控制系统、工业 PC 机（IPC）构成的分散控制系统和现场总线控制系统构成的分散控制系统。（　　）

139. PLC 的存储器由系统程序存储器和用户程序存储器两部分组成。（　　）

140. 在列管式换热器中，当热流体为饱和蒸汽时，流体的逆流平均温差和并流平均温差相等。（　　）

141. FSC（Fail Safe Control System）故障安全控制系统是 Honeywell 公司的产品，主要用于安全保护和紧急停车系统。（　　）

142. 在 FSC 系统中，CP 可以冗余或非冗余配置，I/O 接口模块必须冗余配置。（　　）

143. NO 是一种红棕色、有特殊臭味的气体。（　　）

144. 在 FSC 系统中，CP 可以冗余或非冗余配置，I/O 接口模块也可以冗余或非冗余配置。（　　）

145. 通常情况下 NH_3，H_2，N_2 能共存，并且既能用浓 H_2SO_4，也能用碱石灰干燥。（　　）

146. 中央处理器（Control Part，CP）是 FSC 系统的心脏，是模块化的微处理器系统，用于对安全要求特别高的场合。CP 包括两种处理器模块：控制处理器模块，监控模块。（　　）

147. 中央处理器（Control Part，CP）是 FSC 系统的心脏，是模块化的微处理器系统，用于对安全要求特别高的场合。CP 包括三种处理器模块：控制处理器模块、监控模块和通信处理器模块。（　　）

148. 绝热式固定床反应器适合热效应不大的反应，反应过程无需换热。（　　）

149. 可燃气体检测报警仪一般由检测器、报警器、电源三部分组成。（　　）

150. 可燃气体检测报警仪一般由检测器、报警器、指示仪、电源四部分组成。（　　）

151. 工艺流程图分为方案流程图和工艺施工流程图。（　　）

152. 循环冷却水系统在开车正常加药之前都要进行检修、预膜工作。（　　）

153. 循环冷却水系统在开车正常加药之前都要进行清洗、预膜工作。（　　）

154. 万用表可以带电测电阻。（　　）

155. 压力容器进行气密试验时，要缓慢升压至试验压力，保压 30min，然后降压至设计压力，进行检查。（　　）

156. 压力容器进行气密试验时，要缓慢升压至试验压力，保压 10min，然后再降压至设计压力。（　　）

157. 离心泵安装高度过高，则会产生气缚现象。（　　）

158. 当在用催化剂无法满足生产需要时，或市场出现价格较低的同类产品时，由使用单位提出试用新催化剂申请。（　　）

159. 当在用催化剂无法满足生产需要时，或市场出现技术性能良好、产品质量稳定、价格较低的同类产品时，由使用单位提出试用新催化剂申请。（　　）

160. 在三相四线制中，当三相负载不平衡时，三相电压值仍相等，但中线电流不等于零。（　　）

161. 装置开车流程必须按正常开车步骤，进行开车前的确认。（　　）

162. 装置开车流程必须按开车方案中的开车步骤确认。（　　）

163. 生产上，保温材料的导热系数都较大。（　　）

164. 反应压力对催化剂活性没有影响。（　　）

165. 反应压力波动大时，会造成催化剂破损，影响催化剂的活性。（　　）

166. 通过载体中微生物的作用，将废水中的有毒物质分解、去除，达到净化目的。（　　）

167. 装置停车流程必须按正常停车步骤，进行停车后的确认。（　　）

168. 装置停车流程必须按停车方案中的停车步骤进行确认。（　　）

169. 在酸性溶液中，K^+、I^-、SO_4^{2-}、MnO_4^- 可以共存。（　　）

170. 装置发生停电，机泵无法运转时，按紧急停车步骤作紧急停车处理。（　　）

171. 抽堵多个盲板时，应按盲板位置图及编号作业，统一指挥。（　　）

172. 填料主要是用来阻止气液两相的接触，以免发生液泛现象。（　　）

173. 装置在精馏塔出现故障需要检修时，可作精馏单元局部停车处理，停车物料清理完毕后即可进行检修操作。（　　）

174. 装置在精馏塔出现故障需要检修时，可作精馏单元局部停车处理，但在检修前必须将停车部分与运行系统做好完全彻底的隔离，避免出现事故。（　　）

175. 为了避免阀门对液体造成扰动，流量调节阀应装在被检测仪表之后。（　　）

176. 调节阀需要安装于水平管道上，且高进低出。（　　）

177. 温度越高，溶液的黏度越大。（　　）

178. 制定设备防冻防凝的方案时，只需要考虑设备本身，不需要结合工艺特点。（　　）

179. 制定设备防冻防凝方案时，不仅要考虑设备本身问题，还需要结合生产工艺特点，二者要有机地结合起来。（　　）

180. 减压精馏过程中，由于溶液中难挥发组分的饱和蒸汽压增大，故对分离有利。（　　）

181. 质量流量计的安装没有严格的直管段要求。（　　）

182. 质量流量计可以垂直安装，也可以水平安装。（　　）

183. 过滤、沉降属传质分离过程。（　　）

184. 通常规定汽轮机运行转速上升到额定转速的120％时，汽轮机的超速保护装置就会启动。（　　）

185. 通常规定汽轮机运行转速上升到额定转速的110％～112％时，汽轮机的超速保护装置就会启动。（　　）

186. 化工生产上，一般收率越高，转化率越高。（　　）

187. 离心泵大修后进行负荷试车时，滚动轴承温度应该≤60℃。（　　）

188. 离心泵大修后进行负荷试车时，滚动轴承温度应该≤70℃。（　　）

189. 对于同一根直管，不管是垂直或水平安装，克服阻力损失的能量相同。（　　）

190. 物质的燃点越低，越不容易引起火灾。（　　）

191. 物质的燃点越低，越容易引起火灾。（　　）

192. 往复泵在启动前必须打开旁通阀，运转正常后再用出口阀调节流量。（　　）

193. 发生了燃烧就发生了火灾。（　　）

194. 如果DCS黑屏或死机时，控制阀状态与停仪表风相同。（　　）

195. 根据恒摩尔流假设，精馏塔内气、液两相的摩尔流量一定相等。（　　）

196. 精馏塔真空突然出现波动，精馏塔产品质量没有变化。（　　）

197. 精馏塔真空突然出现波动，导致精馏塔产品质量会突然变化。（　　）

198. 在精馏塔中，每一块塔板上的汽、液相都能达到平衡。（　　）

199. 汽轮机在正常运行中，需要经常对其转速进行升降调节。（　　）

200. 汽轮机在正常运行中，需要保持其转速稳定。（　　）

201. 绝热式固定床反应器适合热效应不大的反应，反应过程无需换热。（　　）

202. 换热器内管破裂后，可通过采取堵管进行消漏。（　　）

203. 一般情况下，吸收塔应保持液体的喷淋密度在5～12m³/h以上。（　　）

204. 最小回流比状态下的理论塔板数为最少理论塔板数。（　　）

205. 介质中含有颗粒是造成闸阀内漏的原因之一。（　　）

206. 介质中含有颗粒不能造成闸阀发生内漏。（　　）

207. 吸收操作中，增大液气比有利于增加传质推动力，提高吸收速率。（　　）

208. 火场上扑救原则是先人后物、先重点后一般、先控制后消灭。（　　）

209. 汽轮机发生水击后，必须马上停机进行排水。（　　）

210. 在萃取操作中稀释剂和萃取剂必须互不相溶。（　　）

211. 工艺技术规程侧重于主要规定设备为何如此操作。（　　）

212. 工艺规程和岗位操作法是指导岗位生产操作的技术基础资料，是技术管理标准的组成部分。（　　）

213. 传热过程中，热负荷一定小于或等于换热器的传热速率。（　　）

214. 工艺规程和岗位操作法规定了各处理装置的操作方法及控制参数。（　　）

215. 岗位操作法应由车间技术人员根据现场实际情况编写，经车间主管审定，并组织有关专家进行审查后，由企业主管批准后执行。（　　）

216. 技术改造是扩大再生产，提高经济效益的重要途径。（　　）

217. 精馏塔内任意一块理论板，其气相露点温度大于液相泡点温度。（　　）

四、简答题

1. 试述影响离心式压缩机使用寿命的因素？

2. 一般 DCS 的通信网络分为哪几层？

3. 如何解读 ESD 系统？

4. 如何解读信号报警和连锁保护系统？

5. 连锁线路由哪三部分组成？

6. 确定精馏塔理论塔板数主要有哪几种方法？

7. 什么叫飞温？

8. 催化剂的选择原则是什么？

9. 新扩建装置的试车工作包括的内容有哪些？

10. 强化传热的途径是什么？

11. 设备非金属衬里的类型有哪些？

12. 什么是催化剂的结焦？

13. 对于连续精馏塔，进入精馏塔的热量和离开精馏塔的热量分别有哪几项？

14. 生产过程的基本内容？

15. 国家标准技术论文应该包括哪些内容？

16. 技术论文摘要的要求？

17. 工艺技术规程应包括哪些内容？

18. 岗位操作法应包括哪些内容？在开车准备阶段，技师应具备哪些技能？

19. 在开车准备阶段，技师应具备哪些技能？

20. 技术改造的目的是什么？

21. 技术革新成果的主要内容是什么？

22. 扬程和升扬高度是否为一回事？为什么？

23. 为什么泵的入口安装过滤器，出口安装单向阀？

24. 蒸发操作必须具备哪些条件？

25. 什么是局部阻力？

26. 简述化工生产的危险性特点是什么？

27. 双膜理论的要点是什么？

28. 离心泵在停泵时为何要关闭出口阀？

29. 全回流和最小回流比的意义是什么？一般适宜回流比为最小回流比的多少倍？

30. 物料中平衡水分和自由水分是怎样划分的？

31. 精馏塔在一定条件下操作时，将加料口向上移动两层塔板，此时塔顶和

32. 生产过程中，精馏塔的五种进料的热状况及它们的 q 值。

33. 什么是萃取？萃取和吸收有何不同？

34. 蒸馏与吸收有何异同？

35. 精馏塔中精馏段的作用是什么？

36. 工业上对吸收剂有何要求。

五、计算题

1. 某企业的苯精馏塔在压力为 10000kPa 下分离粗苯混合液体，已知处理量为 5.000kg/h，原料中苯的含量为 99％，工艺要求馏出液中苯的含量不小于 99.95.％，残液中苯的含量不大于 70％（均以质量分数计），求馏出液和残液的量。

2. 某厂的某换热器中，用冷却水将 25.20kg/h 的硝基苯由 35.0K 冷却至 306K，冷却水进口温度为 288K，进出口温差控制在 10K 以内，已知硝基苯的比热容为 1.66kJ/(kg·K)，水的比热容为 4.22kJ/(kg·K)，求冷却水的消耗量是多少？

3. 某列管式换热器用 110kPa 的饱和水蒸气加热苯，蒸汽量为 185.2kg/h，苯的流量为 5m^3/h，已知 110kPa 的饱和水蒸气的冷凝热为 224.5kJ/kg；苯的密度为 900kg/m^3，比热容为 1.75kJ/(kg·K)，入口温度为 293K，求经过加热后苯的温度是多少？

4. 某列管式换热器中用 110kPa 的饱和水蒸气加热苯，使其从 293K 加热至 34.3K。已知：苯的流量为 5m^3/h，苯的比热容为 1.75kJ/(kg·K)，苯的密度为 900kg/m^3，饱和蒸汽的冷凝热为 224.5kJ/kg，求每小时的蒸汽消耗量是多少？（不考虑热损失）。

5. 某厂用连续精馏塔分离甲醇-水溶液，已知 $X_F = 0.6$，$X_D = 0.96$，$X_W = 0.03$（均为甲醇的摩尔分数），进料为泡点液体，$\alpha = 3.74$，$R = 1.95$，塔顶为全凝器，试逐板法求精馏段的理论塔板数。

6. 某工厂的某填料塔中用净油来吸收混合气体中的苯，已知混合气体的总量为 1000 m^3/h，其中苯的体积分数为 4％，操作压强为 101.3kPa，温度为 293K，吸收剂的用量为 103kmol/h，要求吸收率为 80％，试求塔底溶液出口浓度。

7. 某厂用内径为 100mm 的钢管输送原油，每小时输送量为 38t，已知该油的相对密度为 0.9，黏度为 72mPa·s，试判断其流动类型。

8. 用水测定某台离心泵的性能时，得到以下实验数据：流量是 12m^3/h，泵出口处压强计的读数是 373kPa，泵入口处真空计的读数是 26.7kPa，压强计和真空计之间的垂直距离是 0.4m，泵的轴功率是 2.3kW，叶轮转速是 2900r/min，水的密度是 1000kg/m^3，压出管和吸入管的直径相等。试求这次实验中泵的扬程和效率。

9. 在一填料吸收塔中，用清水吸收空气与丙酮蒸气的混合气体，已知混合气体的总压为 101.3kPa，丙酮蒸气的分压为 6.08kPa，操作温度为 293K，混合气体的总量为

14. 84m³/h，要求吸收率为98％，设吸收剂的用量为2772kg/h，试求出塔时的液相组成。

10. 用洗油来吸收焦炉气中的苯，已知欲处理的惰性气体量为4.2kmol/h，混合气中含苯（体积分数）2％，要求吸收率为95％，进塔洗油中苯的浓度为0.005kmol（苯）/kmol（油）。操作条件下的气液平衡关系为 $Y^* = 0.113X$。若实际液气比是最小液气比的1.5倍，试求实际吸收剂的消耗量和出塔时的液相组成。

11. 某离心泵输送30％硫酸，压出管上压强计的读数是177kPa，吸入管上真空计读数是3.87kPa。压强计装在比真空计高0.5m处，吸入管和压出管的直径相等。试求泵的压头（已知30％硫酸的密度是1220kg/m³）。

12. 有一炉壁，热导率 $\lambda = 0.9W/(m \cdot K)$，厚度为200mm，面积为10m²。已知内壁温度为1000K，外壁温度为35.0K。求此炉壁单位时间内的热损失量。

13. 在101.3kPa，温度为293K下用清水分离氨和空气的混合气体，混合气体中 NH_3 的分压是13.8kPa，经吸收后氨的分压下降到0.0068kPa，混合气的流量是1020kg/h。操作条件下的平衡关系是 $Y^* = 0.75.5X$。试计算最小吸收剂用量。如果适宜量是最小用量的5倍，试求吸收剂实际用量。

14. 硫铁矿焙烧出来的气体组成如下：SO_2 9％、O_2 9％、N_2 82％（体积分数），经冷却后送到填料塔中以除去其中 SO_2。吸收剂用清水。操作压强为101.3kPa，温度为293K，此条件下的平衡关系 $Y^* = 30.9X$。需处理混合气总量为1000m³/h，要求吸收率为90％。如果实际液气比为最小液气比的1.2倍，试求：①出塔溶液中理论上的极限浓度；②吸收剂的实际消耗量；③出塔时溶液的实际浓度。

15. 将乙醇和水溶液进行连续精馏，原料液的流量100kmol/h，乙醇的摩尔分数：在原料液中是0.3，在馏出液中是0.8，在残液中是0.05。设精馏塔的回流比 $R = 3$，入塔原料液是泡点温度，试求两操作线方程式。

技师复习试题参考答案

一、单项选择题

1. C	2. C	3. B	4. C	5. A	6. A	7. C	8. D	9. A	10. C
11. A	12. C	13. C	14. A	15. D	16. A	17. A	18. B	19. A	20. B
21. C	22. A	23. A	24. C	25. A	26. D	27. B	28. C	29. C	30. C
31. D	32. A	33. B	34. A	35. D	36. D	37. B	38. D	39. D	40. A
41. C	42. A	43. B	44. C	45. C	46. D	47. B	48. B	49. C	50. C
51. C	52. B	53. C	54. C	55. C	56. B	57. B	58. C	59. C	60. C
61. D	62. C	63. C	64. D	65. A	66. C	67. B	68. C	69. C	70. D
71. D	72. C	73. B	74. C	75. D	76. C	77. C	78. C	79. B	80. B
81. D	82. A	83. B	84. B	85. A	86. A	87. A	88. C	89. C	90. C
91. D	92. C	93. C	94. C	95. C	96. C	97. B	98. C	99. C	100. D
101. C	102. B	103. A	104. D	105. A	106. C	107. D	108. D	109. B	110. D
111. A	112. B	113. C	114. B	115. C	116. B	117. A	118. B	119. B	120. B
121. A	122. D	123. A	124. C	125. B	126. B	127. A	128. C	129. C	130. A
131. B	132. C	133. D	134. A	135. A	136. D	137. C	138. B	139. A	140. C
141. A	142. B	143. C	144. C	145. A	146. B	147. C	148. C	149. C	150. C
151. C	152. B	153. D	154. B	155. C	156. A	157. B	158. C	159. B	160. D

161. B　162. A　163. A　164. D　165. C　166. B　167. B　168. D　169. A　170. C
171. D　172. B　173. C　174. A　175. A　176. A　177. B　178. D　179. C　180. B
181. D　182. A　183. B　184. D　185. C　186. B　187. D　188. C　189. C　190. B
191. B　192. A　193. D　194. A　195. A　196. B　197. D　198. D　199. B　200. B
201. A　202. B　203. A　204. B　205. C　206. A　207. C　208. A　209. B　210. C
211. A　212. D　213. D　214. C　215. D　216. D　217. D　218. B　219. B　220. B
221. C　222. B　223. B　224. A　225. B　226. C　227. A　228. 技师复习试题　229. B　230. B
231. B　232. B　233. B　234. C　235. D　236. A　237. C　238. D　239. A　240. B
241. B　242. C　243. A　244. C　245. C　246. B　247. C　248. B　249. C　250. C
251. C　252. B　253. C

二、多项选择题

1. AB　2. ABCD　3. ABC　4. ABCD　5. ABCD　6. ABCD
7. ABC　8. BCD　9. ABD　10. ABC　11. BCD　12. ABCD
13. BD　14. ABC　15. AB　16. ABD　17. ABC　18. ABC
19. ABC　20. ABC　21. AD　22. ABC　23. ABCD　24. AB
25. ABC　26. AB　27. ABC　28. ABCDE　29. ABCD　30. ABC
31. ABC　32. ABD　33. ABC　34. ABCDE　35. ABC　36. ABCD
37. A　38. ABCD　39. ABCD　40. ABCD　41. ACD　42. ABC
43. AB　44. ABC　45. ABCD　46. BC　47. ABCD　48. ABCD
49. ABCD　50. ABCD　51. ABCD　52. ABD　53. AB　54. ABC
55. AC　56. ACD　57. ABC　58. ABCD　59. ABCD　60. ABCD
61. BC　62. ABC

三、判断题

1. √　2. √　3. ×　4. ×　5. √　6. ×　7. ×　8. √　9. ×　10. √
11. √　12. √　13. ×　14. ×　15 √　16. ×　17. ×　18. ×　19. ×　20. ×
21. ×　22. √　23. √　24. √　25. √　26. ×　27. √　28. √　29. √　30. √
31. ×　32. √　33. ×　34. √　35. ×　36. √　37. ×　38. ×　39. √　40. √
41. ×　42. √　43. ×　44. √　45. ×　46. ×　47. √　48. √　49. √　50. √
51. √　52. √　53. √　54. √　55. √　56. ×　57. √　58. √　59. √　60. √
61. ×　62. ×　63. √　64. √　65. ×　66. √　67. √　68. √　69. ×　70. √
71. √　72. ×　73. ×　74. √　75. √　76. √　77. √　78. √　79. √　80. √
81. √　82. √　83. √　84. √　85. √　86. √　87. √　88. √　89. ×　90. √
91. ×　92. ×　93. √　94. √　95. √　96. √　97. ×　98. ×　99. ×　100. √
101. √　102. √　103. ×　104. √　105. ×　106. √　107. ×　108. ×　109. ×　110. √
111. ×　112. √　113. √　114. ×　115. √　116. √　117. ×　118. √　119. √　120. ×
121. √　122. ×　123. √　124. √　125. ×　126. √　127. √　128. ×　129. ×　130. √
131. √　132. √　133. √　134. √　135. ×　136. √　137. √　138. √　139. √　140. √
141. √　142. ×　143. ×　144. √　145. ×　146. √　147. √　148. √　149. √　150. √
151. √　152. √　153. √　154. ×　155. √　156. √　157. √　158. √　159. √　160. √
161. ×　162. √　163. ×　164. ×　165. √　166. √　167. ×　168. √　169. ×　170. √
171. √　172. ×　173. ×　174. √　175. √　176. √　177. ×　178. ×　179. √　180. ×
181. √　182. √　183. √　184. √　185. √　186. √　187. ×　188. √　189. √　190. ×
191. √　192. ×　193. ×　194. √　195. √　196. ×　197. √　198. √　199. ×　200. √
201. ×　202. √　203. √　204. ×　205. ×　206. √　207. √　208. √　209. √　210. ×
211. √　212. √　213. √　214. √　215. √　216. √　217. ×

四、简答题

1. 答：离心式压缩机使用寿命与压缩机质量、辅助设施、安装、介质、操作条件、操作及维护、检修有关。主要取决于：①压缩机质量；②安装；③操作；④维护检修等。

2. 答：一般分为三层，第一层为信息管理层，第二层为过程控制层，第三层为输入、输出层。

3. 答：ESD 系统即紧急停车系统。

4. 答：信号报警起到自动监视的作用，当工艺参数超限或运行状态异常时，以灯光或声响的形式发出报警，提醒操作人员注意，并及时加以处理。

连锁保护系统实质上是一种自动操作系统，能使有关设备按照规定的条件或程序完成操作任务，达到消除异常、防止事故的目的。

5. 答：连锁线路通常是由输入部分、逻辑部分和输出部分三部分组成。

6. 答：逐板计算法和简易图解法。前者比较准确，能反映每块理论板的气液平衡；后者简单明了，但误差大，特别是平衡线与操作线相距很近时，误差更大。

7. 答：飞温是指反应过程恶化，在反应器催化剂床层局部区域产生温度失控；造成催化剂烧焦、物料燃烧甚至爆炸现象发生。

8. 答：选择性好、活性好、使用周期长、经济效益好。

9. 答：①预试车；②化工投料试车；③生产考核；④经济效益测算。

10. 答：增加单位体积的传热面积；提高传热温度差；提高传热系数。

11. 答：橡胶衬里、砖板衬里、塑料衬里、玻璃钢衬里。

12. 答：催化剂的结焦是由于生成积炭而覆盖催化剂表面，或堵塞催化剂孔道，导致催化剂失活。

13. 答：①进入精馏塔的热量：加热蒸汽带入的热量；回流带入的热量；原料带入的热量。

②离开精馏塔的热量：塔顶蒸汽放出的热量；蒸馏釜内残液带出的热量。损失于周围的热量。

14. 答：生产准备过程、基本生产过程、辅助生产过程、生产服务过程。

15. 答：技术论文应该包括题目、作者、摘要、关键词、引言、正文、结论、致谢、参考文献、附录十个部分。

16. 答：摘要文字必须十分简练，篇幅大小一般限制字数不超过论文字数的 5%。论文摘要不要列举例证，不讲研究过程，不用图表，不给化学结构式，也不要作自我评价。

17. 答：①名称；②原料、中间产品、产品的物化性质以及产品单耗；③工艺流程；④生产原理；⑤设备状况及设备规范；⑥操作方法；⑦分析标准；⑧工程建设体会。

18. 答：①名称；②岗位职责和权限；③本岗位与上下游的联系；④设备规范和技术特性，原料产品的物、化性质；⑤开工准备；⑥开工操作步骤；⑦典型状况下投、停运方法和步骤；⑧事故预防、判断及处理；⑨系统流程图；⑩运行常数正常范围和各种试验。

19. 答：①能完成开车流程的确认工作；②能完成开车化工原材料的准备工作；③能按进度组织完成开车盲板的拆装工作；④能组织做好装置开车介质的引入工作；⑤能组织完成装置自修项目的验收；⑥能按开车网络图计划要求，组织完成装置吹扫、试漏工作；⑦能参与装置开车条件的确认工作。

20. 答：通过采用新技术、新工艺，解决制约系统安、稳、优生产运行的问题，推动技术进步和技术创新，更好地提高企业经济效益。

21. 答：技术革新成果的主要内容是：①项目编号、成果名称、完成单位、申报日期、项目负责人、主要完成人、工作起止时间；②系统原始状况和技术难点；③实施报告，包括方案、措施、完成时间、取得成果（附图纸、资料、技术说明）；④社会、经济效益；⑤申报车间审核意见、技术主管部门审核意见、专业评审小组意见和企业主管领导意见。

22. 答：不是一回事。升扬高度是用泵将液体从低处送到高处的高度差。扬程是泵赋予 1N 重流体的外加能量，它包含静压头、动压头、位压头和压头损失等几方面的能量，升扬高度只是其中的一部分。

23. 答：泵入口安装过滤器是为了防止吸入液体中带有固体杂质，对泵的叶轮造成损坏。出口安装单向阀的目的是防止因泵的前后压差而造成倒液，特别是自起泵在备用时，出入阀全开，如无单向阀则会引起泵的反转，损坏设备。

24. 答：蒸发操作必须具备以下条件：①蒸发操作所处理的溶液中，溶剂具有挥发性，而溶质不具有挥发性；②要不断地供给热使溶液沸腾汽化；③溶剂汽化后要及时地排除。

25. 答：流体通过管路中各种管件（如三通、弯头、活管接等）、阀件、流量计以及管径的突然扩大和缩小等局部障碍而产生的阻力，称为局部阻力。

26. 答：①易燃、易爆、有毒和有腐蚀性的物质多；　②高温、高压设备多；　③工艺复杂、操作要求严格；　④三废多、污染严重；⑤事故多，损失重大。

27. 答：①气液两相在界面的两侧都有一层稳定的薄膜，流体在薄膜层内作滞流运动，气相和液相的流动状态只改变自身膜的厚度。

②在相界面上，气相中的可吸收组分由于分子扩散作用从气相界面转入液相界面，气液相中可吸收组分的浓度始终处于平衡状态，界面上不存在传质的阻力。

③在滞流膜以外的气、液两相主体中，因流体处于充分湍流状态，不存在浓度差，这就是说，在两相流体主体内也不存在任何传质阻力，传质过程的阻力集中在两个膜层之内。

28. 答：防止停泵时出口管路里的液体倒流而使泵叶轮倒转，引起叶轮螺母松动，叶轮与泵轴松脱等现象，以致损坏。

29. 答：全回流时，达到指定分离要求的理论板数最少。开工时为不稳定过程，为了尽快达到分离要求，采用全回流操作，然后再慢慢减小回流比至规定回流比。最小回流比，是指达到指定分离要求的理论板数最多到无穷。是选择适宜回流比的依据。一般适宜回流比是最小回流比的 $1.1\sim2.0$ 倍。

30. 答：平衡水分和自由水分是根据在一定干燥条件下，物料中所含水分能否用干燥方法除去来划分的。自由水分能被除去，平衡水分不能被除去。

31. 答：当加料板从适宜位置向上移两层板时，精馏段理论板层数减少，在其他条件不变时，分离能力下降，塔顶馏出液组成下降，易挥发组分收率降低，釜残液浓度增大。

32. 答：原料的五种热状况及 q 值为：①冷液进料，$q>1$；②饱和液体进料，又称泡点进料，$q=1$；③气、液混合物进料，$q=0\sim1$；④饱和蒸气进料，又称露点进料，$q=0$；⑤过热蒸气进料，$q<0$。

33. 答：萃取是利用液体混合物各组分在溶剂中溶解度的差异来分离液体混合物的操作。萃取和吸收的不同点，一是萃取分离的是液体混合物，而吸收分离的是气体混合物；二是吸收中处理的是气液两相，而萃取中则是液液两相。

34. 答：蒸馏和吸收的过程相同点在于它们都属于传质过程；不同点：①分离对象不同，蒸馏分离的是液体混合物，吸收分离的是气体混合物；②依据不同，蒸馏是利用组分沸点、挥发度的差异，而吸收是利用各组分在同一吸收剂中的溶解度不同；③传质过程不同，蒸馏是汽液之间的双向传质，而吸收只是汽相转入液相的单向传质。

35. 答：此段是利用回流液把上升蒸气中难挥发的组分逐步冷凝下来，同时回流液中挥发组分汽化出来，从而在塔顶得到较纯的易挥发组分。

36. 答：①吸收剂对所吸收气体的溶解度尽可能大，选择性要好，对其他组分的溶解度尽可能小，这样吸收的效率高；②吸收剂的蒸气压要低，吸收剂不易汽化，损失小；③无毒、无腐蚀、难燃、化学稳定性好、价廉易得。

五、计算题

1. 解：已知 $F=5000\text{kg/h}$，$X_F=99\%$，$X_D=99.95.\%$，$X_W=70\%$

求 $D=?\ \text{kg/h}$　　$W=?\ \text{kg/h}$

由　$F=D+W$

$FX_F=DX_D+WX_W$ 得：

$5000=D+W$

$5000\times99\%=D\times99.95.\%+W\times70\%$

解得：$D=4841.4\text{kg/h}$，$W=158.6\text{kg/h}$

答：塔顶馏出液的量为 4841.4kg/h，塔底残液的量为 158.6kg/h。

2. 解：硝基苯放出的热量 $Q=2520\times1.66\times(350-306)=184061(\text{kJ/h})$

冷却水吸收的热量＝硝基苯放出的热量

冷却水的消耗量＝184061/(4.22×10)＝4362kg/h

答：冷却水的消耗量是 4362kg/h。

3. 解：饱和水蒸气放出的热量 $Q_热＝2245×185.2＝415774(kJ/h)$

根据热量衡算：$Q_热＝Q_冷$

所以 $900×5×1.756×(t_出－293)＝415774$

解以上方程得：$t_出＝345K$

答：经过加热后苯的温度是 345K。

4. 解：冷热流体交换的热量：

$Q＝5×900×1.756×(343－293)＝395100(kJ/h)$

蒸汽的消耗量＝395100/2245＝176.00(kg/h)

答：每小时的蒸汽消耗量是 176.00kg。

5. 解：① 相平衡关系式：$y＝\dfrac{\alpha x}{1＋(\alpha－1)x}$ 转变成：$x＝\dfrac{y}{\alpha－(\alpha－1)y}＝\dfrac{y}{3.74－2.74y}$

精馏段操作线方程：

$y_{n+1}＝Rx_n/(R＋1)＋x_D/(R＋1)$

$y_{n+1}＝1.95x_n/(1.95＋1)＋0.96/(1.95＋1)＝0.661x_n＋0.325$

② 精馏段第一块塔板上升蒸汽组成 $y_1＝x_D＝0.96$

下降液体组成 $x_1＝\dfrac{0.96}{(3.74－2.74×0.96)}＝0.8652$

精馏段第二块塔板上升蒸汽组成 $y_2＝0.661×0.8652＋0.325＝0.8969$

下降液体组成 $x_2＝0.8969/(3.74－2.74×0.8969)＝0.6993$

精馏塔第三块塔板上升蒸汽组成 $y_3＝0.661×0.6993＋0.325＝0.787$

下降液体组成 $x_3＝0.7872/(3.74－2.74×0.7872)＝0.4973$

③ 因为 $x_3＝0.376＜x_F＝0.6$ 即第三块为进料板，精馏段有 2 块理论版。

答：精馏段理论塔板数为 2 块。

6. 解：塔底液相浓度可用公式计算：$X_1＝\dfrac{V}{L}(Y_1－Y_2)＋X_2$

已知：$y_1＝0.04$

则 $Y_1＝\dfrac{y_1}{1－y_1}＝\dfrac{0.04}{1－0.04}＝0.0417$［kmol（苯）/kmol（载体）］

而 $Y_2＝Y_1(1－\eta)＝0.0417×(1－0.8)＝0.00834$［kmol（苯）/kmol（载体）］

已知塔顶为净油，即 $X_2＝0$

混合气体中的惰性气体量 $Q＝1000×(1－4\%)＝960m^3/h$

则惰性气体的摩尔数 $V＝\dfrac{960}{22.4}×\dfrac{273}{293}＝39.93kmol/h$ 或［kmol（载体）/h］

已知吸收剂用量 $L＝103$［kmol（油）/h］

将以上各值代入上式，得：

$X_1＝\dfrac{39.93}{103}×(0.0417－0.00834)＝0.013$［kmol（苯）/kmol（油）］

答：该塔塔底溶液的出口浓度为 0.013［kmol（苯）/kmol（油）］。

7. 解：已知：$d＝0.1m$　$\rho＝0.9×1000＝900kg/m^3$　$W＝38t/h＝38000kg/h$

$u＝\dfrac{38000}{\dfrac{\pi}{4}×0.1^2×3600×900}＝1.49m/s$　$\mu＝72mPa·s＝0.072Pa·s$

根据公式得：$Re＝\dfrac{du\rho}{\mu}＝\dfrac{0.1×1.49×900}{0.072}＝1863$，

此时 $Re＜2000$，故管中原油流动类型为滞流。

8. 解：按公式求泵的扬程 $H=(Z_2-Z_1)+\dfrac{p'+p''}{\rho g}=0.4+\dfrac{(373+26.7)\times10^3}{1000\times9.81}=41.1\text{m}$

由公式计算泵的有效功率 $N=\dfrac{HQ\rho}{102}=\dfrac{41.1\times12\times1000}{3600\times102}=1.34\text{kW}$

按公式求泵的效率 $\eta=\dfrac{N}{N'}=\dfrac{1.34}{2.3}=0.583$

9. 解：已知：$p=101.3\text{kPa}$ $p_1=6.08\text{kPa}$ $V=1484\text{m}^3/\text{h}$

$T=293\text{K}$ $\eta=0.98$ $L=2772\text{kg/h}=\dfrac{2772}{18}=154\text{kmol/h}$ $X_2=0$

根据公式得：$y_1=\dfrac{p_1}{p}=\dfrac{6.08}{101.3}=0.06$ $Y_1=\dfrac{y_1}{1-y_1}=\dfrac{0.06}{1-0.06}=0.064$

根据公式得：$Y_2=Y_1(1-\eta)=0.064\times(1-0.98)=0.00128$

$$V=1484\times(1-0.06)=1394.96\text{m}^3/\text{h}=\dfrac{1394.96}{22.4}\times\dfrac{273}{293}=58\text{kmol/h}$$

根据公式得出塔时的液相组成：$X_1=\dfrac{V}{L}(Y_1-Y_2)+X_2=\dfrac{58}{154}\times(0.064-0.00128)=0.0236$

10. 解：① 求实际吸收剂消耗量：

已知：$V=42\text{kmol/h}$

$Y_1=\dfrac{y_1}{1-y_1}=\dfrac{0.02}{1-0.02}=0.0204$

$Y_2=Y_1(1-\eta)=0.0204\times(1-95\%)=0.00102$

$X_2=0.005$ $X_1^*=\dfrac{Y_1}{m}=\dfrac{0.0204}{0.113}=0.18$

$\dfrac{L_{\min}}{V}=\dfrac{Y_1-Y_2}{X_1^*-X_2}=\dfrac{0.0204-0.00102}{0.18-0.005}=0.11$

$L_{实}=1.5L_{\min}=1.5\times0.11\times42=6.93$

② 出塔时的液相组成：

$$X_1=\dfrac{V}{L}(Y_1-Y_2)+X_2=\dfrac{42}{6.93}\times(0.0204-0.00102)+0.005=0.122$$

11. 解：30%硫酸的密度是1220kg/m³，故泵的压头按公式求出，因吸入管和压出管的直径相等，计算式为：

$$H=(Z_2-Z_1)+\dfrac{P'+P''}{\rho g}=0.5+\dfrac{(177+3.87)\times10^3}{1220\times9.81}=15.6\text{m}$$

12. 解：通过平面壁的导热量可由下式计算，即 $q=\lambda\dfrac{A(t_1-t_2)}{\delta}$

已知 $\lambda=0.9\text{W}/(\text{m}\cdot\text{K})$ $\delta=200\text{mm}=0.2\text{m}$

$t_1=1000\text{K}$ $t_2=350\text{K}$ $A=10\text{m}^2$

将数据代入上式得：

$$q=\lambda\dfrac{A(t_1-t_2)}{\delta}=0.9\times\dfrac{10\times(1000-350)}{0.2}=29250\text{W}=29.25\text{kW}$$

13. 解：① 计算最小吸收剂用量 $L_{\min}$ $L_{\min}=\dfrac{V(Y_1-Y_2)}{X_1^*-X_2}$

已知：$p=101.3\text{kPa}$ $p_1=13.8\text{kPa}$，

$$y_1=\dfrac{p_1}{p}=\dfrac{13.8}{101.3}=0.1362$$

$$Y_1=\dfrac{y_1}{1-y_1}=\dfrac{0.1362}{1-0.1362}=0.158$$

已知：$p'=0.0068\text{kPa}$ 所以 $Y_2=\dfrac{p'}{p-p'}=\dfrac{0.0068}{101.3-0.0068}=0.000067$

已知：$G=1020\text{kg/h}$

$$M=y_1M_1+y_2M_2=0.1362\times17+(1-0.1362)\times28.2=27.2$$

$$V=\frac{G}{M}(1-y_1)=\frac{1020}{27.2}\times(1-0.1362)=32.4$$

已知：$Y^*=0.755X$　　$X_2=0$　　得 $X_1^*=\frac{Y_1}{0.755}=\frac{0.158}{0.755}=0.2093$

将以上各值代入公式：$L_{\min}=\frac{32.4\times(0.158-0.000067)}{0.2093-0}=24.4$

② 计算实际吸收剂用量 L　　$L=5L_{\min}=5\times24.4=122$

14. 解：①求出塔溶液中理论上的极限浓度，出塔溶液理论上的极限浓度即为塔底平衡浓度 X_1^*，可由平衡关系计算，即 $X_1^*=\frac{Y_1}{30.9}$

已知：$y_1=0.09$ 则 $Y_1=\frac{y_1}{1-y_1}=\frac{0.09}{1-0.09}=0.0989$

所以 $X_1^*=\frac{Y_1}{30.9}=\frac{0.0989}{30.9}=0.0032$（1分）

② 求实际吸收剂用量

a. 求最小吸收剂用量 $L_{\min}$

$L_{\min}=\dfrac{V(Y_1-Y_2)}{X_1^*-X_2}$ 已知：$X_2=0$　$\eta_{吸}=0.9$

$Y_2=Y_1(1-\eta)=0.0989\times(1-0.9)=0.00989$

$V=V'(1-y_1)=\dfrac{1000}{22.4}\times\dfrac{273}{293}\times(1-0.09)=37.85$

所以　$L_{\min}=\dfrac{37.85\times(0.0989-0.00989)}{0.0032}=1052.8\text{kmol/h}$

b. 求实际吸收剂用量 L

$L=1.2L_{\min}=1.2\times1052.8=1263.4\text{kmol/h}$

③ 求出塔溶液的实际浓度

$X_1=\dfrac{V(Y_1-Y_2)}{L}+X_2=\dfrac{37.85\times(0.0989-0.00989)}{1263.4}+0=0.00267$

15. 解：①精馏段操作线方程式

已知：$x_D=0.8$　$R=3$ 则 $y=\dfrac{R}{R+1}x+\dfrac{x_D}{R+1}=\dfrac{3}{3+1}x+\dfrac{0.8}{3+1}=0.75x+0.2$

② 提馏段操作线方程式

已知：$F=100\text{kmol/h}$　$x_F=0.3$　$x_W=0.05$

$100=D+W$

$100\times0.3=D\times0.8+W\times0.05$　解得：$D=33.33$　$W=66.67$

已知：$q=1$　$L=RD=3\times33.33=100$

则

$$y=\frac{L+qF}{L+qF-W}x-\frac{W}{L+qF-W}x_W$$

$$=\frac{100+1\times100}{100+1\times100-66.67}x-\frac{66.67}{100+1\times100-66.67}\times0.05$$

$$=1.5x-0.025$$

模块十　技能复习试题

项目一　初级工技能复习试题

操作考试有以下两种题型，可根据考试现场情况任选一种作为考试方式。

一、仿真操作

1. 离心泵的冷态开车

　　冷态开车成绩＝机读实际成绩×40％

2. 离心泵的正常停车

　　正常停车成绩＝机读实际成绩×20％

3. 离心泵的事故处理

　　事故 1 成绩 ＝机读实际成绩×20％

　　事故 2 成绩＝机读实际成绩×20％

　　总成绩＝冷态开车成绩＋正常停车成绩＋事故 1 成绩＋事故 2 成绩

二、答辩题

本题在考生对现场模拟操作的基础上，对正常操作、事故处理及安全等方面的内容进行抽题答辩。

每位考生抽 10 分考题一道，20 分考题三道，30 分考题一道进行口述答辩。

（一）10 分题

1. 石油化工生产有哪些特点？

2. 生产甲醛的设备为何不能用铁设备？应采用何种设备？

3. 离心泵应怎样启动？

4. 工厂对原始记录有哪些要求。

5. 为什么会发生触电事故？

6. 在流量一定的情况下，管径是否越小越好？为什么？

7. 灭火的基本方法有哪些？

8. 灭火器的种类有哪些？

9. 化工设备的润滑"五定"制度是指哪五定？

10. 煤气燃烧需要什么条件？

（二）20 分题

1. 传热系数的物理意义是什么？

2. 阀门在管路中有何作用？

3. 化工生产按工艺要求，需将管子连接，管子的连接有几种方式？

4. 精馏操作为什么要保持回流罐液面？

5. 干燥器的物料衡算主要是为了解决什么问题？

6. 精馏操作在开车前应做哪些方面的检查？

7. 填料塔中什么是沟流现象和壁流现象？ 能全部消除吗？

8. 设备在投入使用之前如何清洗？

9. 塑料填料为什么要用碱洗？ 如何操作？

10. 环氧乙烷的贮藏为保证安全，应注意哪些问题？

11. 若发生二氯乙烷中毒，应采取什么措施？

12. 什么是催化剂老化？

13. 发生火灾如何报警？

14. 结晶过程包括哪几个阶段？

15. 在生产操作中如何获得较高的产率？

（三）30 分题

1. 吸收操作的要点是什么？

2. 列管式换热器在试用前如何进行试压试验？

3. 强化传热途径有哪些？ 如何提高传热系数？

4. 为什么离心泵启动之前，要先灌满液体？泵吸入管末端为什么要安装单向底阀？

5. 吸收操作在化工生产中的作用可归纳为哪几个方面？ 各举一例？

6. 蒸发器后为什么要安装冷凝器？

7. 结晶操作有哪些特点？

8. 简述精馏与蒸发的区别？

9. 影响萃取分离效果的主要因素有哪些？

10. 什么是精馏操作中所说的理论塔板？

初级工技能复习试题参考答案

二、答辩题

（一）10 分题

1. 答：易燃易爆、有毒害性、腐蚀性、连续性。

2. 答：铁能促进甲醛分解。应用铜或不锈钢。

3. 答：①启动时，应将出口阀完全关闭；②待电动机运转正常后再逐渐打开出口阀，并调节到所需流量。

4. 答：及时、准确、真实、无差错、无空格，整洁、仿宋体、标准化。

5. 答：人体与带电导体的接触，形成回路就会发生触电。

6. 答：当流量一定，管径越小，投资费用越小，但将使流速增大，流体阻力增加；操作费用增加；故管径不是越小越好。

7. 答：冷却法、隔离法、窒息法。

8. 答：（1）泡沫灭火器，二氧化碳灭火器；（2）酸碱灭火器、四氯化碳灭火器。

9. 答：润滑"五定"制度是定点，定质，定量，定时，定人 。

10. 答：（1）助燃剂；（2）火源；（3）可燃气体。

（二）20 分题

1. 答：当冷热流体温度差为 1℃，传热面积为 $1m^2$ 时，1h 内热流体传给冷流体的热量。

2. 答：（1）接通或切断介质的流通管路；（2）改变介质的流动方向；（3）调节介质的压力和控制介质的流量；（4）排泄压力，保证设备安全运行。

3. 答：四种。焊接连接、法兰连接、螺纹连接、承插连接各点。

4. 答：回流提供了精馏塔完成精馏所必需的液相物料，因此回流罐必须有一定的液面，来持续不断地满足回流的要求。

5. 答：（1）解决干燥过程中应汽化并排出的水分量，或称水分蒸发量。

（2）解决带走这些水分所需要的空气量。

6. 答：（1）检查冷却水系统、电系统；（2）检查装置各阀门、仪表是否处于待开状态；（3）检查塔釜液位；（4）检查加热系统；（5）检查相关用泵是否正常。

7. 答：（1）填料塔内液体向塔壁空隙大处集中的现象称壁流效应。

（2）填料塔内液体向填料孔隙较大处集中的现象称沟流效应。

（3）壁流和沟流现象只能减轻而不能根除。

8. 答：在运转设备进行联动试车时，要用清水清洗设备，以除去固体杂质。清洗中不断排放污水，并不断向溶液槽内补加新水，直至循环水中固体杂质含量小于 50ppm 为止。

9. 答：塑料填料在制作过程中，所用的溶剂及脱膜剂一般为脂肪酸类物质，这些物质使一些吸收中所用的溶液起泡，因此，在使用前必须吧它们洗除。其操作步骤为：用温度为 363～373K、浓度为 5% 的碳酸钾溶液清洗 48h，随后放掉碱液；用软水清洗 8h，按设备清洗过程清洗 2～3 次。

10. 答：（1）远离火源；（2）避免阳光直射和间接聚焦照射；（3）贮槽必须清洁；（4）贮藏须通入致冷剂；（5）贮槽中须加入阻聚剂。

11. 答：（1）立即到新鲜空气处；（2）用水冲净被污染的皮肤；（3）误饮二氯乙烷应服用盐水，或肥皂水；（4）立即送医院诊治。

12. 答：催化剂在反应和再生过程中，由于高温和水蒸汽的反复作用，活性下降的现象称为催化剂老化。

13. 答：（1）拨打电话 119，讲清自己的姓名和电话号码，讲清起火单位和详细地址。（2）讲清起火部位，什么物质起火，着火程度；（3）讲清消防通道，然后到十字路口接消防车。

14. 答：晶核的形成和晶体的成长两个阶段。

15. 答：（1）做到"三勤，一稳，四统一"的操作要求；（2）积极消除设备管跑，冒、滴、漏；（2）尽量减少开、停车次数，提高设备运转率。

（三）30 分题

1. 答：（1）进塔气体的压力和流速不宜过大，否则会影响气、液两相的接触效率，使操作不稳定。（2）吸收剂不能含杂质，避免杂物堵塞填料缝隙。在保证吸收率的前提下，尽量减少吸收剂的用量。（3）控制进气温度，将吸收温度控制在规定范围。（4）控制塔底和塔顶压力，防止压差过大。（5）经常调节排液阀，保持吸收塔液面稳定。（6）检查风机、水泵的运转情况，保证原料气和吸收剂流量的稳定。（7）检查各控制点的变化情况、系统设备与管道的泄漏情况，根据记录表要求做好记录。

2. 答：（1）试验压力一般为工作压力的 1.25 倍。（2）在壳程内充满水后，关闭出口阀，然后用水压机对设备进行加压，并检查设备焊缝、列管等是否有泄漏处。（3）待加压到所需的压力后，要恒压 2h 左右。（4）如压力没变化，便减压、防水清除杂质。（5）如发现有泄漏处，泄压后进行处理，然后再行试压，直至证明无泄漏为止。

3. 答：强化传热有三个方面：（1）增大传热面积，一般采用新型换热器。（2）增大流体平均温度差，一般采用逆流；（3）增大传热系数。

提高传热系数：（1）加大流速或减小管径，提高 α 有利增大传热系数。（2）改变流动条件，增强湍动程度，提高 α 有利增大传热系数。（3）采用导热系数大的载热体及间壁，提高传热系数。（4）减少结垢和及时清除垢层，减少污垢热阻提高给热系数。

4. 答：若不灌满液体，或在运转中泵内漏入空气，由于空气的密度比液体的密度小得多，产生的离心力小，在吸入口处所形成的真空度较低，不足以将液体吸入泵内，这时，虽然叶轮转动，却不能输送液体，这种现象称为"气缚"。单向底阀可防止灌入的或上一次停泵存留的液体漏掉。

5. 答：（1）制造产品：冷热用水吸收氯化氢气体制取盐酸。（2）分离气体混合物：如用酒精脱除石油气中的硫化氢。（3）气体净制：如合成氨工业中通过水洗或碱洗以除去原料气中的二氧化碳气体。（4）回收混合气中的有用组分，达到综合利用的目的：如从烟道气体中回收二氧化碳。

6. 答：（1）蒸发操作中必须不断地排除二次蒸汽；（2）必须用冷凝器来冷凝二次蒸汽。（3）二次蒸汽为有用的产品需要回收；（4）或者会严重污染冷却水的情况外；（5）常采用直接通入冷却水与蒸汽直接混合的办法进行冷凝。

7. 答：与其他单元操作相比，结晶操作的特点是：（1）能从杂质含量较多的混合液中分离出高纯度的晶体；（2）高熔点混合物、相对挥发度小的物系及共沸物、热敏性物质等难分离物系，可考虑用结晶操作加以分离，这是因为沸点相近的组分其熔点可能有显著差别；（3）结晶操作能耗低，对设备材质要求不高，一般很少有"三废"排放。

8. 答：（1）蒸馏与蒸发虽然同样是以加热汽化为前提，但两种操作具有本质的区别。（2）蒸发是分离挥发性溶剂和不挥发性溶质的操作，其结果是除去一部分溶剂而使溶液增浓甚至析出结晶。（3）蒸馏则是为了分离溶剂与溶质都具有挥发性的溶液，在操作过程中它们同时汽化，其结果是使馏出液和残液的组成不同。

9. 答：（1）被分离组分在萃取剂与原料两相之间的平衡关系；（2）影响萃取剂与原料液两相接触和传质的物性；（3）萃取过程的流程、所用设备及其操作条件。

10. 答：所谓理论塔板，是指在塔板上气液两相接触十分充分、接触时间足够长，以致从该板上升的蒸汽组成与自该板下降液相组成之间处于平衡状态。

项目二　中级工技能复习试题

中级工技能考试有以下两种题型，可根据考试现场情况任选一种作为考试方式。

一、仿真操作

1. 精馏的冷态开车

冷态开车成绩＝机读实际成绩×40％

2. 精馏的正常停车

正常停车成绩＝机读实际成绩×30％

3. 精馏的事故处理

事故 1 成绩 ＝机读实际成绩×10％

事故 2 成绩 ＝机读实际成绩×10％

事故 3 成绩 ＝机读实际成绩×10％

总成绩＝冷态开车成绩＋正常停车成绩＋事故 1 成绩＋事故 2 成绩＋事故 3 成绩

二、答辩题

本题在考生对现场模拟操作的基础上，对正常操作、事故处理及安全等方面的内容进行抽题答辩。

每位考生抽 10 分考题一道，20 分考题三道，30 分考题一道进行口述答辩。

（一）10 分题

1. 化学工业中常用的固体物料输送机械有哪两种？并举例说明。

2. 试说明一般选择离心泵类型的方法和步骤。

3. 沸腾传热可分为哪三个区域？应维持在哪个区域操作？

4. 要降低流体的阻力，应从哪些方面着手？

5. 什么是离心泵的扬程？

6. 试述离心泵汽蚀的危害。

7. 非均相物系的主要分离方法有哪些？

8. 什么是三废？

9. 人身触电的紧急救护措施有哪些？

10. 施工现场的"三违"是指什么？

（二）20 分题

1. 叙述萃取过程的三个主要步骤。

2. 消防系统主要组件的涂色，应符合什么要求？

3. 吸收塔内支承板、液体分布器和液体再分布器的作用分别是什么？

4. 什么是精馏操作中的理论塔板？

5. 工业上常用的对流干燥器有哪些？

6. 列管式换热器在试用前如何进行试压试验？

7. 离心泵在正常运转时应经常维护哪些方面？

8. 催化剂在装填前应做好哪些准备工作？

9. 化工生产中发生跑、冒、滴、漏的一般原因是什么？

10. 精馏塔中气相组成、液相组成及温度沿塔高如何变化？

11. 催化剂的寿命曲线通常包括哪三个周期？

12. 如何对煤气炉，洗气塔等常压设备进行试漏？

13. 为什么膜状冷凝比滴状冷凝给热系数小？

14. 如何防止离心泵气蚀现象的发生？

15. 交接班的主要内容有哪些？

（三）30分题

1. 催化剂成分主要由哪几个部分构成，它们各起什么作用？

2. 叙述液气比大小对吸收操作的影响。

3. 为什么液氨贮槽的装液量不允许超过容积的80％？

4. 为什么离心泵启动之前，要先灌满液体？泵吸入管末端为什么要安装单向底阀？

5. 往复泵的流量为什么不均匀？为了改善这一状况，可以采取哪些措施？

6. 如何提高换热器的总传热系数 K？

7. 离心泵的流量调节有哪些方法？

8. 催化剂层温度的变化、为什么可根据"灵敏点"温度的情况来判断？

9. 系统大修后进行吹净和置换目的是什么？

10. 试进行逆、并流比较？

中级工技能复习试题参考答案

二、答辩题

（一）10分题

1. 答：常用的间歇输送机械有电葫芦和电梯；连续式输送机械有带式输送机、斗式提升机、螺旋输送机、板式输送机、气流压送与气流吸送输送等。

2. 答：（1）根据被输送介质的性质确定泵的类型；（2）确定输送系统的流量与压头；（3）选择泵的型号；（4）校核泵的轴功率。

3. 答：沸腾传热可分为自然对流、膜状对流、核状对流三个区域。操作就维持在核状对流区域。

4. 答：适当增加管径和减小流速；减小直管长度；减小局部阻力。

5. 答：扬程又称泵的压头，是指单位重量流体流经泵后所获得的能量。

6. 答：离心泵发生汽蚀时，泵体震动，发出噪音，泵的流量、扬程和效率都明显下降，使泵无法正常工作。

7. 答：沉降；过滤；离心分离；湿法分离。

8. 答：废气、废水、废渣。

9. 答：（1）将触电者迅速脱离电源；（2）紧急救护。

10. 答：违章指挥、违章操作、违反劳动纪律。

（二）20分题

1. 答：主要步骤：（1）混合接触：将原料与溶剂充分混合，使一相分散到另一相中，两相充分接触，以利于两相间的传质。(2) 澄清分离：萃取相和萃余相通过重力和离心力的作用，进行澄清分离。(3) 溶剂回收：将萃取相和萃余相分别在溶剂回收设备中回收溶剂。回收的溶剂可循环使用。

2. 答：(1) 泡沫液泵、泡沫混合液管道、泡沫管道、泡沫液储罐、泡沫比例混合器、泡沫发生器涂红色。(2) 泡沫消防泵、给水管路图绿色。

3. 答：(1) 支承板的作用：一是支承填料和填料上的持液量，二是保证气体和液体能自由通过，其流通截面积不得小于填料间的空隙。

(2) 液体分布器的作用：使液体均匀分布在填料上。

(3) 液体再分布器的作用：将塔壁流下液体重新均匀地喷洒在填料层断面。

4. 答：所谓理论塔板，是指在塔板上气液两相接触十分充分、接触时间足够长，从该板上升的蒸汽组成与自该板下降液相组成之间处于平衡状态。

5. 答：工业上常用的对流干燥器有：(1) 厢式干燥器；(2) 气流干燥器；(3) 流化床干燥器；(4) 喷雾干燥器；(5) 转筒干燥器。

6. 答：(1) 在壳程内充满水后，关闭出口阀，然后用水压机对设备进行加压，并检查设备焊缝、列管等是否有泄漏，待加压到所需的压力后，要恒压 2h 左右，如压力没变化，便减压、防水清除杂质。(2) 如发现有泄漏处，泄压后进行处理，然后再行试压，直至证明无泄漏为止。

7. 答：(1) 离心泵轴承温度；(2) 电动机的温升；(3) 填料是否滴漏；(4) 泵出口压力和进口真空表指示是否正常；(5) 定期更好润滑油。

8. 答：(1) 首先应把催化剂过筛、除去粉尘、碎粒均匀；(2) 在炉壁上标明催化剂的填装高度；(3) 找好支架及相关装填所用工具；(4) 然后自下而上分层进行装填。

9. 答：发生跑、冒、滴、漏的一般原因是操作不精心或误操作；另外是设备管线和机泵的结合面不严密而泄漏。

10. 答：气相中易挥发组分组成从塔底向塔顶逐渐增加。液相中难挥发组分的组成从塔顶到塔底逐渐增加。温度从塔顶至塔底逐渐升高。

11. 答：成熟期、稳定期和衰老期。

12. 答：(1) 向系统内鼓入空气，压力维持在正常操作压力的 1.25 倍。

(2) 在焊缝、法兰、接头等处刷肥皂水进行检查，不出现气泡时为合格。

13. 答：膜状冷凝时壁面有一层液膜，而滴状冷凝不能全部润湿壁面，金属壁面导热系数远远大于液膜。即滴状冷凝时蒸汽不必通过液膜传热而直接在传热面上冷凝，故给热系数远比膜状冷凝时给热系数为大，相差几倍甚至几十倍。

14. 答：(1) 泵的安装高度不能超过允许吸入高度；(2) 当吸入管路中的液体流速和阻力过大时，应降低安装高度；(3) 严格控制物料温度。

15. 答：(1) 主要交接设备的运行情况；(2) 工艺的执行情况；(3) 有关领导对生产方面的指示。

(三) 30 分题

1. 答：催化剂成分主要由活性组分，载体和助催化剂三部分构成，它们所起作用分别如下：(1) 活性组分：对催化剂的活性起着主要作用，没有它催化反应几乎不发生。(2) 载体：载体有多种功能，如高表面积、多孔性、稳定性、双功能活性和活性组分的调变以及改进催化剂的机械强度等。最重要的功能是分散活性组分，作为活性组分的基底，使活性组分保持高的表面积。(3) 助催化剂：本身对某一反应没有活性或活性很小，但加入它后（加入量一般小于催化剂总量的 10%），能使催化剂具有所期望的活性、选择性或稳定性。加入助催化剂或者是为了帮助载体或者为了帮助活性组分。

2. 答：单位惰性气体所需吸收剂的量（L/V）称为液气比。液气比下降，在处理一定气量时，即吸收剂用量减少，吸收塔出口溶液浓度（X_1）加大，但吸收推动力减少，吸收将变得困难。

此外同样吸收效果，吸收剂用量减少，接触时间必须必须加长，即吸收塔增加塔高。吸收剂用量减少，填料不能充分润湿，失去应有的作用。液气比增大，当吸收液浓度远低于平衡浓度已不能增加推动力，造成积液，压差增大，使吸收塔操作恶化，还浪费动力。

3. 答：(1) 贮槽上部留有空间作为蒸发出的气氨的容积，因为气体是可以压缩的，不致再引起压力的升高。（2）否则，当温度升高时，由于液氨膨胀，体积增大。（3）液体的不可压缩性使贮槽和液位升高而引起爆炸事故。

4. 答：若不灌满液体，或在运转中泵内漏入空气，由于空气的密度比液体的密度小得多，产生的离心力小，在吸入口处所形成的真空度较低，不足以将液体吸入泵内，这时，虽然叶轮转动，却不能输送液体，这种现象称为"气缚"。单向底阀可防止灌入的或上一次停泵存留的液体漏掉。

5. 答：由于往复泵只是压出行程时排出液体，吸入行程时无液体排出；同时，又由于泵的往复运动是依靠电动机通过曲柄连杆机构，使旋转运动变为活塞的往复运动而实现的，在一个冲程中，活塞的移动速度随时间而变化，则排液量也相应地变化。可以采用双动泵、多动泵或在泵的吸入口和压出口处装设空气室。

6. 答：要提高 K 值，就必须减少各项热阻，减少热阻的方法有：（1）增加湍流程度，可少层流边界层厚度；（2）防止结垢和及时清除垢层，以减少垢层热阻。

7. 答：离心泵的流量调节就是改变泵的特性曲线和管路特性曲线的方法。（1）改变泵的特性曲线法最常用的方法是改变泵的转速和切割叶轮外圆改变叶轮直径。（2）改变管路特性曲线最常用的方法是调节离心泵出口阀开度。关小阀门，管路局部阻力增大，管路特性曲线变陡，工作点向左移动，流量减小。

8. 答：（1）"灵敏点"是催化剂层温度变化最灵敏的点。（2）以这点的温度为操作依据。（3）可及时发现催化剂层温度变化的趋势，预先采取措施。

9. 答：（1）吹净是吹除设备、管道在检修时进入灰尘、油泥水分、棉纱、木屑等杂物，保证生产正常进行。（2）置换是用氮气排除设备及管道内部在检修后残留的空气。

10. 答：逆流优点：（1）相同进出口温度 $\Delta t_{m逆} > \Delta t_{m并}$ 相同 K 和 Q 时所需传热面积小；（2）载热体用量可能比并流少，因为逆流热流体温度出口温度（T_2）可趋向冷流体进口温度（t_1）到一定值就使载热体用量少于并流；（3）如逆流载热体用量少的情况下，逆流平均温度差可能小于并流（T_2 趋向 t_1），但长期操作费用节省，则操作费用远小于设备费用，使综合费用合理。

并流应用场合：（1）开始移走大量热量场合，因为并流开始温差大；（2）因 $t_2 < T_2$ 可以控制温度，如避免过热或过冷等。

项目三　高级工技能复习试题

高级工技能考试有以下两种题型，可根据考试现场情况任选一种作为考试方式。

一、仿真操作

1. 吸收解吸的冷态开车
   冷态开车成绩＝机读实际成绩×40％
2. 吸收解吸的正常停车
   正常停车成绩＝机读实际成绩×20％
3. 吸收解吸的事故处理
   事故 1 成绩 ＝机读实际成绩×10％
   事故 2 成绩＝机读实际成绩×10％
   事故 3 成绩＝机读实际成绩×10％
   总成绩＝冷态开车成绩＋正常停车成绩＋事故 1 成绩＋事故 2 成绩＋事故 3 成绩

二、答辩题

本题在考生对现场模拟操作的基础上，对正常操作、事故处理及安全等方面的内容进行抽题答辩。

每位考生抽 10 分考题一道，20 分考题三道，30 分考题一道进行口述答辩。

（一）10 分题

1. 何为闪蒸？
2. 什么叫回流比？
3. 电气设备接地的作用是什么？
4. 干燥的方法可分为几种？
5. 湿空气的基本特点是什么？
6. 精馏塔中精馏段的作用？
7. 转子流量计的使用特点有哪些？
8. 何为试验压力？在一般情况下，它与公称压力有何关系？
9. 影响结晶操作的因素有哪些？
10. 什么叫过饱和溶液？

（二）20 分题

1. 离心泵在启动时为什么出口阀要关死？
2. 吸收和精馏过程本质的区别在哪里？
3. 简述离心泵汽蚀的危害。
4. 什么是漏液现象？精馏操作中对漏液量有何要求？

5. 化工生产的危险性特点是什么？

6. 滴定分析按反应类型可分为哪几类？

7. 为什么常采用减压蒸发？

8. 氨合成的基本工艺步骤有哪些？

9. 汽化和蒸发有何区别？

10. 何为节流装置和节流现象？

11. 何为爆炸极限？爆炸上、下限表示何意？

12. 当反应系统超压时，应如何处理？

13. 影响萃取分离效果的主要因素有哪些？

14. 如何对管道进行防腐处理？

15. 废热锅炉的炉身为何要倾斜 7°？

（三）30 分题

1. 过饱和度与结晶有何关系？

2. 对于一个精馏塔，进入和离开塔的热量有哪几项？

3. 再沸器预热的目的是什么？方法有哪些？

4. 操作条件对冷冻能力有什么影响？

5. 生产中进入精馏塔塔内的原料可能有几种受热状况？

6. 液体走管程和壳程的选择原则？

7. 精馏操作中怎样调节釜温？引起釜温波动的因素是什么？

8. 为什么要采取多级压缩？在多级压缩中，通常有哪些附属装置？作用各是什么？

9. 何谓气体吸收的气膜控制？气膜控制时应怎样强化吸收速率？

10. 化学平衡有哪些特征？

高级工技能复习试题参考答案

二、答辩题

（一）10 分题

1. 答：闪蒸即平衡气化，进料的某种方式被加热至部分气化，经过减压设施在一个容器的空间内，于一定的温度和压力下，气液两相迅速分离，得到相应的气相和液相产物，此过程称为闪蒸。

2. 答：精馏塔顶馏出物经冷凝后，回流流量与产品量之比称为回流比。

3. 答：(1) 其主要作用是保护人身和设备安全；(2) 保证电力系统的正常工作。

4. 答：按其热能供给湿物料的方法可分为传导干燥、对流干燥、辐射干燥和介电加热干燥。

5. 答：(1) 湿空气是一种不饱和的空气；(2) 在干燥过程中，尽管湿空气中的水汽不断变化，但干空气质量始终不变。

6. 答：此段是利用回流液把上升蒸汽中难挥发组分（又叫重组分）逐渐冷凝下来，同时回流液中挥发组分（又叫轻组分）汽化出来，从而在塔顶得到较纯的易挥发组分。

7. 答：(1) 特别适用于小流量的测量；(2) 测量范围很广，有效测量范围大；(3) 压力损失小，位移随被测介质流量的变化反应较快；(4) 垂直安装不许倾斜；(5) 流体从上而下，不能倒流。

8. 答：对设备或管路附件进行水压强度和气密性试验而规定的压力叫试验压力。一般情况，它为公称压力的 1.5 倍。

9. 答：过饱和度的影响；冷却（蒸发）速度的影响；晶种的影响；杂质的影响；搅拌的影响。

10. 答：溶液中的溶质浓度超过该条件下的溶解度时的溶液叫做过饱和溶液。

（二）20 分题

1. 答：根据离心泵的特性，功率随流量的增加上升，流量为零时功率最小，所以离心泵在开车时将出口阀关闭，使泵在流量为零的状况下启动，减小启动电流，以防止电动机因超载而受损。

2. 答：吸收和精馏过程是混合物分离的两种不同的方法。吸收利用混合物中各组分在某一溶剂中的溶解度不同，而精馏是利用混合物中各组分的挥发度不同而进行分离。

3. 答：离心泵发生汽蚀时，泵体震动，发出噪音，泵的流量、扬程和效率都明显下降，使泵无法正常工作。

4. 答：当气相负荷减小，致使上升蒸汽通过阀孔的动压不足以阻止板上液体经阀孔流下时，便会产生漏液现象。正常操作时，漏液发生的量应不大于液体流量的 10%。

5. 答：（1）易燃、易爆、有毒、有腐蚀性的物质多；（2）高温、高压的设备多；（3）工艺复杂、操作要求严格；（4）三废多，污染严重；（5）事故多，损失重大。

6. 答：（1）酸碱滴定法；（2）氧化还原滴定法；（3）配位滴定法；（4）沉淀滴定法。

7. 答：（1）在加热蒸汽压力相同的情况下，减压蒸发时溶液的沸点低，传热温差可以增大，当热负荷一定时，蒸发器的传热面积可以相应减小；（2）可以蒸发不耐高温的溶液；（3）可以利用低压蒸汽和废气昨晚加热剂；（4）操作温度低，损失于外界的热量也相应减小。

8. 答：（1）气体的压缩；（2）气体的预热及合成；（3）未反应气体的循环；（4）惰性气体的放空；（5）氨的分离；（6）反应热回收利。

9. 答：汽化指物质经过吸热从液态变为气态的过程。而蒸发是指气化只是从液体表面产生的过程。蒸发只是汽化的一种。

10. 答：（1）在管路中放置使流体产生局部收缩的元件叫节流装置；（2）节流现象是流体在节流装置的管道中流动时，在节流装置前后的管壁处，液体的静压力产生差异的现象。

11. 答：爆炸极限是指某种可燃气体、蒸汽或粉尘和 空气的化合物，能发生爆炸的浓度范围。发生爆炸时最低浓度和最高浓度分别为爆炸下限和上限。

12. 答：（1）应迅速减少原料的进料量，以降低负荷。（2）必要时可以开放空阀，卸掉部分压力。

13. 答：（1）被分离组分在萃取剂与原料两相之间的平衡关系；（2）影响萃取剂与原料液两相接触和传质的物性；（3）萃取过程的流程、所用设备及其操作条件。

14. 答：（1）用钢丝刷或砂纸除去管子表面的锈迹，并用干布擦净，要求刷两遍防锈漆、两遍油漆。不锈钢管、铜管不必刷漆；（2）在焊缝，法兰，接头等处刷肥皂水进行检查，不出现气泡时为合格。

15. 答：（1）为了促进废热炉内水汽的对流；（2）提高换热效率；（3）使炉身和气包的重心达到平衡。

（三）30 分题

1. 答：（1）过饱和度是产生结晶的先决条件，是溶液结晶过程最根本的推动力。（2）它的大小直接影响晶核的生成和晶体成长过程的快慢，而晶核生成和晶体成长的快慢又影响这结晶的粒度及粒度的分布。（3）因此，过饱和度是结晶操作中一个及其主要的参数。

2. 答：（1）加热介质带入的热量；（2）回流带入的热量；（3）原料带入的热量；（4）塔顶蒸汽带出的热量；（5）塔釜残液带出的热量；（6）损失于周围的热量。

3. 答：再沸器预热的目的：（1）排掉再沸器内的不凝气，以免影响传热面积，金属突然受到高沸加热，很容易破坏内部器体排列，影响金属的机械性能而发生蠕变，严重时会使金属断裂，所以再沸器要预热，以防变形或裂变而影响正常生产。

（2）再沸器预热方法：打开再沸器和液位罐的放空阀，用蒸汽旁路缓慢预热，直到放空阀有液体喷出为止。

4. 答：一定冷冻机在一定操作条件下（T_1、T_2、T_3）冷冻能力不同。

（1）蒸发温度（T_1）降低，相应压缩机进口压强降低使单位体积冷冻能力下降，此外，压缩比增大也会使冷冻能力下降。（2）冷凝温度（T_2）升高，使压缩比增大，降低冷冻能力。（3）过冷温度（T_3）升高，使其熔值增大，降低冷冻能力。

5. 答：温度在沸点以下的冷液体；温度正好为沸点的饱和液体，温度介于泡点和露点之间的气液混合物，温度正好为露点的饱和蒸汽；温度高于露点的过热蒸汽。

6. 答：(1) 不洁净和易结垢的流体宜走管内，以便于清洗管子；

(2) 腐蚀性的流体宜走管内；

(3) 压强高的流体宜走管内，以免壳体受压，可节省壳程金属消耗量；

(4) 饱和水蒸气宜走管内；

(5) 被冷却的液体宜走壳程；

(6) 有毒流体宜走管内；

(7) 黏度大流体宜走管内。

7. 答：通常是改变加热釜的蒸汽量来调节釜温。加大蒸汽量，釜温上升；减少蒸汽量，釜温下降。也有用改变加热釜内冷凝液的液位来调节釜温的，加大排出量，降低液位，釜温上升；减少排出量，升高液位，釜温下降。

引起釜温波动因素有：塔压突然升高与降低，塔釜液的波动，加热蒸汽压力波动，调节阀失灵，疏水器失灵，使加热釜可以引起釜温波动。

8. 答：要点：(1) 提高气缸的容积系数；(2) 避免压缩机的温度过高；(3) 降低压缩机的功率。中间冷却器、油水分离器、出口气体冷却器，冷却器的作用是可以将气体冷却避免了压缩机温度过高；油水分离器的作用是将气体夹带的润滑油和水沉降下来，定期排放。

9. 答：对易溶气体，其溶解度较大，吸收质在交界面处很容易穿过溶液进入液体被溶解吸收，因此吸收阻力主要集中在气膜这一侧，气膜阻力成为吸收过程的主要矛盾，而称为气膜控制。当气膜控制时，要提高吸收速率，减少吸收阻力，应加大气体流速，减小气膜厚度。

10. 答：化学平衡有下列特征：(1) 化学平衡是一种动态平衡，正、逆反应仍在不停地进行着，只不过是正、逆反应的速度相等而已；(2) 化学平衡时，物系中各物质的浓度保持不变，此时反应物的转化率最高；(3) 化学平衡是暂时的、有条件的，当外界条件改变时，平衡也就改变了。

项目四 技师技能复习试题

技师技能考试有以下两种题型，可根据考试现场情况任选一种作为考试方式。

一、现场操作

1. 精馏的开车准备
2. 精馏的正常开车
3. 精馏的正常运行
4. 精馏的正常停车

二、答辩题

（一）10分题

1. 催化剂活化过程中温度的控制包括哪些因素。
2. 什么是吸收？
3. 用简单的化学方法区别苯甲酸、苯甲醛、苯酚。
4. 氨合成反应的特点有哪些？
5. 压缩机试车的目的是什么？
6. 吸收操作在化工生产中有哪些用途？
7. 离心泵的泵壳有什么作用？
8. 往复式压缩机中直接参与压缩过程的主要部件有哪些？
9. 什么是单色指示剂，什么是双色指示剂？
10. 除雾器的基本工作原理是什么？

（二）20分题

1. 双组分理想溶液 t-x-y 图有几条线？分别是什么？将整个相图分为几个区域？
2. 设备的管路保温的目的有哪些？
3. 如何对管道进行防腐处理？
4. 什么是双膜理论？
5. 写出"安全生产禁令四十一条"中的"操作工的六个严格"？
6. 什么是雾沫夹带现象？其影响因素有哪些？
7. 氨制冷的基本原理是什么？
8. 怎样采集和保存COD样品？
9. 什么是离心式压缩机的喘振？发生喘振与哪些因素有关？
10. 管路计算通常包括哪些方面的问题？计算的主要依据是什么？
11. 催化剂在装填前应做好哪些准备工作？
12. 为什么催化剂层温度的变化可根据"灵敏度"温度的情况来判断？

13. 干燥过程分为哪几个阶段？各受什么控制？

14. 何谓气体吸收的液膜控制？液膜控制时应怎样强化吸收速率？

15. 简述化学腐蚀与电化学腐蚀。

（三）30 分题

1. 强化吸收过程有哪些途径？

2. 试叙述填料吸收塔开车要点。

3. 何谓结晶操作？结晶操作有哪些特点？

4. 相对湿度的大小说明了什么？

5. 为什么尿素合成在高温高压下进行？

6. 在精馏塔的操作中怎样调节塔的压差？

7. 在什么情况下压力表应停止使用？

8. 提高压缩机生产能力的措施有哪些？

9. 选择冷冻剂对温度和压强有什么要求？

10. 塔板上汽液接触可分为几种类型？

技师技能复习试题参考答案

二、答辩题

（一）10 分题

1. 答：（1）升温速度，（2）适宜的活化温度，（3）活化时间及降温速度。

2. 答：使混合气体与适当的液体接触，气体中的一个或几个组分便溶解于该液体内而形成溶液，不能溶解的组分则保留在气相之中，使混合气体的组分得以分离，这种利用各组分在溶剂中溶解度不同而分离气体混合物的操作称为吸收。

3. 答：先加入硝酸银任意有白色沉淀的是苯甲醛，再加入溴水，使溴水褪色的是苯酚。

4. 答：（1）可逆反应；（2）放热反应；（3）体积缩小反应；（4）需要催化剂的反应。

5. 答：目的在于检查各部件的质量和机组的性能，为正式开车创造有利条件。

6. 答：（1）制造产品；（2）分离气体混合物；（3）气体净制；（4）回收有用气体。

7. 答：其作用是将叶轮甩出的液体的流速逐渐降低，从而使部分动能转化为静压能。

8. 答：要点：汽缸、活塞、吸入阀和排出阀。防止气体从高压端漏到低压端。

9. 答：（1）单色指示剂只有碱形（或酸形）色而酸形（或碱形）色是无色的。（2）双色指示剂指碱形色和酸形色都有颜色的指示剂。

10. 答：除雾器的基本工作原理：当带有液滴的烟气进入除雾器烟道时，由于流线的偏折，在惯性力的作用下实现气液分离，部分液滴撞击在除雾器叶片上被捕集下来。

（二）20 分题

1. 答：双组分理想溶液 t-x-y 图由气相线和液相线两条线分为三个区域，气相线以上为过热蒸汽区，两条线之间为气液共存区，液相线以下为液相区，气相线上为饱和蒸汽，液相线上为饱和液体。

2. 答案：（1）维持正常的反应温度；（2）防止物料的气化；（3）防止物料的冻结、析出和变黏稠；（4）防止热量和冷量的损失；（5）防止烧伤、冻伤和预防火灾；（6）改善操作环境。

3. 答：（1）用钢丝刷或砂纸除去管子表面的锈迹，并用干布擦净，要求刷两遍防锈漆、两遍油漆。不锈钢管、铜管不必刷漆；（2）在焊缝、法兰、接头等处刷肥皂水进行检查，不出现气泡时为合格。

4. 答：（1）相互接触的气液两流体之间存在着一个稳定的相界面，界面两侧各有一个很薄的有效滞流膜层，吸收质以分子扩散的方式通过此二膜层；（2）在相界面处，气液达于平衡；（3）在膜以下的中心区，由于流体充分滞流，吸收质浓度是均匀的，即两相中心区内浓度梯度皆为零，全部浓度变化集中在两个有效膜层内。

5. 答：（1）严格进行交接班；（2）严格进行巡回检查；（3）严格控制工艺指标；（4）严格执行操作票；（5）严格遵守劳动纪律；（6）严格执行有关安全规定。

6. 答：在板式塔操作中，当上升气体脱离塔板上的鼓泡液层时，气泡破裂而将部分液体喷溅成许多细小的液滴及雾沫，当上升气体的空塔速度超过一定限度时，这些液滴和雾沫会被气体大量带至上层塔板，此现象称雾沫夹带现象。影响因素有空塔气速，塔板间距和再沸器的换热面积等。

7. 答：以氨为冷冻介质，将带压力气氨在冷凝器中常温液化，液氨吸收被冷却物质的热量而蒸发生成气氨，被冷却物质温度因而降低。从而使热量从低温热源到高温热源完成制冷目的。冷冻循环包括压缩、冷凝、节流膨胀、蒸发四个阶段。

8. 答：（1）水样要采集在玻璃瓶中，应尽快分析；（2）如不能立即分析，应加入硫酸至 pH<2，置4℃下保存。但保存时间不多于 5 天；（3）采集水样的体积不得少于 100mL。

9. 答：当压缩机气体流量减少时，压缩机的气体流量，如排气压力周期性、低频率、大振幅的波动，并伴随着机组有强烈振动和异常噪声，这种现象称为压缩机的喘振。喘振是压缩机与管网联合工作时，整个系统中出现的现象，它不仅与压缩机的性能有关，而且与管网的性能有关。

10. 答：（1）已知管径 d、管长 l 及流量 Q，求通过管路系统的能量损失 $h_{损}$ 或需要的外加能量 H。（2）已知管长 l 及流量 Q 及允许的压头损失 $h_{损}$，求流体的流速或流量。（3）解决这类问题的主要依据是：流体稳定流动下的连续性方程，柏努利方程以及流体阻力方程式。

11. 答：（1）首先应把催化剂过筛、除去粉尘、碎粒均匀；（2）以减少生产时的阻力；（3）在炉篦上铺好钢丝网和耐火球；（4）在炉壁上标明催化剂的填装高度；（5）然后自下而上分层进行装填。

12. 答："灵敏度"是催化剂层温度变化最灵敏的点；以这点的温度为操作依据可及时发现催化剂层温度变化的趋势，预先采取措施。

13. 答：干燥过程可分为：恒速干燥阶段和降速干燥阶段。分别受表面汽化控制和内部扩散控制。

14. 答：对难溶气体，由于其溶解度很小，这时吸收质穿过气膜的速度比溶解于液体来得快，因此液膜阻力成为吸收过程的主要矛盾，而称为液膜控制。当吸收是液膜控制时，要提高吸收速率，降低吸收的阻力，关键应首先增大液体流速，减小液膜厚度。

15. 答案：化学腐蚀是指金属与腐蚀性介质发生化学作用而引起的腐蚀破坏，其特点是在腐蚀过程中没有电流发生。电化学腐蚀是指金属与电解质溶液间产生电化学作用而引起的腐蚀破坏，其特点是在腐蚀过程中有电流流动。

（三）30 分题

1. 答：根据吸收速率方程从以下三个方面强化吸收。

（1）增大吸收系数——与气液两相性质、流动状况及填料的性能有关。对于一定物系和填料，改变流动状况是关键，如气膜控制、适当增加气相湍动程度，适当的气速才能获得较大 K 值。选择性能良好的吸收剂及高效填料也可增大吸收系数。

（2）增大吸收面积——采用性能较好，比表面积大的高效填料是增大吸收面积的主要措施。另外采用合适的喷淋，使填料充分润湿，以保证有足够的气液两相接触面积。

（3）增大吸收推动力——采用逆流比并流有较大吸收推动力。采用较大液气比远离平衡有较大推动力。采用高压低温增大推动力。采用化学吸收增大推动力。

2. 答：（1）向塔内充压至操作压力；（2）启动吸收剂循环泵，使循环液按生产流程运转；（3）调节塔内喷淋量至生产要求；（4）调节吸收塔塔底液面至规定高度并保持恒定。（5）系统运转稳定后，可连续导入原料混合气，用放空阀调节系统压力；（6）当塔内原料气符合生产要求时，即可投入正常生产。

3. 答：指物质从液态（溶液或熔融体）或蒸汽形成晶体的过程。

（1）能从杂质含量很高的溶液或多组份熔融状态混合物中获得非常纯净的晶体产品；（2）对于许多其他方法难以分离的混合物系，同分异构体物系和热敏性物系等，结晶分离方法更为有效；（3）结晶操作能耗低，对设备材质要求不高，一般也很少有三废排放；（4）结晶属于热、质同时传递的过程。（5）结晶产品包装、运输、贮存或使用都很方便。

4. 答：相对湿度为零时，说明空气中水蒸气的含量为零，即为绝对干燥空气；若相对湿度为 100％时，说明湿空气处于饱和状态，空气中含水蒸气量达到了极限值，空气中的水分不能再增加了。若相对湿度在 0～100％之间，说明湿空气处于干湿未饱和状态，其数值越大，越接近饱和状态，吸湿能力越弱。反之，相对湿度越小，则吸收水蒸气的能力越强。

5. 答：甲铵脱水生成尿素的反应在气相中不能进行，固相中反应速度很慢，而只有在液相中反应速度较快，因而甲铵脱水生成尿素的反应必须在液相中进行。为保证反应在液相中进行，反应温度必须高于甲铵的熔化温度，根据甲铵性质其离解压力随着温度的升高而急剧增大，要使高温下甲铵不离解，同时升高压力对甲铵生成有利，故必须采用较高的操作压力。

6. 答：塔压差是衡量塔内气体负荷大小的主要因素，也是判断精馏操作的进料、出料是否平衡的重要标志之一。在进出料保持平衡，回流比不变的情况下，塔压差基本上是不变的。当塔压差变化时，要针对塔压差变化的原因进行相应的调节。常用的方法有三种。(1) 在进料不变时，改变塔顶取出量可改变压差。取出多压差小；取出少，塔压差会越来越大。(2) 在取出不变时，用进料来调节压差；进料量大，塔压差上升，反之下降。(3) 工艺指标允许范围内，通过釜温的变化来调节压差；提高釜温，压差上升；降低釜温，压差下降。

7. 答：压力表在下列情况之一时，应停止使用：(1) 无产品合格证；(2) 有限止钉的压力表，在无压力时，指针不能回到限止钉处；无限止钉的压力表，在无压力时，指针距零位的数值超过压力表的允许误差；(3) 表盘封面玻璃破裂或表盘刻度模糊不清；(4) 封印损坏或超过校验有效期限；(5) 表内弹簧管泄漏或压力表指针松动；(6) 其他影响压力表准确指示的缺陷。

8. 答：(1) 提高转速；(2) 增大汽缸的行程容积；(3) 提高一级汽缸进口压力（减小 ω）或减小余隙容积，使容积系数入口提高；(4) 改善气体的吸气温度或改善气缸的冷却的冷却效果，提高温度系数；(5) 寻求有效而耐用的密封来提高泄漏系数 λ_1；(6) 采用调整吸气系统管网及附属配置，以减少阀门和管路阻力损失，提高压力系数 λ_p。

9. 答：(1) 大气压力下，冷冻剂沸点低达到制冷要求，这是主要条件。(2) 临界温度要高，便于用一般冷却水或空气进行冷却。(3) 凝固温度要低，便于得到较低大，比容小，可提高冷冻能力，循环量小。(4) 蒸发温度下，汽化潜热。(5) 蒸发温度下，蒸发压强略高于大气压，防止泄漏或漏入。(6) 冷凝温度下，冷凝压强不应太高，降低功耗和材料要求。

10. 答：(1) 鼓泡接触：当塔内气速较低的情况下，气体以一个个气泡的形态穿过液层上升；(2) 蜂窝状接触：随着气速的提高，单位时间内通过液层气体数量的增加，使液层变成为蜂窝状况；(3) 泡沫接触：气体速度进一步加大时，穿过液层的气泡直径变小，呈现泡沫状态的接触形式；(4) 喷射接触：气体高速穿过塔板，将板上的液体都粉碎成为液滴，此时传质和传热过程是在气体和液滴的外表面之间进行。

附　录

一、化工总控工职业标准

1. 初级

职业功能	工作内容	技能要求	相关知识
一、开车准备	（一）工艺文件准备	1. 能识读、绘制工艺流程简图 2. 能识读本岗位主要设备的结构简图 3. 能识记本岗位操作规程	1. 流程图各种符号的含义 2. 化工设备图形代号知识 3. 本岗位操作规程、工艺技术规程
	（二）设备检查	1. 能确认盲板是否抽堵、阀门是否完好、管路是否通畅 2. 能检查记录报表、用品、防护器材是否齐全 3. 能确认应开、应关阀门的阀位 4. 能检查现场与总控室内压力、温度、液位、阀位等仪表指示是否一致	1. 盲板抽堵知识 2. 本岗位常用器具的规格、型号及使用知识 3. 设备、管道检查知识 4. 本岗位总控系统基本知识
	（三）物料准备	能引进本岗位水、气、汽等公用工程介质	公用工程介质的物理、化学特征
二、总控操作	（一）运行操作	1. 能进行自控仪表、计算机控制系统的台面操作 2. 能利用总控仪表和计算机控制系统对现场进行遥控操作及切换操作 3. 能根据指令调整本岗位的主要工艺参数 4. 能进行常用计量单位换算 5. 能完成日常的巡回检查 6. 能填写各种生产记录 7. 能悬挂各种警示牌	1. 生产控制指标及调节知识 2. 各项工艺指标的制定标准和依据 3. 计量单位换算知识 4. 巡回检查知识 5. 警示牌的类别及挂牌要求
	（二）设备维护保养	1. 能保持总控仪表、计算机的清洁卫生 2. 能保持打印机的清洁、完好	仪表、控制系统维护知识
三、事故判断与处理	（一）事故判断	1. 能判断设备的温度、压力、液位、流量异常等故障 2. 能判断传动设备的跳车事故	1. 装置运行参数 2. 跳车事故的判断方法
	（二）事故处理	1. 能处理酸、碱等腐蚀介质的灼伤事故 2. 能按指令切断事故物料	1. 酸、碱等腐蚀介质灼伤事故的处理方法 2. 有毒有害物料的理化性质

2. 中级

职业功能	工作内容	技能要求	相关知识
一、开车准备	（一）工艺文件准备	1. 能识读并绘制带控制点的工艺流程图（PID） 2. 能绘制主要设备结构简图 3. 能识读工艺配管图 4. 能识记工艺技术规程	1. 带控制点的工艺流程图中控制点符号的含义 2. 设备结构图绘制方法 3. 工艺管道轴测图绘图知识 4. 工艺技术规程知识
	（二）设备检查	1. 能完成本岗位设备的查漏、置换操作 2. 能确认本岗位电气、仪表是否正常 3. 能检查确认安全阀、爆破膜等安全附件是否处于备用状态	1. 压力容器操作知识 2. 仪表联锁、报警基本原理 3. 联锁设定值，安全阀设定值、校验值，安全阀校验周期知识
	（三）物料准备	能将本岗位原料、辅料引进到界区	本岗位原料、辅料理化特性及规格知识
二、总控操作	（一）开车操作	1. 能按操作规程进行开车操作 2. 能将各工艺参数调节至正常指标范围 3. 能进行投料配比计算	1. 本岗位开车操作步骤 2. 本岗位开车操作注意事项 3. 工艺参数调节方法 4. 物料配方计算知识
	（二）运行操作	1. 能操作总控仪表、计算机控制系统对本岗位的全部工艺参数进行跟踪监控和调节，并能指挥进行参数调节 2. 能根据中控分析结果和质量要求调整本岗位的操作 3. 能进行物料衡算	1. 生产控制参数的调节方法 2. 中控分析基本知识 3. 物料衡算知识
	（三）停车操作	1. 能按操作规程进行停车操作 2. 能完成本岗位介质的排空、置换操作 3. 能完成本岗位机、泵、管线、容器等设备的清洗、排空操作 4. 能确认本岗位阀门处于停车时的开闭状态	1. 本岗位停车操作步骤 2. "三废"排放点、"三废"处理要求 3. 介质排空、置换知识 4. 岗位停车要求
三、事故判断与处理	（一）事故判断	1. 能判断物料中断事故 2. 能判断跑料、串料等工艺事故 3. 能判断停水、停电、停气、停汽等突发事故 4. 能判断常见的设备、仪表故障 5. 能根据产品质量标准判断产品质量事故	1. 设备运行参数 2. 岗位常见事故的原因分析知识 3. 产品质量标准
	（二）事故处理	1. 能处理温度、压力、液位、流量异常等故障 2. 能处理物料中断事故 3. 能处理跑料、串料等工艺事故 4. 能处理停水、停电、停气、停汽等突发事故 5. 能处理产品质量事故 6. 能发相应的事故信号	1. 设备温度、压力、液位、流量异常的处理方法 2. 物料中断事故处理方法 3. 跑料、串料事故处理方法 4. 停水、停电、停气、停汽等突发事故的处理方法 5. 产品质量事故的处理方法 6. 事故信号知识

3. 高级

职业功能	工作内容	技能要求	相关知识
一、开车准备	(一)工艺文件准备	1. 能绘制工艺配管简图 2. 能识读仪表联锁图 3. 能识记工艺技术文件	1. 工艺配管图绘制知识 2. 仪表联锁图知识 3. 工艺技术文件知识
	(二)设备检查	1. 能完成多岗位化工设备的单机试运行 2. 能完成多岗位试压、查漏、气密性试验、置换工作 3. 能完成多岗位水联动试车操作 4. 能确认多岗位设备、电气、仪表是否符合开车要求 5. 能确认多岗位的仪表联锁、报警设定值以及控制阀阀位 6. 能确认多岗位开车前准备工作是否符合开车要求	1. 化工设备知识 2. 装置气密性试验知识 3. 开车需具备的条件
	(三)物料准备	1. 能指挥引进多岗位的原料、辅料到界区 2. 能确认原料、辅料和公用工程介质是否满足开车要求	公用工程运行参数
二、总控操作	(一)开车操作	1. 能按操作规程完成多岗位的开车操作 2. 能指挥多岗位的开车工作 3. 能将多岗位的工艺参数调节至正常指标范围内	1. 相关岗位的操作法 2. 相关岗位操作注意事项
	(二)运行操作	1. 能进行多岗位的工艺优化操作 2. 能根据控制参数的变化,判断产品质量 3. 能进行催化剂还原、钝化等特殊操作 4. 能进行热量衡算 5. 能进行班组经济核算	1. 岗位单元操作原理、反应机理 2. 操作参数对产品理化性质的影响 3. 催化剂升温还原、钝化等操作方法及注意事项 4. 热量衡算知识 5. 班组经济核算知识
	(三)停车操作	1. 能按工艺操作规程要求完成多岗位停车操作 2. 能指挥多岗位完成介质的排空、置换操作 3. 能确认多岗位阀门处于停车时的开闭状态	1. 装置排空、置换知识 2. 装置"三废"名称及"三废"排放标准、"三废"处理的基本工作原理 3. 设备安全交出检修的规定
三、事故判断与处理	(一)事故判断	1. 能根据操作参数、分析数据判断装置事故隐患 2. 能分析、判断仪表联锁动作的原因	1. 装置事故的判断和处理方法 2. 操作参数超指标的原因
	(二)事故处理	1. 能根据操作参数、分析数据处理事故隐患 2. 能处理仪表联锁跳车事故	1. 事故隐患处理方法 2. 仪表联锁跳车事故处理方法

二、元素周期表

元素周期表

图例说明：

1 H 氢 1.008

- 原子序数
- 元素符号（红色指放射性元素）
- 元素名称（注*的是人造元素）
- 相对原子质量（加括号的是该放射性元素最长衰期最长同位素的质量数）

■ 非金属元素 ■ 金属元素

周期\族	I A	II A	III B	IV B	V B	VI B	VII B	VIII			I B	II B	III A	IV A	V A	VI A	VII A	O
1	1 H 氢 1.008																	2 He 氦 4.003
2	3 Li 锂 6.941	4 Be 铍 9.012											5 B 硼 10.81	6 C 碳 12.01	7 N 氮 14.01	8 O 氧 16.00	9 F 氟 19.00	10 Ne 氖 20.18
3	11 Na 钠 22.99	12 Mg 镁 24.31											13 Al 铝 26.98	14 Si 硅 28.09	15 P 磷 30.97	16 S 硫 32.07	17 Cl 氯 35.45	18 Ar 氩 39.95
4	19 K 钾 39.10	20 Ca 钙 40.08	21 Sc 钪 44.96	22 Ti 钛 47.87	23 V 钒 50.94	24 Cr 铬 52.00	25 Mn 锰 54.94	26 Fe 铁 55.85	27 Co 钴 58.93	28 Ni 镍 58.69	29 Cu 铜 63.55	30 Zn 锌 65.39	31 Ga 镓 69.72	32 Ge 锗 72.61	33 As 砷 74.92	34 Se 硒 78.96	35 Br 溴 79.90	36 Kr 氪 83.80
5	37 Rb 铷 85.47	38 Sr 锶 87.62	39 Y 钇 88.91	40 Zr 锆 91.22	41 Nb 铌 92.91	42 Mo 钼 95.94	43 Tc 锝* [99]	44 Ru 钌 101.1	45 Rh 铑 102.9	46 Pd 钯 106.4	47 Ag 银 107.9	48 Cd 镉 112.4	49 In 铟 114.8	50 Sn 锡 118.7	51 Sb 锑 121.8	52 Te 碲 127.6	53 I 碘 126.9	54 Xe 氙 131.3
6	55 Cs 铯 132.9	56 Ba 钡 137.3	57-71 La-Lu 镧系	72 Hf 铪 178.5	73 Ta 钽 180.9	74 W 钨 183.8	75 Re 铼 186.2	76 Os 锇 190.2	77 Ir 铱 192.2	78 Pt 铂 195.1	79 Au 金 197.0	80 Hg 汞 200.6	81 Tl 铊 204.4	82 Pb 铅 207.2	83 Bi 铋 209.0	84 Po 钋 [209]	85 At 砹 [210]	86 Rn 氡 [222]
7	87 Fr 钫 [223]	88 Ra 镭 226.0	89-103 Ac-Lr 锕系	104 Rf 鑪* [261]	105 Db 𬭊* [262]	106 Sg 𬭳* [263]	107 Bh 𬭛* [262]	108 Hs 𬭶* [265]	109 Mt 鿏* [266]	110 Ds 𫟼* [269]	111 Rg 𬬭* [272]	112 Cn 鿔* [285]		114 Fl 𫓧* [289]				

镧系

57 La 镧 138.9	58 Ce 铈 140.1	59 Pr 镨 140.9	60 Nd 钕 144.2	61 Pm 钷* [147]	62 Sm 钐 150.4	63 Eu 铕 152.0	64 Gd 钆 157.3	65 Tb 铽 158.9	66 Dy 镝 162.5	67 Ho 钬 164.9	68 Er 铒 167.3	69 Tm 铥 168.9	70 Yb 镱 173.0	71 Lu 镥 175.0

锕系

89 Ac 锕 [227]	90 Th 钍 232.0	91 Pa 镤 231.0	92 U 铀 238.0	93 Np 镎 237.0	94 Pu 钚 [244]	95 Am 镅* [243]	96 Cm 锔* [247]	97 Bk 锫* [247]	98 Cf 锎* [251]	99 Es 锿* [252]	100 Fm 镄* [257]	101 Md 钔* [258]	102 No 锘* [259]	103 Lr 铹* [260]

注：
相对原子质量录自 2001 年国际原子量表，并全部取4位有效数字。

人民教育出版社化学 设计制作
北京大学张青莲教授审阅
2001年7月

参考文献

［1］ 王志魁. 化工原理. 第 2 版. 北京：化学工业出版社，2002.

［2］ 刘红梅. 化工单元操作及过程. 北京：化学工业出版社，2008.

［3］ 冯文成，程志刚. 化工总控工技能鉴定培训教程. 北京：中国石化工业出版社，2012.

［4］ 张弓. 化工原理. 北京：化学工业出版社，2001.

［5］ 杨祖荣. 化工原理. 北京：化学工业出版社，2004.

［6］ 贺新，刘媛. 化工原理. 北京：化学工业出版社，2010.

［7］ 闫晔，刘佩田. 化工单元操作过程. 第 2 版. 北京：化学工业出版社，2013.